高等职业教育土建类"十三五"规划"互联网+"创新系列教材

建筑设备工程

JIANZHU SHEBEI GONGCHENG

主 编 李 云 林爱晖 邓雪峰

副主编 张艳梅 李丽田 关 新

参 编 刘志新 祁 烨 胡玉红 王 杜 周美琴

主 审 李 熙

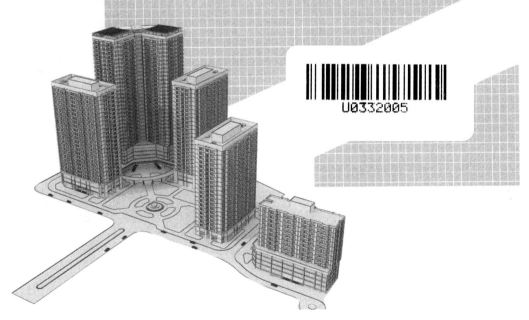

U0332005

中南大学出版社

www.csupress.com.cn

内容简介

本书理论联系工程实际，突出模块化、项目化、校企结合特点，引入思政元素，明确知识目标和能力目标，体现职业教育特点，案例引入，任务驱动。本书内容全面、直观、实用性强，每个项目都附带有大量的相关最新规范、图片、语音和视频资料，通过扫二维码即可获得，方便读者知识的拓展和教学，也体现了网络化教材的特点。本书共有三个模块：模块一为建筑给水排水系统和采暖系统，包括建筑给水系统，建筑排水系统，建筑给排水施工图，建筑采暖系统；模块二为通风与空调工程，包括通风与空调系统基础知识，通风与空调系统管材、管件和部件，通风与空调系统设备，空调制冷系统；模块三为建筑电气工程，包括供配电系统，照明系统，建筑防雷、接地系统与安全用电，建筑电气施工图，建筑弱电系统。

本书适用于建筑规划、建筑设备工程、建筑工程技术、建筑工程管理、工程造价、建筑装饰、建筑工程监理和物业管理等专业的课程教学，也可作为在职职工的岗位培训教材，亦可作为建筑工程技术人员的参考用书。

本书配有多媒体教学电子课件和习题答案。

高等职业教育土建类"十三五"规划"互联网+"
创新系列教材编审委员会

主 任

| 王运政 | 胡六星 | 郑 伟 | 玉小冰 | 刘孟良 | 陈安生 |
| 李建华 | 谢建波 | 彭 浪 | 赵 慧 | 赵顺林 | 向 曙 |

副主任
（以姓氏笔画为序）

王超洋	卢 滔	刘文利	刘可定	刘庆潭	孙发礼
杨晓珍	李 云	李 娟	李玲萍	李清奇	林爱晖
欧阳和平	项 林	胡云珍	黄 涛	黄金波	颜 昕

委 员
（以姓氏笔画为序）

万小华	邓 慧	王四清	龙卫国	叶 姝	包 蜃
邝佳奇	朱再英	伍扬波	庄 运	刘小聪	刘天林
刘汉章	刘旭灵	许 博	阮晓玲	孙光远	孙湘晖
李 龙	李 冰	李 奇	李 侃	李 鲤	李亚贵
李精润	李进军	李丽田	李丽君	李海霞	李鸿雁
肖飞剑	肖恒升	何 珊	何立志	佘 勇	宋士法
宋国芳	张小军	张丽姝	陈 晖	陈 翔	陈贤清
陈淳慧	陈婷梅	易红霞	金红丽	周 伟	赵亚敏
徐龙辉	徐运明	徐猛勇	卿利军	高建平	唐 文
唐茂华	黄郎宁	黄桂芳	曹世晖	常爱萍	梁鸿颉
彭 飞	彭秀兰	蒋 荣	蒋买勇	龚建红	曾维湘
曾福林	熊宇璟	樊淳华	魏丽梅	魏秀瑛	瞿 峰

出版说明 INSTRUCTIONS

　　遵照《国务院关于加快发展现代职业教育的决定》(国发〔2014〕19号)提出的"服务经济社会发展和人的全面发展，推动专业设置与产业需求对接，课程内容与职业标准对接，教学过程与生产过程对接，毕业证书与职业资格证书对接"的基本原则，为全面推进高等职业院校土建类专业教育教学改革，促进高端技术技能型人才的培养，依据国家高等职业教育土建类专业教学指导委员会高等职业教育土建类专业教学基本要求，通过充分的调研，在总结吸收国内优秀高职教材建设经验的基础上，我们组织编写和出版了这套高等职业教育土建类专业"十三五"规划教材。

　　高等职业教育教学改革不断深入，土建行业工程技术日新月异，相应国家标准、规范，行业、企业标准、规范不断更新，作为课程内容载体的教材也必然要顺应教学改革和新形势的变化，适应行业的发展变化。教材建设应该按照最新的职业教育教学改革理念构建教材体系，探索新的编写思路，编写出版一套全新的、高等职业院校普遍认同的、能引导土建专业教学改革的"十三五"规划系列教材。为此，我们成立了规划教材编审委员会。教材编审委员会由全国30多所高职院校的权威教授、专家、院长、教学负责人、专业带头人及企业专家组成。编审委员会通过推荐、遴选，聘请了一批学术水平高、教学经验丰富、工程实践能力强的骨干教师及企业专家组成编写队伍。

　　本套教材具有以下特色：

　　1. 教材依据国家高等职业教育土建类专业教学指导委员会《高等职业教育土建类专业教学基本要求》编写，体现科学性、创新性、应用性；体现土建类教材的综合性、实践性、区域性、时效性等特点。

　　2. 适应高等职业教育教学改革的要求，以职业能力为主线，采用行动导向、任务驱动、项目载体，教、学、做一体化模式编写，按实际岗位所需的知识能力来选取教材内容，实现教材与工程实际的零距离"无缝对接"。

　　3. 体现先进性特点。将土建学科的新成果、新技术、新工艺、新材料、新知识纳入教材，结合最新国家标准、行业标准、规范编写。

　　4. 教材内容与工程实际紧密联系。教材案例选择符合或接近真实工程实际，有利于培养学生的工程实践能力。

　　5. 以社会需求为基本依据，以就业为导向，融入建筑企业岗位(八大员)职业资格考试、国家职业技能鉴定标准的相关内容，实现学历教育与职业资格认证相衔接。

　　6. 教材体系立体化。为了方便老师教学和学生学习，本套教材建立了多媒体教学电子课件、电子图集、教学指导、教学大纲、案例素材等教学资源支持服务平台；部分教材采用了"互联网＋"的形式出版，读者扫描书中"二维码"，即可阅读丰富的工程图片、演示动画、操作视频、工程案例、拓展知识。

高等职业教育土建类专业规划教材

编 审 委 员 会

前 言 PREFACE

本书以建筑给水排水系统和采暖系统、通风与空调工程、建筑电气工程三大模块来展开教学。联系工程实际，以13个项目细化目标，突出模块化、项目化、校企结合特点，引入思政元素，知识目标和能力目标明确，体现职业教育特点，案例引入，任务驱动。本书内容全面、直观、实用性强，每个任务都附带有大量的相关最新规范、图片、语音和视频资料，通过手机扫二维码即可获得，方便读者知识拓展和教学，也体现了网络化教材的特点。本书共有3个模块13个项目，53个任务。模块一为建筑给水排水系统和采暖系统，包括建筑给水系统，建筑排水系统，建筑给排水施工图，建筑采暖系统；模块二为通风与空调工程，包括通风与空调系统基础知识，通风与空调系统管材、管件和部件，通风与空调系统设备，空调制冷系统；模块三为建筑电气工程，包括供配电系统，照明系统，建筑防雷、接地系统与安全用电，建筑电气施工图，建筑弱电系统。

本书由湖南城建职业技术学院李云、林爱晖和邓雪峰主编，由武汉城市职业学院张艳梅、郴州职业技术学院李丽田和湖南高级技工学校关新任副主编，李云负责全书的构思和统稿工作。其中项目1、2由李丽田和湖南城建职业技术学院祁烨编写；项目3、4由张艳梅编写；项目5、6由关新和李云编写；项目7、8由林爱晖编写；项目9、12、13由湖南城建职业技术学院刘志新、周美琴和邓雪峰编写；项目10由湖南城建职业技术学院王杜和李丽田编写；项目11由湖南高级技工学校胡玉红编写。全书由湖南省第三工程有限公司李熙主审。

本书编写过程中参阅和借鉴了大量同行相关资料，在此向相关资料的作者表示感谢！

由于编者水平有限，书中难免有不妥与错误之处，恳请读者和同行批评指正。

编 者

2020 年 9 月

目 录 CONTENTS

模块三　建筑电气工程

模块一　建筑给水排水系统和采暖系统

项目 1　建筑给水系统

项目描述

建筑给水系统是将市政给水管网中的水经过加压、加热或净化处理后，输送到居住小区内建筑物的各个用水点，用于生活、生产和消防用水。

教学目标

知识目标	技能目标
(1)掌握给水系统的分类与组成； (2)掌握常见给水系统的给水方式； (3)了解给水管道管材、管件、附件； (4)了解给水增压贮水设备应用原理； (5)理解室内消防给水系统的结构； (6)掌握常用的给水升压和贮水设备原理； (7)掌握各种热水供应方式的特点。	(1)了解建筑内给水管道布置原则； (2)能熟悉给水管材、管件及附件的用途； (3)熟悉给水增压贮水设备； (4)熟悉室内消防给水系统； (5)熟悉常用的给水升压和贮水设备。

思政元素

(1)火神山、雷神山医院建筑给水系统的设计、施工感人事迹；

(2)掌握建筑给水系统的相关知识，这些知识是获取"1＋X"证书中注册水利工程师、注册水利监理工程师等证书所必备的。

案例引入

2020 年初火神山、雷神山医院的火速建成，让我们共同见证了大国集中力量办大事的能力，给水系统被称医院建设的"生命动脉"。让我们一起走进火神山、雷神山医院给水系统的世界！

任务1 给水系统的分类、组成

1.1.1 给水系统的分类

给水系统按用途一般分为三类基本系统：

1.生活给水系统

为民用建筑和工业建筑内的饮用、盥洗、洗涤、淋浴等日常生活用水所设的给水系统称为生活给水系统，其水质必须满足国家规定的饮用水水质标准。

2.生产给水系统

为工业企业生产方面用水所设的给水系统称为生产给水系统，如冷却用水、锅炉用水等。生产给水系统的水质、水压因生产工艺不同而异。

3.消防给水系统

为建筑物扑灭火灾用水而设置的给水系统称为消防给水系统。消防给水系统对水质的要求不高，但必须根据建筑设计防火规范要求，保证足够的水量和水压。

这三种系统可以分别设置，也可以组成共用系统，如生活－生产－消防共用系统、生活－消防共用系统等。

1.1.2 给水系统的组成

建筑内部给水系统如图1－1所示，一般由以下各部分组成：

建筑供水系统组成

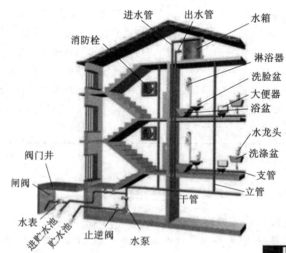

图1－1 建筑内部给水系统

1.引入管

引入管又称进户管，是市政给水管网和建筑内部给水管网之间的连接管道，它的作用是从市政给水管网引水至建筑内部给水管网，如图1－2所示。

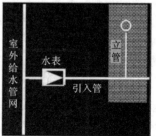

图1－2 引入管示意图

2.水表节点

水表节点是指引入管上装设的水表及其前后设置的阀门及泄水装置等的总称。水表用来计量建筑物的总用水量，阀门用于水表检修、更换时关闭管路，泄水阀用于系统检修时排空之用，止回阀用于防止水流倒流。水表节点见图1-3。

水表的设置安装

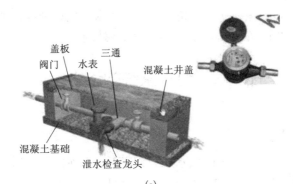

(a)

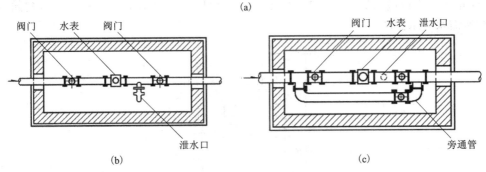

(b)　　　　　　　　　　　　　(c)

图1-3　水表节点示意图

(a)室内水表井；(b)水表井；(c)有旁通管的水表井

3.给水管网

给水管网指建筑内部给水水平干管、立管和支管配水装置和附件，如图1-4所示。

4.配水装置和附件

配水装置和附件包括配水龙头、消防栓、喷头与各类阀门(控制阀、减压阀、止回阀等)。

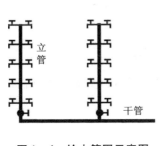

图1-4　给水管网示意图

图1-5　水泵

3

5.增压、贮水设备

当室外给水管网的水压、水量不能满足建筑给水要求或要求供水压力稳定、确保供水安全可靠时，应根据需要在给水系统中设置水泵、气压给水设备和水池、水箱等增压、贮水设备，如图1-5所示的水泵。

6.给水局部处理设施

当有些建筑对给水水质要求很高，超出生活饮用水卫生标准或其他原因造成水质不能满足要求时，就需设置一些设备、构筑物进行给水深度处理。

任务2 给水系统的给水方式

1.2.1 给水方式

建筑内部给水系统应具有一定的供水压力，该压力必须使需要的水量输送到建筑物内最不利点(指距进水口最高最远点)的用水设备，并保证有足够的动力。图1-6为建筑内部给水系统所需水压示意图。

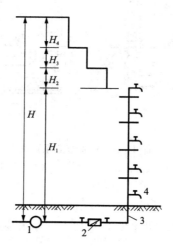

图1-6 建筑内部给水系统所需水压示意图

$$H = H_1 + H_2 + H_3 + H_4$$

式中：H——建筑内部给水系统所需的总水压；

H_1——最高最远配水点与室外引入管起点的标高差；

H_2——管路的水头损失；

H_3——水流通过水表的水头损失；

H_4——管路最不利配水点的最小工作压力。

对比给水系统管网所需的压力 H 与服务水头(室外配水管网的供水压力)H_0：

1)当 $H_0 \geqslant H$ 时，满足供水压力要求；

2)当 $H_0 < H$ 时，增加管径，或设增压装置。

根据建筑物的层数确定所需的压力值，如表1-1所示。

表 1-1　根据建筑物层数确定所需的压力值

建筑层数	1	2	3	4	5	6	7	…
最小压力值/mH₂O	10	12	16	20	24	28	32	…

给水方式主要有以下几种类型：

1. 利用外网水压直接给水方式

这种方式的给水系统直接在室外管网压力下工作。

（1）简单给水方式

这种给水方式系统简单，安装维护方便，充分利用室外管网压力，建筑内部无贮水设备，供水的安全程度受室外供水管网制约。适用于室外管网水压、水量在一天的时间内均能满足建筑内部用水要求的场合，见图 1-7。

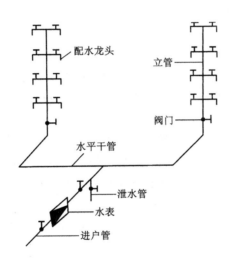

直接供水方式

图 1-7　直接给水方式

（2）单设水箱的给水方式

这种给水方式系统简单，投资省，可充分利用室外管网压力，但水箱容易二次污染，水箱容积的确定需要谨慎，因水箱重量大，会加大建筑的强度并影响建筑立面处理。适用于室外管网大部分时间能满足用水要求，仅高峰时期不能满足，或建筑内要求水压稳定，并且建筑具备设置高位水箱的场合，见图 1-8。

单设水箱的给水方式

2. 设有增压与贮水设备的给水方式

（1）单设水泵的给水方式

这种给水方式系统简单，供水可靠，无高位水箱，但耗能较多，当水泵与室外管网直接连接时，为充分利用室外管网压力节省电能，应设置旁通管。适用于室外管网水压经常不足且室内用水量大且均匀的场合，见图 1-9。

单设水泵的给水方式

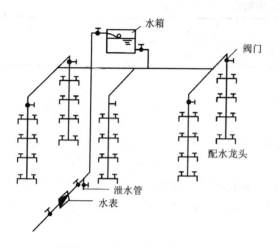

图 1 – 8　单设水箱的给水方式

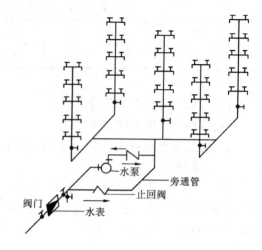

图 1 – 9　单设水泵的给水方式

（2）设水泵和水箱的给水方式

这种给水方式水泵能及时向水箱供水，可缩小水箱的容积。供水可靠，投资较大，安装和维修比较复杂。适用于室外管网水压经常不足，且室内用水不均匀的场合，见图 1 – 10。

（3）设贮水池、水泵和水箱的给水方式

这种给水方式适用于建筑用水可靠性要求高，室外管网水量、水压经常不足，且室外管网不允许直接抽水；或室内用水量较大，室外管网不能保证建筑的高峰用水；或者室内消防设备要求储备一定容积的水量的场合，见图 1 – 11。

设水泵、水箱、贮水池
的给水方式

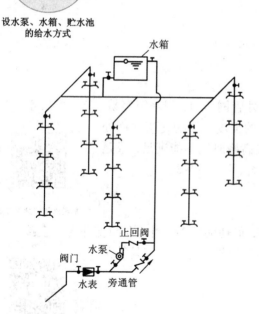

图 1 – 10　设水泵和水箱的给水方式

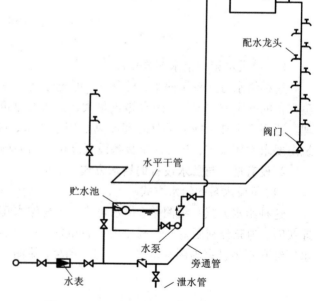

图 1 – 11　设贮水池、水泵和水箱的给水方式

（4）气压给水方式

这种给水方式供水可靠，无高位水箱，水泵效率低，耗能多。适用于室外管网压力低于或经常不能满足室内所需水压，室内用水不均匀，且不宜设置高位水箱的场合，见图 1 – 12。

气压给水方式

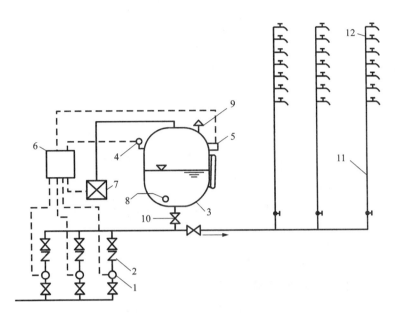

图 1 – 12　设气压给水设备的给水方式

1—水泵；2—止回阀；3—气压水罐；4—压力信号器；5—液位信号器；6—控制器；
7—补气装置；8—排气阀；9—安全阀；10—阀门；11—立管；12—配水龙头

（5）无负压供水系统

供水系统形成密封环境，从具备一定客观条件的室外给水管网抽水，避免了二次污染的问题，有效利用市政水源原有的压力，让生活给水更加卫生、安全、节能。

室外管网压力经常不足，建筑内用水量较大且不均匀，要求可靠性高、水压恒定；或者建筑物顶部不宜设置高位水箱。

广泛用于新建工程，是民用建筑供水系统的首选方案。

3. 分区给水方式

在高层建筑中，为了减少静水压力，延长零配件的使用寿命，给水系统需采用分区供水。这种给水方式可以充分利用室外给水管网的水压，节省能源，但系统复杂，安装维护较麻烦。见图 1 – 13。

分区给水方式

4. 分质给水方式

根据不同用途所需的不同水质，分别设置独立的给水系统，见图 1 – 14。

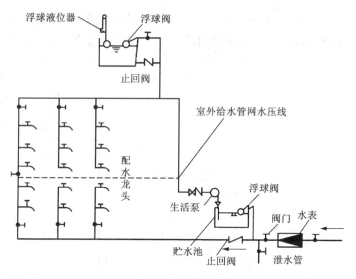

图 1-13 分区给水方式

1.2.2 给水管网的布置方式

给水管道的布置按供水可靠程度要求可分为枝状和环状两种形式。前者单向供水,供水安全可靠性差,但节省管材,造价低;后者管道相互连通,双向供水,安全可靠,但管线长,造价高。

按照水平干管的敷设位置,可以布置成上行下给、下行上给和中分式。

1.上行下给式

水平配水管敷设在顶层顶棚下或吊顶之内,设有高位水箱的居住公共建筑及机械设备或地下管线较多的工业厂房

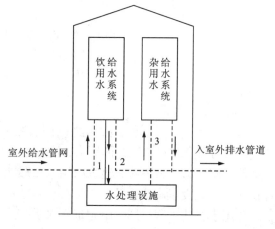

图 1-14 分质给水方式

多采用。与下行上给式布置相比,最高配水点流出水头稍高,安装在吊顶内的配水干管可能漏水或结露损坏吊顶和墙面。

2.下行上给式

水平配水管敷设在底层(明装、暗装或沟敷)或地下室顶棚下,居住建筑、公共建筑和工业建筑在用外网水压直接供水时多采用这种方式。系统简单,明装便于安装维修,与上行下给式布置相比,最高配水点流出水头较低,埋地管道检修不便。

3.中分式

水平干管敷设在中间技术层或中间吊顶内,向上下两个方向供水,屋顶用作茶座、舞厅或设有中间技术层的高层建筑多采用这种方式。管道安装在技术层内便于安装维修,有利于管道排气不影响屋顶的多功能使用,但需要设置技术层或增加某中间层的层高。

任务 3　给水管材、管件及附件

1.3.1　给水管材

给水管材

建筑内部给水常用管材有塑料给水管、铸铁给水管、钢管、铜管和复合管材等。

1. 塑料给水管

塑料给水管按制造原料的不同，可分为硬聚氯乙烯给水管（UPVC 管）、聚乙烯给水管（PE 管）和工程塑料给水管（ABS 管）等。塑料管的共同特点是质轻、耐腐蚀、管内壁光滑、流体摩擦阻力小、使用寿命长。近年来发展很快，逐步成为建筑给水的主要管材。

（1）硬聚氯乙烯给水管（UPVC 管）

UPVC 管材抗腐蚀力强、技术成熟、易于黏合、价格低廉、质地坚硬，但在高温下有单体和添加剂渗出，只适用于输送温度不超过 45℃ 的给水系统中。UPVC 管材分三种形式：平头管材、黏结承口端管材和弹性密封圈承口端管材，其基本连接方式有热熔连接、黏接、螺纹连接等。

（2）聚乙烯给水管（PE 管）

PE 管耐腐蚀且韧性好，又分为 HDPE 管（高密度聚乙烯管）、LDPE 管（低密度聚乙烯管）和 PEX 管（交联聚乙烯管），常用连接方式有热熔套接或对接、电熔连接和带密封圈塑料管件连接，有的也采用法兰连接。

（3）聚丙烯管（PP 管）

聚丙烯管具有密度小、力学均衡性好、耐化学腐蚀性强、易成型加工、热变形温度高等优点，从材质分为均聚聚丙烯（PP－H）、嵌段共聚聚丙烯（PP－B）、无规共聚聚丙烯（PP－R）三种，其基本连接方式为热熔承插连接，局部采用螺纹接口配件与金属管件连接。

（4）聚丁烯管（PB 管）

PB 管质量很轻，具有独特的抗蠕变（冷变形）性能，基本连接方式为热熔，局部采用螺纹接口配件与金属管件、附件连接。

（5）工程塑料管（ABS 管）

ABS 管质轻，具有较高的耐冲击强度和表面硬度，基本连接方式为黏结，在与其他管道或金属管件、附件连接时，可采用螺纹、法兰等连接。

2. 铸铁给水管

我国生产的铸铁给水管按其材质分为球墨铸铁管和普通灰口铸铁管，按其浇注形式分为砂型离心铸铁管和连续铸铁直管。铸铁管具有耐腐蚀性强、使用期长、价格较低等优点，缺点是性脆、长度小、质量大。铸铁管的接口形式一般为承插接口，有柔性接口和刚性接口两类，柔性接口采用胶圈连接，刚性接口采用石棉水泥接口或膨胀性填料接口，重要场合可采用铅封接口。

3. 钢管

钢管主要有焊接钢管和无缝钢管两种，焊接钢管又分为镀锌钢管和不镀锌钢管。钢管镀锌的目的是防锈、防腐，不使水质变坏，延长使用年限。

钢管的连接方法有螺纹连接、焊接和法兰连接。螺纹连接多用于明装管道，是利用配件连接。配件用可锻铸铁制成，也分镀锌和不镀锌两种，钢制配件较少。选用时，管件应与管材一致，镀锌钢管必须用螺纹连接，如图1-15所示。焊接多用于暗装管道，接头紧密、不漏水，施工迅速，不需配件，但不能拆卸。焊接只能用于非镀锌钢管，因为镀锌钢管焊接时镀锌层会被破坏，反而加速锈蚀。法兰连接用于较大管径的管道上，将法兰盘焊接或用螺纹连接在管端，再以螺栓连接之。法兰连接一般用于连接闸阀、止回阀、水泵、水表等处，以及需要经常拆卸、检修的管段上。

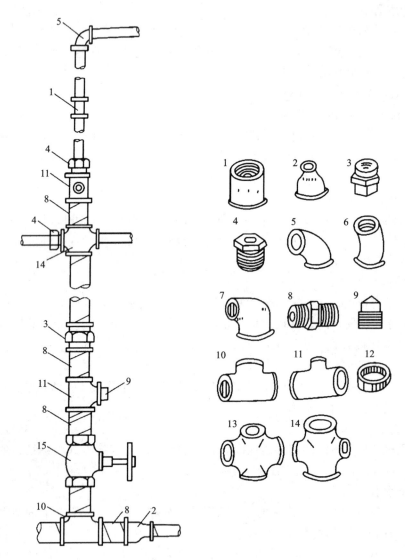

图1-15 钢管螺纹管道配件及连接方法

1—管箍；2—异径管箍；3—活接头；4—补心；5—90°弯头；6—45°异径弯头；7—90°异径弯头；
8—内管箍；9—丝堵；10—等径三通；11—异径三通；12—根母；13—等径四通；14—异径四通；15—控制阀

　　焊接钢管主要用于消防管道和生产给水管道，采用焊接和法兰连接；热镀锌钢管用于管径≤150 mm的消防管道和生产给水管道；生活给水系统常采用内衬不锈钢或塑料材料的镀锌钢管，采用螺纹连接、法兰连接和沟槽连接。

4. 铜管

铜管可以有效防止卫生洁具被污染,且光亮美观、豪华气派.目前其连接配件、阀门等也配套生产,但由于管材造价高,现在多在宾馆等较高级的建筑中采用。铜管的连接方法有螺纹卡套压接和焊接等。

5. 复合管材

复合管包括钢塑复合管和铝塑复合管等多种类型。

钢塑复合管分衬塑和涂塑两大系列。第一系列为衬塑的钢塑复合管,兼有钢材强度高和塑料耐腐蚀的优点,但需在工厂预制,不宜在施工现场切割。第二系列为涂塑钢管,是将高分子粉末涂料均匀地涂敷在金属表面经固化或塑化后,在金属表面形成一层光滑、致密的塑料涂层,它也具备第一系列的优点。钢塑复合管一般采用螺纹连接,其配件一般也是钢塑制品。

铝塑复合管内外壁均为聚乙烯,中间以铝合金为骨架,该种管材具有质量轻、耐压强度好、输送流体阻力小、耐化学腐蚀性能强、接口少、安装方便、耐热、可挠曲、美观等优点,是一种可用于冷热水、供暖、供气等方面的多用途管材,在建筑给水范围可用于给水分支管。铝塑复合管一般采用螺纹卡套压接,其配件一般是铜制品。

1.3.2 给水管件

管件是指在管道系统中起连接、变径、转向、分支等作用的零件,又称管道配件。各种不同管材有相应的管道配件。管道配件有带螺纹接头,带法兰接头和带承插接头(多用于铸铁管、塑料管)等几种形式。

1.3.3 管道附件及水表

管道附件是给水管网系统中调节水量和水压、控制水流方向、关断水流等各类装置的总称,可分为配水附件和控制附件两类。

1. 配水附件

配水附件主要是用以调节和分配水流,常用配水附件见图1-16。

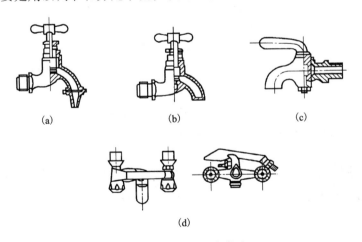

图1-16 各种配水龙头

(a)球形阀式配水龙头;(b)旋塞式配水龙头;(c)盥洗龙头;(d)混合龙头

（1）截止阀式配水龙头

一般安装在洗涤盆、污水盆、盥洗槽上，该龙头阻力较大，橡胶衬垫容易磨损而引起漏水，发达城市正逐渐淘汰此种铸铁水龙头。

（2）球形阀式配水龙头

装设在洗涤盆、污水盆、盥洗槽上，因水流改变流向，故压力损失较大。

（3）旋塞式配水龙头

旋塞转90°时即完全开启，短时间可获得较大的流量，由于水流呈直线通过，其阻力较小，但易产生水锤，适用于浴池、洗衣房、开水间等处。

（4）盥洗龙头

装设在洗涤盆上，用于供给冷热水，有莲蓬头式、角式和长脖式等多种形式。

（5）混合配水龙头

用以调节冷热水的温度，如盥洗、洗涤、浴用热水等。

此外，还有小便器水龙头、皮带水龙头、电子自动水龙头等。

2.控制附件

控制附件用来调节水量和水压以及关断水流等，如截止阀、闸阀、蝶阀、止回阀、浮球阀和安全阀等。常用控制附件见图1-17。

图 1-17　各种控制附件

（1）截止阀

截止阀关闭严密，但水流阻力较大，一般用在管径小于或等于50 mm 的管段上。

（2）闸阀

闸阀全开时，水流呈直线通过，压力损失小，但水中杂质沉积阀座时阀板关闭不严，易产生漏水现象。管径大于50 mm 或双向流动的管段上宜采用闸阀。

（3）蝶阀

此阀为盘状圆板启闭件，绕其自身中轴旋转改变管道轴线间的夹角，从而控制水流通过，具有结构简单、尺寸紧凑、启闭灵活、开启度指示清楚、水流阻力小等优点。在双向流动的管段上应采用闸阀或蝶阀。

（4）止回阀

室内常用的止回阀有升降式止回阀和旋启式止回阀，其阻力均较大。旋启式止回阀可水平安装或垂直安装,垂直安装时水流只能向上流,不宜用在压力大的管道中;升降式止回阀靠上下游压力差使阀盘自动启闭,宜用于小管径的水平管道上。此外,尚有消声止回阀和梭式止回阀等类型。

(5)浮球阀

浮球阀是一种利用液位变化而自动启闭的阀门,一般设在水箱或水池的进水管上,用以开启或切断水流。

(6)液压水位控制阀

液压水位控制阀是一种靠水位升降而自动控制的阀门,可代替浮球阀而用于水箱、水池和水塔的进水管上,通常是立式安装。

(7)安全阀

安全阀是保证系统和设备安全的保安器材,有弹簧式和杠杆式两种。

3.水表

水表是一种计量建筑物或设备用水量的仪表。

(1)水表的种类

水表可分为流速式和容积式两种。建筑内部的给水系统广泛使用的是流速式水表,它是根据管径一定时,水流速度与流量成正比的原理来测量用水量的。

流速式水表按叶轮构造不同分为旋翼式和螺翼式两种,见图 1-18。旋翼式水表的叶轮转轴与水流方向垂直,阻力较大,多为小口径水表,用以测量较小流量。螺翼式水表的叶轮转轴与水流方向平行,阻力较小,适用于测量大流量。复式水表是旋翼式和螺翼式的组合形式,在流量变化很大时采用。按计数机构是否浸于水中,又分为干式和湿式两种。

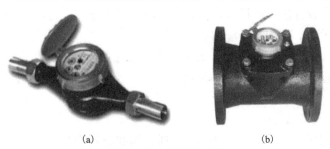

(a)　　　　　　　　　　　　　　　(b)

图 1-18　流速式水表

(a)旋翼式水表;(b)螺翼式水表

目前,随着科学技术的进步和供水体制的改革,电磁流量计、远程计量仪等自动水表应运而生,TM 卡智能水表就是其中之一。

(2)水表的技术参数

流通能力指水流通过水表产生 10 kPa 水头损失时的流量值。特性流量指水表中产生 100 kPa 水头损失时的流量值。只允许水表在短时间内超负荷使用的流量上限值为最大流量。水表长期正常运转流量的上限值为额定流量。水表开始准确指示的流量值,为水表使用的下限值,亦即最小流量。

灵敏度水表能连续记录(开始运转)的流量值,也称起步流量。

(3)水表选择

一般情况下,公称直径小于或等于 50 mm 时应采用旋翼式水表;公称直径大于 50 mm 时应采用螺翼式水表；当通过流量变化幅度很大时，应采用复式水表；计量热水时，宜采用热水水表。一般应优先采用湿式水表。

按经验，新建住宅分户水表的公称直径一般可采用 15 mm，但如住宅中装有自闭式大便器冲洗阀时，为保证必要的冲洗强度，水表的公称直径不宜小于 20 mm。

任务4　给水管道的布置和敷设

1.4.1　给水管道的布置

给水管道的布置受建筑结构、用水要求、配水点和室外给水管道的位置，以及供暖、通风、空调和供电等其他建筑设备工程管线布置等因素的影响。进行管道布置时，不但要处理和协调好各种相关因素的关系，还要满足以下基本要求。

1. 布置原则

（1）确保供水安全和良好的水力条件，力求经济合理

①给水管道布置应力求短而直。

②为充分利用室外给水管网的水压，给水引入管和室内给水干管宜布设在用水量最大处或不允许间断供水处。

（2）满足安装维修及美观要求

①给水管道应尽量沿墙、梁、柱水平或垂直敷设。

②对美观要求较高的建筑物，给水管道可在管槽、管井、管沟及吊顶内暗设。

③为便于检修，管井应每层设检修门，检修门宜开向走廊，每两层应有横向隔断。暗设在顶棚或管槽内的管道，在阀门处应留有检修门。

④室内给水管道安装位置应有足够的空间以方便撤换附件。

⑤给水引入管应有不小于 0.003 的坡度坡向室外给水管网或阀门井、水表井，以便检修时排空管道。

（3）保证生产及使用安全

①给水管道的位置不得妨碍生产操作、交通运输和建筑物的使用。

②给水管道不得布置在遇水会引起燃烧、爆炸或损坏原料、产品和设备的上面，并应尽量避免在生产设备上面通过。

③给水管道不得穿过配电间，以免因渗漏造成电气设备故障或短路。

④对不允许断水的建筑，应从室外环状管网不同管段接出两条或两条以上给水引入管，见图 1－19。在室内连成环状或贯通枝状双向供水。若条件达不到，可采取设贮水池（箱）或增设第二水源等安全供水措施。

（4）保护管道不受破坏

①给水埋地管道应避免布置在可能受重物压坏处。管道不得穿越生产设备基础。在特殊情况下必须穿越时，应与有关专业人员协商处理。

②给水管道不得敷设在排水沟、烟道和风道内，不得穿过大便槽和小便槽。当给水立管距小便槽端部小于或等于 0.5 m 时，应采取建筑隔断措施。

③给水引入管与室内排出管管外壁的水平距离不得小于 1 m。

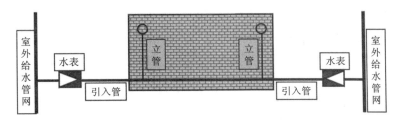

图 1 – 19　两路给水示意图

④建筑物内给水管与排水管之间的最小净距，平行埋设时为 0.5 m，交叉埋设时为 0.15 m，且给水管应在排水管的上面。

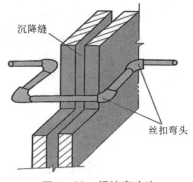

图 1 – 20　螺纹弯头法

⑤给水管宜有 0.002 ~ 0.005 的坡度坡向泄水装置。

⑥给水管不宜穿过伸缩缝、沉降缝或抗震缝，必须穿过时应采取有效措施。常用的措施有螺纹弯头法(图 1 – 20)、活动支架法(图 1 – 21)和软性接头法(橡胶软管和金属波纹管，如图 1 – 22 所示)。

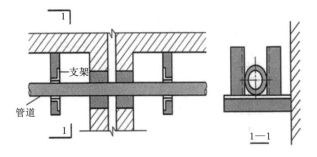

图 1 – 21　活动支架法

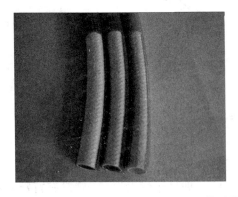

图 1 – 22　橡胶软管和金属波纹管

2. 布置形式

给水管道的布置按供水可靠程度要求可分为枝状和环状两种形式。前者单向供水，供水安全可靠性差，但节省管材，造价低；后者管道相互连通，双向供水，安全可靠，但管线长，造价高。

按照水平干管的敷设位置，可以布置成上行下给、下行上给和中分式。

上行下给式水平配水管敷设在顶层顶棚下或吊顶之内，设有高位水箱的居住公共建筑及机械设备或地下管线较多的工业厂房多采用，这种系统与下行上给式布置相比，最高层配水点流出水头稍高，安装在吊顶内的配水干管可能漏水或结露损坏吊顶和墙面。见图 1-23。

下行上给式水平配水管敷设在底层（明装、暗装或沟敷）或地下室顶棚下，居住建筑、公共建筑和工业建筑在用外网水压直接供水时多采用这种方式。这种系统简单，明装便于安装维修，与上行下给式布置相比为最高层配水点流出水头较低，埋地管道检修不便。见图 1-24。

中分式水平干管敷设在中间技术层或中间吊顶内，向上下两个方向供水，屋顶用作茶座、舞厅或设有中间技术层的高层建筑多采用这种方式。管道安装在技术层内便于安装维修。需要设置技术层或增加某中间层的层高。

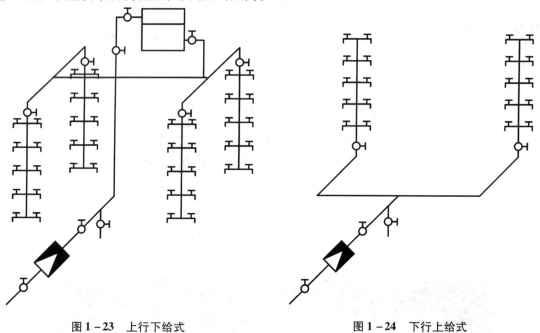

图 1-23　上行下给式　　　　　　　　　　图 1-24　下行上给式

1.4.2　给水管道的敷设

1. 敷设形式

给水管道的敷设有明装和暗装两种形式。明装即管道外露，其优点是安装维修方便，造价低，但外露的管道影响美观，表面易结露、积尘，一般用于对卫生、美观没有特殊要求的建筑。暗装即管道隐蔽，如敷设在管道井、技术层、管沟、墙槽、顶棚或夹壁墙中，直接埋地或埋在楼板的垫层里，其优点是管道不影响室内的美观、整洁，但施工复杂，维修困难，造价高,适用于对卫生、美观要求较高的建筑(如宾馆、高级公寓)和要求无尘、洁净的车间、实验室、无菌室等。

图 1 – 25 管道明装与安装

2. 敷设要求

引入管进入建筑内,一种情形是从建筑物的浅基础下通过,另一种是穿越承重墙或基础。其敷设方法见图 1 – 26。在地下水位高的地区,引入管穿地下室外墙或基础时应采取防水措施,如设防水套管等。

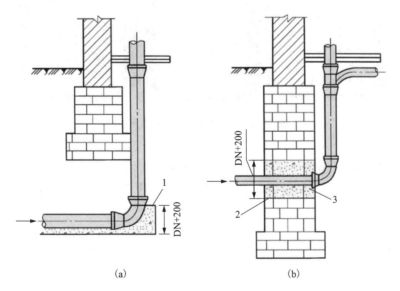

(a)　　　　　　　　　　　　(b)

图 1 – 26 引入管进入建筑

(a)从浅基础下通过;(b)穿基础

1—C5.5 混凝土支座;2—黏土;3—M5 水泥砂浆封口

室外埋地引入管要防止地面活荷载和冰冻的影响，其管顶覆土厚度不宜小于 0.7 m，并应敷设在冰冻线以下 0.15 m 处。建筑内埋地管在无活荷载和冰冻影响时，其管顶离地面高度不宜小于 0.3 m。当将交联聚乙烯管或聚丁烯管用作埋地管时，应将其设在套管内，其分支处宜采用分水器。

给水横管穿承重墙或基础、立管穿楼板时均应预留孔洞。暗装管道在墙中敷设时，也应预留墙槽，以免临时打洞、刨槽影响建筑结构的强度。横管穿过预留洞时，管顶上部净空不得小于建筑物的沉降量，以保护管道不致因建筑沉降而损坏，其净空一般不小于 0.10 m。

给水横干管宜敷设在地下室、技术层、吊顶或管沟内，宜有 0.002 ~ 0.005 的坡度坡向泄水装置；立管可敷设在管道井内，给水管道与其他管道同沟或共架敷设时，宜敷设在排水管、冷冻管的上面或热水管、蒸汽管的下面；给水管不宜与输送易燃、可燃或有害的液体或气体的管道同沟敷设；通过铁路或地下构筑物下面的给水管道，宜敷设在套管内。

当给水管道与排水管道或其他管道同沟敷设、共架敷设时，给水管宜敷设在排水管、冷冻管的上面，热水管、蒸汽管的下面，见图 1 – 27。给水管道与其他管道平行或交叉敷设时，管道外壁之间的距离应符合规范的有关要求。

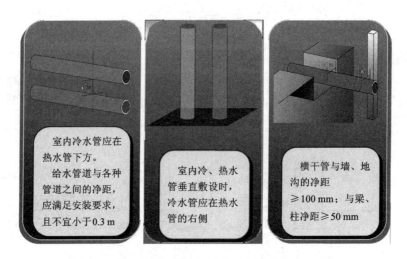

室内冷水管应在热水管下方。
给水管道与各种管道之间的净距，应满足安装要求，且不宜小于 0.3 m

室内冷、热水管垂直敷设时，冷水管应在热水管的右侧

横干管与墙、地沟的净距 ≥100 mm；与梁、柱净距 ≥50 mm

图 1 – 27　给水管的位置布置形式

管道在空间敷设时，必须采取固定措施，以保证施工方便与安全供水。固定管道常用的支托架如图 1 – 28 所示。给水钢质立管一般每层须安装 1 个管卡，当层高大于 5.0 m 时，每层须安装 2 个。

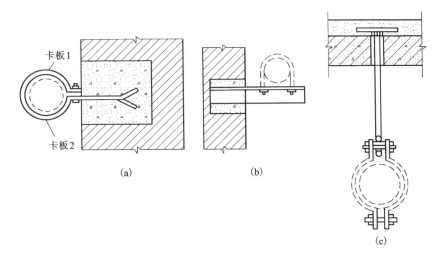

图 1-28　支托架

(a)管卡；(b)托架；(c)吊环

任务5　给水升压和贮水设备

1.5.1　水泵

1.水泵的分类

水泵是给水系统中的主要升压设备。水泵分类如图 1-29。常见水泵如图 1-30。在建筑给水系统中，一般采用离心式水泵，它具有结构简单、体积小、效率高且流量和扬程在一定范围内可以调整等优点。表 1-2 为水泵的分类。

表 1-2　水泵的分类

分类方法	具体形式	分类方法	具体形式
1)按主轴方向	卧式	3)按叶轮种类	离心
	立式		混流
	斜式		轴流
2)按吸入方向	单吸	4)按级数分	单级
	双吸		多级

(a)S型单级双吸卧式离心泵　(b)DG型多级卧式离心泵

图 1-29　水泵分类

(a)NB型凝结水泵　(b)DL型立式多级泵

图 1-30　常见水泵

19

2. 水泵的性能参数

(1) 流量　　　　L/s,　m³/h

(2) 扬程　　　　m

(3) 轴功率　　　kW,　　W

(4) 效率　　　　$\eta < 1$

(5) 转数　　　　r/min

(6) 允许吸上的真空高度　　m

3. 水泵的选型

选择水泵应以节能为原则，使水泵在给水系统中大部分时间保持高效运行。当采用设水泵、水箱的给水方式时，通常水泵直接向水箱输水，水泵的出水量与扬程几乎不变，选用离心式恒速水泵即可保持高效运行。对于无水量调节设备的给水系统，在电源可靠的条件下，可选用带自动调速装置的离心式水泵，目前调速装置主要采用变频调速器。在水泵房面积较小的条件下，可采用结构紧凑、安装管理方便的离心式立式水泵或管道泵。

水泵的流量、扬程应根据给水系统所需的流量、压力确定。由流量、扬程查水泵性能表即可确定其型号。在生活（生产）给水系统中，无水箱（罐）调节时，水泵出水量应以系统的高峰用水量即设计秒流量确定；有水箱调节时，水泵流量可按最大时流量确定。若水箱容积较大，且用水量均匀，则水泵流量可按平均流量确定；消防水泵流量应以室内消防设计水量确定。水泵的扬程应根据水泵的用途、与室外给水管网连接的方式来确定。

每台水泵宜设置独立的吸水管，如必须设置成几台水泵合用吸水管时，吸水管应管顶平接且不得少于两条，并应装设必要的阀门，当一条吸水管检修时，另一条吸水管应能满足泵房设计流量的要求。水泵宜设置自动开关装置，间歇抽水的水泵装置宜采用自灌式（特别是消防泵）并在吸水管上设置阀门，当无法做到时，则采用吸上式。当水泵中心线高出吸水井或贮水池水面时，均需设引水装置启动水泵。

每台水泵的出水管上应设阀门、止回阀和压力表，并应采取防水锤措施。每组消防水泵的出水管应不少于两条与环状网连接，并应装设试验和检查用的放水阀门。室外给水管网允许直接吸水时，水泵宜直接从室外给水管上装设阀门和压力表，并应绕水泵设旁通管，旁通管上应装设阀门和止回阀。

水泵基础高出地面的高度应便于水泵安装，不应小于 0.1 m，吸水管内的流速宜采用 1.0 ~ 1.2 m/s，出水管流速宜控制在 1.5 ~ 2.0 m/s。为减小水泵运行的噪声，宜尽量选用低噪声水泵，并采取必要的减振和隔振措施。

水泵机组一般设置在泵房内，泵房应远离需要安静、要求防震、防噪声的房间，并有良好的通风、采光、防冻和排水的条件；水泵的布置要便于起吊设备的操作，管道连接力求管线短，弯头少，其间距要保证检修时能拆卸、放置电机和泵体，并满足维修要求，见图 1 – 31。

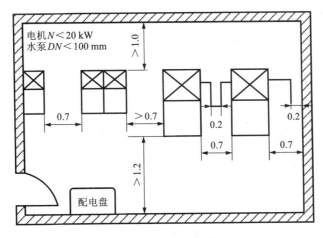

图1-31　水泵机组的布置间距/m

1.5.2　吸水井与贮水池

1.吸水井

室外给水管网能够满足建筑内所需水量，不需设置贮水池，但室外给水管网又不允许直接抽水，即可设置满足水泵吸水要求的吸水井。吸水井的尺寸应满足吸水管的布置、安装和水泵正常工作的要求。吸水井的有效容积应大于最大一台水泵3 min的出水量。

2.贮水池

贮水池是建筑给水常用调节和贮存水量的构筑物，采用钢筋混凝土、砖石等材料制作，形状多为圆形和矩形。

贮水池宜布置在地下室或室外泵房附近，并应有严格的防渗漏、防冻和抗倾覆措施。贮水池设计应保证池内贮水经常流动，不得出现滞流和死角，以防水质变坏。贮水池一般应分为两格，并能独立工作，分别泄空，以便清洗和维修。

消防水池容积超过500 m³时，应分成两个，并应在室外设供消防车取水用的吸水口。生活或生产用水与消防用水合用水池时，应采取消防水平时不被挪用的措施，如设置溢流管或在非消防水泵的吸水管上，消防水位处设置透气小孔等。游泳池、戏水池、水景池等在能保证常年贮水的条件下，可兼作消防贮备水池。贮水池应设进水管、出水管、溢流管、泄水管、通气管和水位信号装置。穿越贮水池壁的管道应设防水套管，贮水池紧贴建筑物设置时，其间的穿越管路应采取防止因沉降不均而引起损坏的措施，如采用金属软管、橡胶接头等设施。贮水池内应设吸水坑，吸水坑平面尺寸和深度应通过计算确定。

贮水池的有效容积(不含被梁、柱、墙等构件占用的容积)应根据调节水量、消防贮备水量和生产事故备用水量计算确定。当资料不足时，贮水池的调节水量宜按最高日用水量的20%~25%估算。

1.5.3　水箱

按不同用途，水箱可分为高位水箱、减压水箱、冲洗水箱和断流水箱等多种类型，其形状多为矩形和圆形，制作材料有钢板、钢筋混凝土、玻璃钢和塑料等。这里只介绍给水系统中广泛采用的起到保证水压和贮存、调节水量的高位水箱。

1. 水箱的配管、附件及设置要求

水箱的配管、附件如图 1 - 32 所示：

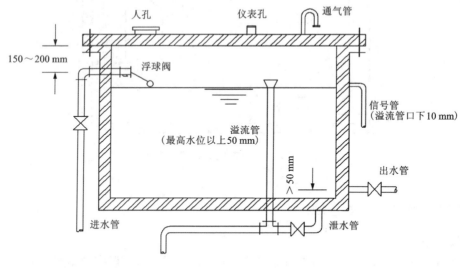

图 1 - 32 水箱配管、附件示意图

（1）进水管 一般由侧壁接入，也可由顶部或底部接入，管径按水泵出水量或设计秒流量确定。当水箱由室外管网提供压力充水时，应在进水管上安装水位控制阀，如液压阀、浮球阀，并在进水端设检修用的阀门；当管径 DN > 50 mm 时，控制阀不少于 2 个；利用水泵进水并采用液位自动控制水泵启闭时，可不设浮球阀或液压水位控制阀。侧壁进水管距水箱上缘应有 150 ~ 200 mm 的距离。

（2）出水管 出水管可由水箱侧壁或底部接出，其出口应离水箱底 50 mm 以上，管径按水泵出水量或设计秒流量确定。出水管上应安装阻力较小的闸阀（不允许安装截止阀），为防止短流，水箱进出水管宜分设在水箱两侧。水箱进出水管若合用一根管道，则应在出水管上增设阻力较小的旋启式止回阀。

（3）溢流管 溢流管可从底部或侧壁接出，进水口应高出水箱最高水位 50 mm，管径一般比进水管大一号。溢流管上不允许设置阀门，并应装设网罩。

（4）水位信号装置 它是反映水位控制失灵报警的装置，可在溢流管下 10 mm 处设水位信号管，直通值班室的洗涤盆等处，其管径为 15 ~ 20 mm 即可。若水箱液位与水泵连锁，则可在水箱侧壁或顶盖上安装液位计，采用自动水位报警装置。

（5）泄水管 泄水管从水箱底接出，管上应设置阀门，可与溢流管相接，但不得与排水系统直接相连，其管径应大于或等于 50 mm。

（6）通气管 供生活饮用水的水箱在储水量较大时，宜在箱盖上设通气管，以使水箱内空气流通，其管径一般大于或等于 50 mm，管口应朝下并应设网罩防虫。

2. 水箱容积的确定

水箱容积由生活和生产储水量以及消防储水量组成，理论上应根据用水和进水变化曲线确定,但由于变化曲线难以获得,故常按经验确定。生产储水量由生产工艺决定。生活储水量由水箱进出水量、时间以及水泵控制方式确定,实际工程如水泵自动启闭,可按最高日用水量的10%计;水泵人工操作时,可按最高日用水量的12%计;仅在夜间进水的水箱,宜按用水人数和用水定额确定。消防储水量以10 min室内消防设计流量计。

水箱的有效水深一般采用0.7~2.5 m,保护高度一般为200 mm。

1.5.4　气压给水设备

气压给水设备是利用密闭罐中空气的压缩性进行贮存、调节、压送水量和保持气压的装置,其作用相当于高位水箱或水塔。气压给水设备设置位置限制条件少,便于操作和维护,但其调节容积小,供水可靠性稍差,耗材、耗能较大。

气压给水设备可分为补气式和隔膜式两类,按输水压力的稳定状况分为变压式和定压式两类。气压给水设备一般由气压水罐、水泵机组、管路系统、电控系统、自动控制箱(柜)等组成,补气式气压给水设备还有气体调节控制系统。

任务6　消防给水系统

室内消防系统根据使用的灭火剂种类和灭火方式可分为三类:消火栓灭火系统、自动喷水灭火系统和其他使用非水灭火剂的固定灭火系统(如CO_2灭火系统、干粉灭火系统、卤代烷灭火系统、泡沫灭火系统等)。

灭火剂的灭火原理可分为四种:冷却、隔离、窒息和化学抑制。其中前三种灭火作用主要是物理过程,化学抑制是化学过程,如表1-3。

表1-3　各消防系统主要灭火机理和适用场合

主要灭火原理	系统名称	适用场合
冷却	消火栓灭火系统	适用于大多数火灾
	自动喷水灭火系统	
隔离	泡沫灭火系统	适用于烃类液体火灾和油类火灾
窒息	蒸汽灭火系统	可扑灭高温设备火灾
	CO_2灭火系统	适用于大型机房、图书馆藏书室、档案室及电信广播的重要设备机房的火灾
化学抑制	干粉灭火系统	适用于电器设备、可燃气体和液体火灾

1.6.1　室内消火栓消防系统

1.设置范围

应设置室内消火栓给水系统的建筑物如下:

(1)高层工业建筑和低层建筑

①厂房、库房、高度不超过24 m的科研楼(存有与水接触能引起燃烧爆炸的物品除外);

②超过 800 个座位的剧院、电影院、俱乐部和超过 1200 个座位的礼堂、体育馆;

③体积超过 5000 m³ 车站、码头、机场建筑物以及展览馆、商店、病房楼、门诊楼、图书馆、书库等;

④超过七层的单元式住宅,超过六层的塔式住宅、通廊式住宅、底层设有商业网点的单元式住宅;

⑤超过五层或体积超过 10000 m³ 的教学楼等其他民用建筑;

⑥国家级文物保护单位的重点砖木或木结构的古建筑。

(2)高层民用建筑

(3)人防工程

①使用面积超过 300 m² 的商场、医院、旅馆、旱冰场、展览厅、体育场、舞厅、电子游戏厅等;

②使用面积超过 450 m² 的餐厅、丙类和丁类生产车间、丙类和丁类物品库房;

③电影院和礼堂;

④消防电梯间前室。

(4)停车库、修车库。

可不设室内消防给水建筑物如下:

①六层及六层以下的单元式住宅,五层及五层以下的一般民用建筑;

②一、二级耐火等级的建筑物,室内可燃物较少的丁、戊类厂房和库房,耐火等级为三、四级但体积不超过 3000 m³ 的丁类厂房和不超过 5000 m³ 的戊类厂房。

注:

低层建筑:现行《建筑设计防火规范》规定,对于九层及九层以下的住宅、建筑高度不超过 27 m 的其他民用建筑以及建筑高度不超过 27 m 的单层公共建筑,单层、多层工业建筑。

高层建筑:十层及十层以上的居住建筑,建筑高度超过 27m 的公共建筑。

2. 消火栓给水系统的组成

室内消火栓给水系统一般由水枪、水带、消火栓、消防管道、消防水池、高位水箱、水泵接合器和增压水泵等组成。

(1)室内消火栓箱

室内消火栓箱是建筑内不可缺少的消防设备,由箱体、室内消火栓、消防接口、水带、水枪、消防软管卷盘及电气设备等消防器材组成。是具有给水、灭火、控制、报警等功能的箱状固定式消防装置。

水枪其作用在于产生灭火所需要的充实水柱。室内消火栓水枪均为直流式水枪,喷嘴口径有 13 mm、16 mm、19 mm 三种规格,与水带相接的一端口径为 50 mm 或 65 mm。如图 1-33 所示。

水带为麻织或衬胶的输水软管,常用口径为 50 mm、65 mm,长度一般为 15 m、20 m、25 m 三种。如图 1-34 所示。

消火栓是具有内扣式接口的球形阀式龙头,一端与消防管相连,另一端与水龙带相连,常用口径为 50 mm、65 mm,射流量小于 4 L/s 的采用 50 mm,射流量大于 4 L/s 的采用 65 mm。如图 1-35 所示。

图 1 - 33 水枪

图 1 - 34 水带

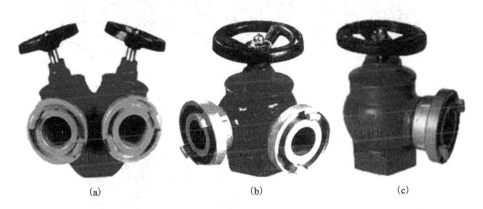

图 1 - 35 消火栓

(a)双阀双出口消火栓；(b)单阀双出口消火栓；(c)单出口消火栓

消防软管卷盘，由胶管和 $\phi6$ 直流开关水枪组成，胶管常用的直径有 $\phi16$、$\phi19$、$\phi25$，长度一般为 16 m、20 m、25 m 三种，水枪常用口径为 $\phi6$、$\phi7$、$\phi8$。消防软管卷盘是非职业消防人员扑灭初期火灾的有力武器。如图 1 - 36 所示。

消防水泵按钮是启动消防水泵的按钮，必须在每个消火栓箱内或其附近设置。如图 1 - 37 所示。

图 1 - 36 消防软管卷盘

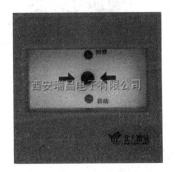

图 1 - 37 消防水泵按钮

常用消火栓箱的规格为 800 mm × 650 mm × 300 mm，材料为钢板或铝合金等制作，如

图 1 – 38 所示。消防卷盘设备可与 DN65 消火栓放置在同一个消火栓箱内,也可以单独设消火栓箱。图 1 – 39 所示为带消防卷盘的室内消火栓箱。

图 1 – 38　消火栓箱

图 1 – 39　带消防卷盘的室内消火栓箱

（2）消防水箱

消防水箱对扑救初期火灾起着重要作用,为确保其自动供水的可靠性,应采用重力自流供水方式。消防水箱宜与生活(或生产)高位水箱合用,以保持箱内贮水经常流动,防止水质变坏。水箱的安装高度应满足室内最不利点消火栓所需的水压要求,且应储存有室内 10 min 的消防用水量。

（3）水泵接合器

当建筑物发生火灾，室内消防水泵不能启动或流量不足时，消防车可从室外消火栓、水池或天然水体取水，通过水泵接合器向室内消防给水管网供水。水泵接合器一端与室内消防给水管道连接，另一端供消防车加压向室内管网供水。水泵接合器的接口直径有 DN65 和 DN80 两种，分地上式、地下式和墙壁式三种类型。如图 1-40 所示。

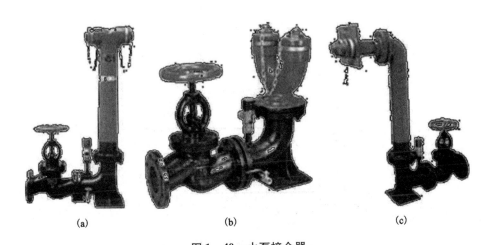

图 1-40　水泵接合器

(a)地上式；(b)地下式；(c)墙面式

3. 消火栓给水系统的供水方式

室内消火栓系统的供水方式也称为消火栓系统的给水方式，它是指消火栓系统的供水方案，是由室外给水管网所能提供的水压、水量和室内消火栓给水系统所需的水量和水压的要求综合考虑而确定的。

（1）由室外给水管网直接给水的消火栓供水方式

当建筑物的高度不大，且室外给水管网的压力和流量在任何时候均能够满足室内最不利点消火栓所需的设计流量和压力时，宜采用此种方式，见图 1-41。

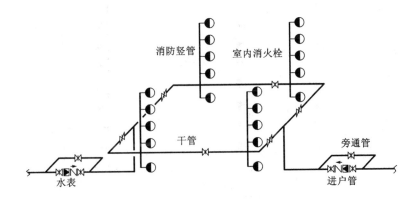

图 1-41　无加压泵和水箱的室内消火栓给水系统

（2）仅设水箱的消火栓供水方式

当室外给水管网的压力变化较大，但其水量能满足室内用水的要求时，可采用此种供水方式，如图 1 - 42 所示。在室外管网压力较大时，室外管网向水箱充水，由水箱贮存一定水量，以备消防使用。

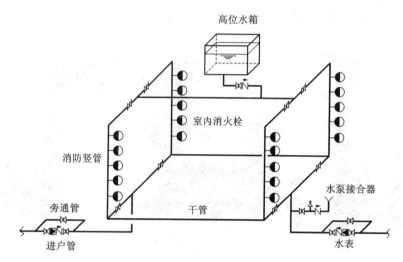

图 1 - 42　仅设水箱的消火栓供水方式

（3）设有消防水泵和水箱的消火栓供水方式

当室外给水管网的水压和水量经常不能满足室内消火栓给水系统的水压和水量要求，或室外采用消防水池作为消防水源时，室内应设置消防水泵加压，同时设置消防水箱，储存 10 min 的消防用水量，如图 1 - 43 所示。

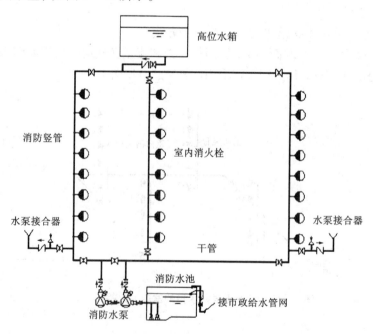

图 1 - 43　设有消防水泵和水箱的消火栓供水方式

（4）分区供水的消火栓供水方式

当建筑高度超过 50 m 或建筑物最低处消火栓静水压力超过 0.80 MPa 时，室内消火栓系统难以得到消防车的供水支援，宜采用分区给水方式。见图 1-44。

①并联分区给水系统——适用分区不多的高层建筑，建筑高度 100 m 以内。

②串联分区给水系统——用于建筑高度超过 100 m，消防给水分区超过两个区的超高层建筑。

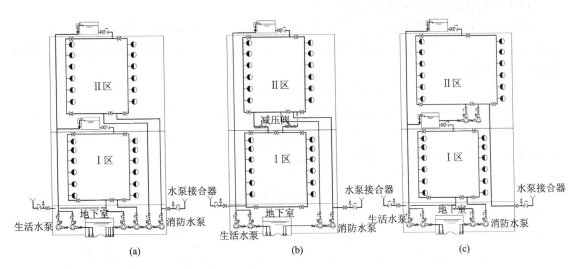

图 1-44 分区供水的消火栓供水方式

（a）不同扬程的水泵并联分区；（b）减压阀并联分区；（c）串联分区

4. 消火栓给水系统布置

（1）水枪充实水柱长度

充实水柱是指由水枪喷嘴射出的一段密实不发散、能够有效扑灭火灾的射流长度。为使消防水枪射出的充实水柱能射及火源，防止烧伤消防人员，充实水柱应有一定的长度。水枪充实水柱长度应大于 7 m，小于 17 m。如果充实水柱长度超过 17 m，由于射流的反作用力比较大，消防人员难以灵活地把握水枪，有效地实施灭火。

水枪射流在 26～38 mm 直径圆断面内、包含全部水量 75%～90% 的密实水柱长度称为水枪的充实水柱长度。

（2）消火栓的保护半径

消火栓的保护半径是指某种规格的消火栓、水枪和一定长度的水带配套后，以消火栓为圆心，消火栓能充分发挥作用的水平距离。

$$R = L_d + L_s$$

式中：R——消火栓保护半径，m；

L_d——水带的敷设长度，每根水带的长度 ≤25 m，并应乘以水带的弯转曲折系数 0.8；

L_s——水枪的充实水柱在水平面的投影长度，m；$L_s = H_m \cos 45°$（H_m 为水枪的充实水柱长度）。

为考虑消防人员使用水枪时有一定的安全保障，水枪的上倾角不宜超过 45°，否则着火

29

物下落将伤及灭火人员，因此水枪充实水柱的投影长度是以水枪倾角为45°时的投影长度。

(3)消火栓布置

1)设有室内消火栓的建筑物，其各层均应设置消火栓。

单元式、塔式住宅的消火栓宜设置在楼梯间的首层和各楼层休息平台上，当设置2根消防竖管确有困难时，可设1根消防竖管，但必须采用双口双阀型消火栓。干式消火栓竖管在首层靠出口部位设置便于消防车供水的快速连接和止回阀连接。

2)消防电梯间前室应设室内消火栓。

3)室内消火栓应设在位置明显易于操作的部位。栓口离地面或操作基面高度宜为1.1 m，其出水方向宜向下或与设置消火栓的墙面成90°角。栓口与消火栓箱内边缘的距离不应影响消防水带的连接。

4)冷库内的消火栓应设置在常温穿堂或楼梯间内。

5)室内消火栓的间距应由计算确定。高层厂房(仓库)、高架仓库和甲、乙类厂房中室内消火栓的间距不应大于30 m；其他单层和多层建筑中室内消火栓的间距不应大于50 m。表1-4为不同场合消火栓最大间距。

表1-4　消火栓最大间距

消火栓最大间距	建筑物类型
30 m	高层建筑、高层厂房(仓库)、高架仓库和甲乙类厂房
50 m	高层建筑的裙房、单层和多层建筑

6)同一建筑内应采用统一规格的消火栓、水枪和水带。水带的长度不应大于25m。

7)室内消火栓的布置应保证每一个防火分区同层有2支水枪的充实水柱同时到达室内任何部位。只有建筑高度不大于24 m且体积不大于5000 m³的多层仓库，可采用1支水枪的充实水柱到达室内任何部位。

水枪的充实水柱长度应由计算确定，一般不应小于7 m，甲、乙类厂房、超过6层的公共建筑、超过四层的厂房和库房内，不应小于10 m。高层厂房(仓库)、高架仓库和体积大于25000 m³的商店、体育馆、影剧院、会堂、展览建筑、车站、码头、机场建筑等，不应小于13 m；建筑高度不超过100 m的高层建筑不应小于10 m；建筑高度超过100 m的高层建筑不应小于13 m。

8)高层厂房(仓库)和高位消防水箱静压不能满足最不利点消火栓水压要求的其他建筑，应在每个室内消火栓处设置直接启动消防水泵的按钮，并应有保护设施。

9)设有室内消火栓的建筑，如为平屋顶时，宜在平屋顶上设置试验和检查用的消火栓。

(4)消防给水管道布置

室内消防给水管道布置应满足以下要求：

1)室内消火栓超过10个且室外消防用水量大于15 L/s时，其消防给水管道应连成环状，且至少应有2条进水管与室外管网或消防水泵连接。当其中一条进水管发生事故时，其余的进水管应仍能供应全部的用水量。

2)高层建筑室内消防管道应布置成独立的环状管网，不仅水平管道成环状，立管也应布置成环状，以保证一根管道发生事故时，仍然能够保证消防用水量和水压的要求。7~9 层的单元式住宅布置成环状有困难时，允许布置成枝状管网，或者可以利用室外的管网和引入管共同组成环状。

3）超过 6 层的塔楼（采用双阀双出口消火栓的除外）和通廊式住宅，超过 5 层或体积超过 10000 m³ 的其他民用建筑，超过 4 层的厂房和库房，如室内消防立管为两条或两条以上时，应至少每两条立管连成环状；对于 18 层及 18 层以下，每层不超过 8 户，建筑面积小于 650 m² 的塔式住宅，当设置两根消防立管有困难时，允许设置一根立管，但必须采用双阀双出口型消火栓。

4）每根消防立管的直径应按通过的消防流量计算确定，但不应小于 100 mm，对于带有两个及两个以上双阀双栓口的消防立管，其直径应为 150 mm。

5）室内消火栓给水管网与自动喷水灭火设备的管网应分开设置，如有困难，应在报警阀前分开设置。

6）室内消防给水管道应用阀门分割成若干独立段，如某一管段损坏时，停止使用的消火栓在一层中不应超过 5 个。阀门应该经常处于开启状态，并应有明显的启闭标志。

（5）水箱及减压装置设置

高位消防水箱的设置高度应保证最不利点消火栓静水压力要求。按照我国建筑设计防火规范的要求，建筑高度不超过 100 m 时，最不利点消火栓的静水压力不应低于 0.07 MPa（检查用消火栓除外）；当建筑高度超过 100 m 时，其最不利点消火栓静水压力不应低于 0.15 MPa。当消防泵工作时，栓口压力超过 0.5 MPa 的消火栓应采用减压措施，常用的减压装置为减压孔板。

1.6.2　自动喷水灭火系统

自动喷水灭火系统是一种在发生火灾时能自动打开喷头喷水灭火并同时发出火警信号的消防灭火设施，其扑灭初期火灾的效率在 97% 以上。

1. 自动喷水灭火系统的分类及组成

根据喷头的开闭形式分下列几种自动喷水灭火系统，如表 1-5 所示。

表 1-5　自动喷水灭火系统分类

自动喷水灭火系统	闭式喷头	湿式自动喷水灭火系统	
		干式自动喷水灭火系统	
		干湿式自动喷水灭火系统	
		预作用自动喷水灭火系统	
		重复启闭预作用灭火系统	
		自动喷水-泡沫联用灭火系统	
	开式喷头	雨淋系统	
		水幕系统	
		水喷雾灭火系统	

(1)闭式自动喷水灭火系统

闭式自动喷水灭火系统是指在自动喷水灭火系统中采用闭式喷头,平时系统为封闭系统,火灾发生时喷头打开,使得系统为敞开式系统喷水。闭式自动喷水灭火系统由水源、加压贮水设备、喷头、管网、报警装置等组成。

1)湿式自动喷水灭火系统。这是喷头常闭的灭火系统,如图1-45所示,管网中充满有压水。当建筑物发生火灾,火点温度达到开启闭式喷头时,喷头出水灭火。该系统有灭火及时、扑救效率高的优点,但由于管网中充有有压水,当渗漏时会损坏建筑装饰部位和影响建筑的使用。该系统适用于环境温度在$4℃<t<70℃$,且装饰要求不高的建筑物。

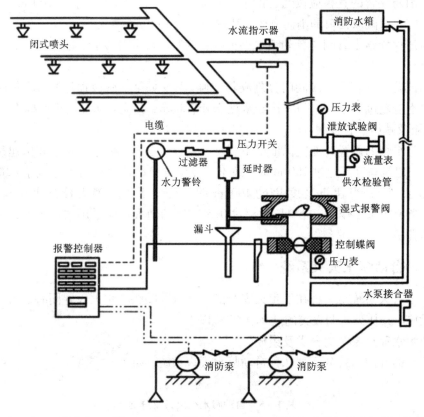

图1-45 湿式自动喷水灭火系统

2)干式自动喷水灭火系统。这是喷头常闭的灭火系统,管网中平时不充水,充有有压空气(或氮气),如图1-46所示。当建筑物发生火灾且着火点温度达到开启闭式喷头时,喷头开启、排气、充水、灭火。该系统灭火时需先排气,故喷头出水灭火不如湿式系统及时。但管网中平时不充水,对建筑物装饰无影响,对环境温度也无要求,适用于采暖期长而建筑内无采暖的场所。

3)预作用喷水灭火系统。这是喷头常闭的灭火系统,管网中平时不充水(无压)。发生火灾时,火灾探测器报警后,自动控制系统控制阀门排气、充水,由干式变为湿式系统。只有当着火点温度达到开启闭式喷头时才开始喷水灭火。该系统弥补了上述两种系统的缺点,适用于对建筑装饰要求高、灭火要求及时的建筑物。

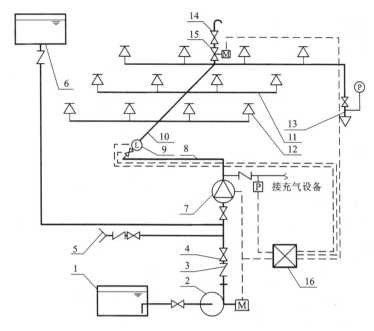

图1-46　干式自动喷水灭火系统

1—水池；2—水泵；3—止回阀；4—闸阀；5—水泵接合器；6—消防水箱；7—干式报警阀组；
8—配水干管；9—水流指示器；10—配水管；11—配水支管；12—闭式喷头；
13—末端试水装置；14—快速排气阀；15—电动阀；16—报警控制器

（2）开式自动喷水灭火系统

开式自动喷水灭火系统是指在自动喷水灭火系统中采用开式喷头，平时系统为敞开状态，报警阀处于关闭状态，管网中无水，火灾发生时报警阀开启，管网充水，喷头喷水灭火。开式自动喷水灭火系统由开式喷头、管道系统、控制阀、火灾探测器、报警控制装置、控制组件和供水设备等组成。

1）雨淋喷水灭火系统：这是喷头常开的灭火系统，当建筑物发生火灾时，由自动控制装置打开集中控制阀门，使整个保护区域所有喷头喷水灭火。该系统具有出水量大、灭火及时的优点，适用于火灾蔓延快、危险性大的建筑或部位。

2）水幕系统：该系统喷头沿线状布置，发生火灾时主要起阻火、冷却、隔离作用，该系统适用于需防火隔离的开口部位，如舞台与观众之间的隔离水帘、消防防火卷帘的冷却等。

3）水喷雾灭火系统：该系统用喷雾喷头把水粉碎成细小的水雾滴之后喷射到正在燃烧的物质表面，通过表面冷却、窒息以及乳化、稀释的同时作用实现灭火。该系统不仅可以提高扑灭固体火灾的灭火效率，同时在扑灭可燃液体火灾、电气火灾中均得到了广泛的应用，如飞机发动机试验台、各类电气设备、石油加工场所等。

2.喷头及控制配件

（1）喷头

闭式喷头的喷口用由热敏元件组成的释放机构封闭，当达到一定温度时能自动开启，如玻璃球爆炸、易熔合金脱离。其构造按溅水盘的形式和安装位置有直立式、下垂式、边墙式、普通式、吊顶式和干式下垂式洒水喷头之分，如图1-47所示。闭式喷头的标识见表1-6。

| 直立式 | 边墙式 | 普通式 | 下垂式 | 边墙式 | 隐蔽式 |

图 1-47　闭式喷头的类型

表 1-6　闭式喷头的标识

响应代号－性能代号－公称口径/mm－公称动作温度/℃

K－ZSTX15－68℃：快速响应、下垂式，公称口径为 15 mm，公称动作温度为 68℃的洒水喷头

响应代号	无代号	标准响应		
	T	特殊响应		
	K	快速响应		
性能代号	ZSTP	通用式喷头	ZSTZ	直立式喷头
	ZSTX	下垂式喷头	ZSTBZ	直立边墙式喷头
	ZSTBX	下垂边墙式喷头	ZSTBS	水平边墙式喷头
公称口径	10，15，20			
公称动作温度	57℃，68℃，79℃，93℃			

开式喷头根据用途又分为开启式喷头、水幕喷头和水雾喷头三种类型，其构造如图 1-48 所示。开式喷头类型及适用场所见表 1-7。

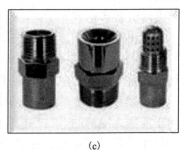

| (a) | (b) | (c) |

图 1-48　开式喷头构造示意图

(a)开启式喷头；(b)水幕喷头；(c)水雾喷头

表 1-7　开式喷头类型及适用场所

喷头类型		适用场所
开式喷头	开式洒水喷头	适用于雨淋喷水灭火和其他开式系统
	水幕喷头	凡需保护的门、窗、洞、檐口、舞台等
	水雾喷头	用于保护石油化工装置、电力设备等

（2）报警阀

报警阀的作用是开启和关闭管网的水流，传递控制信号至控制系统并启动水力警铃直接报警，有湿式、干式、干湿式和雨淋式四种类型，如图 1 – 49 所示。湿式报警阀用于湿式自动喷水灭火系统；干式报警阀用于干式自动喷水灭火系统；干湿式报警阀是由湿式、干式报警阀依次连接而成，在温暖季节用湿式装置，在寒冷季节则用干式装置；雨淋阀用于雨淋、预作用、水幕、水喷雾自动喷水灭火系统。报警阀安装在消防给水立管上，距地面的高度一般为 1.2 m。

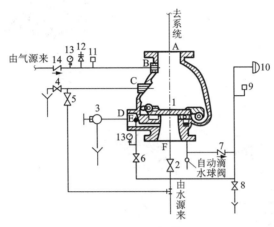

图 1 – 49 干式报警阀组

A—报警阀出口；B—充气口；C—注水、排水口；D—主排水口；E—试警铃口；F—供水口

1—报警阀；2—水源控制阀；3—主排水阀；4—排水阀；5—注水阀；6—试警铃阀；7、14—止回阀；8—小孔阀；
9—压力开关；10—警铃；11—低压压力开关；12—安全阀；13—压力表

（3）水流报警装置

水流报警装置主要有水力警铃、水流指示器和压力开关。

水力警铃安装在报警阀的报警管路上，是一种水力驱动的机械装置，如图 1 – 50 所示。当报警阀打开消防水源后，具有一定压力的水流冲动叶轮打铃报警。水力警铃不得由电动报警铃取代。水力警铃的工作压力不应小于 0.05 MPa，应设在有人值班的地点附近，与报警连接的管道，其管径应为 20 mm，总长不宜大于 20 m。

水流指示器通常安装在各楼层配水干管的起点处，是用于自动喷水灭火系统中将水流信号转换成电信号的一种报警装置。如图 1 – 51 所示。当某个喷头开启喷水时，管道中的水流动并

图 1 – 50 水力警铃

推动水流指示器的桨片，接通延时电路后，水流指示器将水流信号转换成电信号传至报警控制器或控制中心，告知火灾发生的区域。

压力开关安装在延迟器后水力警铃入口前的管道上，在水力警铃报警的同时，由于警铃管水压升高，接通电触点而成报警信号向消防中心报警或启动消防水泵。如图 1 – 52 所示。

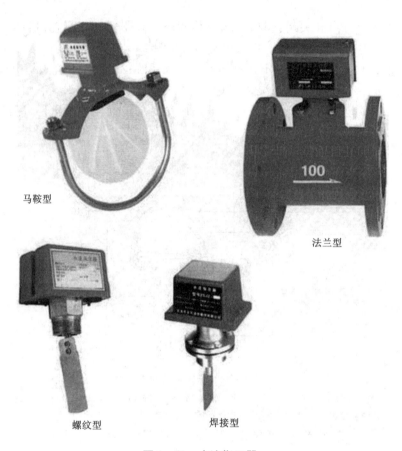

马鞍型

法兰型

螺纹型

焊接型

图 1-51　水流指示器

图 1-52　压力开关

(4) 延迟器

延迟器是一个罐式容器,安装于报警阀与水力警铃(或压力开关)之间,用于防止由于水压波动引起报警阀开启而导致的误报,如图 1-53 所示。报警阀开启后,水流需经 30 s 左右充满延迟器后方可冲打水力警铃。

图 1 - 53 延迟器

（5）火灾探测器

火灾探测器是自喷水系统的重要组成部分。常用的有探测烟雾浓度感烟探测器、探测温升的感温探测器，如图 1 - 54 所示。火灾探测器布置在房间或走道的天花板下面，其数量应根据探测器的保护面积和探测区面积计算而定。

图 1 - 54 火灾探测器

3.喷头及管网布置

喷头的布置间距要求在所保护的区域内任何部位发生火灾都能得到一定强度的水量。喷头应根据天花板、吊顶的装修要求布置成正方形、矩形和菱形三种形式；水幕喷头根据成帘状的要求应布置成线状，根据隔离强度要求可布置成单排、双排和防火带形式。图 1 - 55 所示为喷头布置的基本形式。

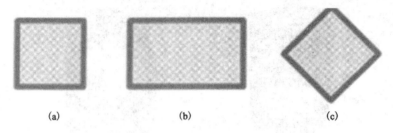

图1-55 喷头布置的几种形式

(a)喷头正方形布置；(b)喷头矩形布置；(c)喷头菱形布置

自动喷水灭火管网，应根据建筑平面的具体情况布置成侧边式或中央式，如图1-56所示。为了控制配水支管的长度，避免水头损失过大，一般情况下，配水管两侧每根支管控制喷头数，轻危险级、中危险级场所不应超过8只，同时在吊顶上下布置喷头的配水支管，上下侧的喷头数均不应多于8只；严重危险级及仓库危险级场所不应超过6只。

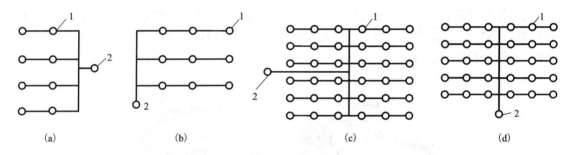

图1-56 自动喷水灭火管网的几种形式

(a)侧边中心方式；(b)侧边末端方式；(c)中央中心方式；(d)中央末端方式

任务7 建筑热水系统

1.7.1 热水供应系统的分类及组成

1.分类及特点

热水供应系统按供水范围的大小可分为局部热水供应系统、集中热水供应系统和区域热水供应系统。

局部热水供应系统供水范围小，热水分散制备，一般靠近用水点采用小型加热器供局部范围内一个或几个配水点使用，系统简单，造价低，维修管理方便，热水管路短，热损失小，适用于使用要求不高、用水点少而分散的建筑，其热源宜采用蒸汽、煤气、炉灶余热或太阳能等。

集中热水供应系统供水范围大，热水集中制备，用管道输送到各配水点。一般在建筑内设专用锅炉房或热交换器将水集中加热后通过热水管道将水输送到一幢或几幢建筑使用。这种系统加热设备集中,管理方便,设备系统复杂,建设投资较高,管路热损失较大,适用于热水用量大、用水点多且分布较集中的建筑。

区域热水供应系统中水在热电厂或区域性锅炉房或区域热交换站加热,通过室外热水管网将热水输送至城市街坊、住宅小区各建筑中。该系统便于集中统一维护管理和热能综合利用,并且消除分散的小型锅炉房,减少环境污染,设备、系统复杂,需敷设室外供水和回水管道,基建投资较高,适用于要求供热水的集中区域住宅和大型工业企业。

2. 系统组成

这里以应用普遍的集中热水供应系统为例介绍热水供应系统的组成,它一般由第一循环系统、第二循环系统、附件等几部分组成,如图 1-57 所示。

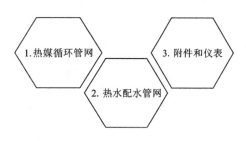

图 1-57   系统组成

1)第一循环系统

第一循环系统又称热媒循环系统,它是由热源、水加热器(热交换器)和热媒管网组成。如图 1-58 所示。工作过程:锅炉产生的蒸汽或高温水通过热媒管网送到水加热器加热冷水,经过热交换,蒸汽变成冷凝水,靠余压再送到冷凝水池,冷凝水和新补充的软化水经冷凝循环泵再送回锅炉加热为蒸汽。

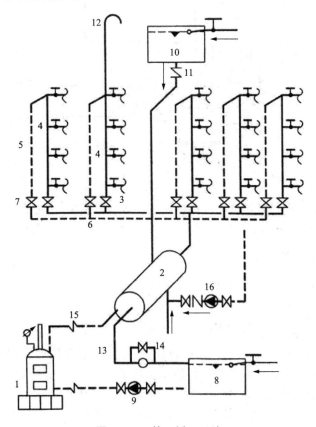

图 1-58   第一循环系统

1—锅炉;2—水加热器;3—配水干管;4—配水立管;5—回水立管;6—回水干管;7—检修阀;8—凝结水管;
9—凝结水泵;10—冷水箱;11—止回阀;12—透气管;13—凝结水管;14—疏水器;15—蒸汽管;16—循环水泵

2）第二循环系统

第二循环系统又称热水供应系统，是由热水配水管网和回水管网组成。如图1-59所示。工作过程：被加热到一定温度的热水，从水加热器中出来经配水管网送至各个热水配水点，而水加热中的冷水由屋顶的水箱或给水管网补给。为了保证用水点的水温，在立管和水平干管甚至支管处设置循环（回水）管，使部分热水经过循环水泵流回水加热器再加热。

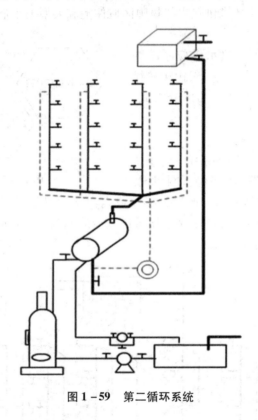

图1-59　第二循环系统

3）附件

热水供应系统中为满足控制、连接和使用的需要，以及由于温度的变化而引起的水的体积膨胀，常设置有温度自动调节器、疏水器、减压阀、安全阀、膨胀阀、闸阀、水嘴和自动排气装置等附件，如图1-60所示。

1.7.2　热水加热方式与供应方式

1.热水加热方式

热水加热可分为直接加热方式和间接加热方式，如图1-61，图1-62所示。

直接加热方式也称为一次换热，是利用热水锅炉把冷水直接加热到所需的温度，或者是将蒸汽或高温水直接与冷水接触混合制备热水。热水锅炉直接加热具有热效率高，节能的特点；蒸汽直接加热具有设备简单热效率高，不需凝水管的优点，但存在噪音高，运行费用高等的缺点。适用于具有高质量的蒸汽热媒，且对噪音无严格要求的公共浴室，洗衣房、工矿企业等用户。

间接加热方式也称为二次换热，是利用热媒通过水加热器把热量传递给冷水，把冷水加

图 1 - 60　附件

(a)疏水器；(b)补偿器；(c)自动排气阀

热到所需的热水温度，而热媒在整个加热过程中与被加热水不直接接触。该方式冷凝水可重复使用，补充水量少，运行费用低，加热时噪声小，被加热水不会造成污染，运行安全可靠，供水稳定。适用于要求供水稳定、安全、噪音要求低的旅馆、住宅、医院、办公楼等建筑。

2.热水供应方式

（1）全循环、半循环和非循环方式

热水供应系统中根据是否设置循环管网或如何设置循环管网，可分为全循环、半循环和非循环热水供应方式。

全循环热水供应方式是指热水供应系统中所有的热水配水干管、立管和支管均设有相应的回水管道，使配水系统的任一管段中都有循环流量，以保证配水管网中任意点的水温均能满足使用的要求，如图 1 - 63 所示。该方式适用于要求能随时获得不低于规定温度热水的建筑，如高级宾馆、医院、疗养院、饭店、高级住宅等。

半循环热水供应方式又分为立管循环和干管循环两种，如图 1 - 64（a）、（b）所示。立管循环热水供应方式是指热水干管和热水立管内均保持有热水的循环，打开配水龙头时只需放掉热水支管中少量的存水就能获得规定水温的热水。该方式多用于设有全日供应热水的建筑和设有定时供应热水的高层建筑中。干管循环热水供应方式是指仅保持热水干管内的热水循环，多用于采用定时供应热水的建筑中。

非循环热水供应方式如图 1 - 65 所示，是指不设任何循环管道，每天定时供应热水，节约投资。适用于热水供应系统较小，使用要求不高的定时供应系统或连续用水系统，如：公共浴室、洗衣房等。

（2）自然循环和机械循环方式

根据热水循环系统中采用的循环动力不同，可分为自然循环和机械循环两种方式。

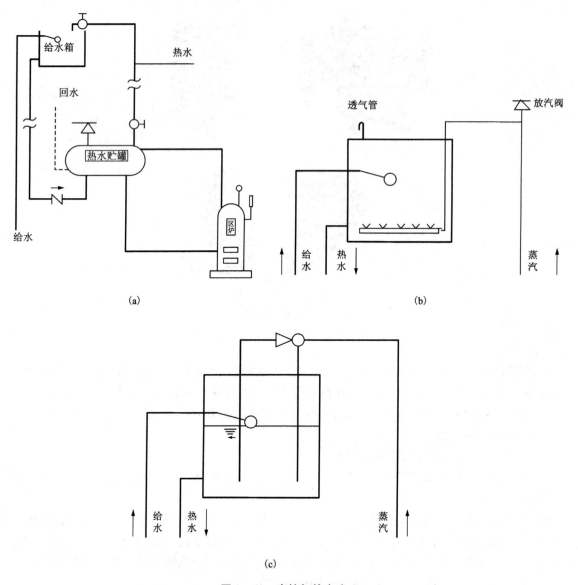

图1-61　直接加热方式

(a)锅炉直接加热；(b)蒸汽多孔管直接加热；(c)蒸汽喷射器混合直接加热

自然循环方式是利用配水管和回水管中水的温度差所形成的水的密度差，从而产生压力差，形成循环作用水头，使管网内维持一定量的循环流量，以补偿配水管道的热损失，保证用户对水温的要求，该系统一般适用于系统较小、用户对水温要求不严格的热水供应系统。

机械循环方式是在回水干管上设置循环水泵，利用水泵作为循环动力强制一定量的热水在管网系统中不停地循环流动，以补偿配水管道的热损失，保证管中热水的温度要求。该方式适用于大、中型且对水温要求较严格的热水供应系统。

热水供应系统按管网压力工况特点的不同，可分为开式和闭式两种形式。

开式热水供应方式是指在热水配水系统中所有的配水点关闭后，系统内仍有与大气相连

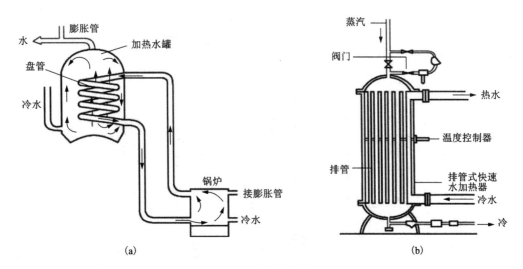

图 1 - 62　间接加热方式

(a)热水锅炉间接加热；(b)蒸汽—水加热器间接加热

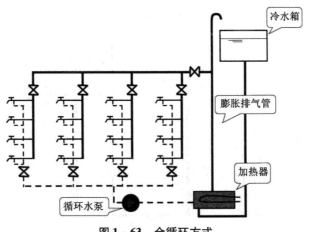

图 1 - 63　全循环方式

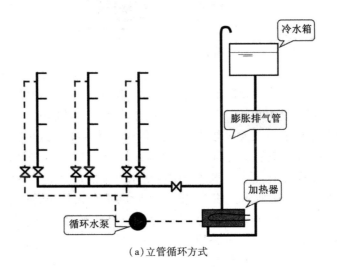

(a)立管循环方式

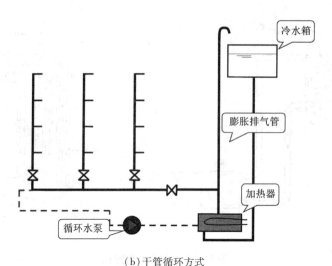

（b）干管循环方式

图 1 – 64　半循环方式

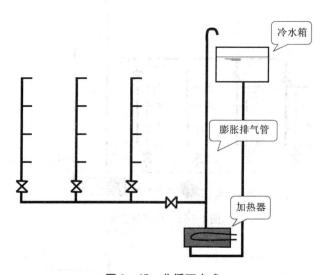

图 1 – 65　非循环方式

通的装置，如图 1 – 66 所示。一般是在系统的顶部设有开式水箱，管网与大气相连通，系统内的压力仅取决于水箱的设置高度，不受给水管网中水压波动的影响。该方式适用于用户要求水压稳定，而给水管网中水压波动较大的热水供应系统。该方式的供水系统因水温低于1000℃，水压也不会超过系统的最大静水压力或水泵压力，所以在系统内不必另设安全阀。

　　闭式热水供应方式是指在热水配水系统中各配水点关闭后，整个系统与大气隔绝，形成一个密闭的系统，如图 1 – 67 所示。该方式的配水管网不与大气相通，冷水直接进入水加热器，故系统应设安全阀，必要时还可以考虑设置隔膜式压力膨胀包和膨胀管，以确保系统的安全运转。闭式热水供应方式具有管路简单、水质不易受外界污染等优点，但其供水水压的稳定性和安全可靠性较差，适用于不宜设置屋顶水箱的热水供应系统。

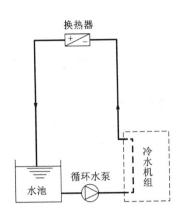 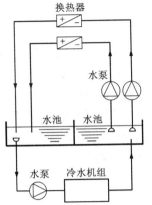 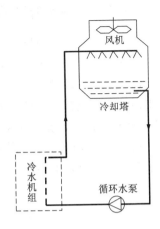

图 1-66　开式系统

（4）同程式和异程式

在全循环热水供应系统中，根据各循环环路布置的长度不同可分为同程式和异程式两种形式。

同程式热水供应方式是指在热水循环系统中每一个循环环路的长度均相等，所有环路的水头损失均相同，如图 1-68 所示。

异程式热水供应方式是指在热水循环系统中每一个循环环路的长度各不相同，所有环路的水头损失也各不相同，如图 1-69 所示。

（5）全日制供应和定时供应方式

热水供应系统根据其在一天中所供应的时间长短可分为全日制供应方式和定时供应方式两种形式。

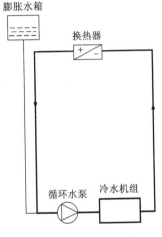

图 1-67　闭式系统

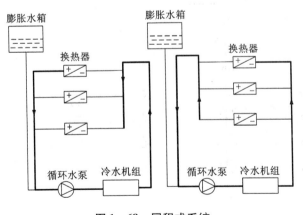
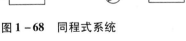

图 1-68　同程式系统

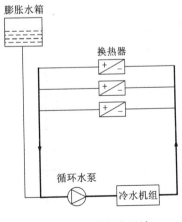

图 1-69　异程式系统

1.7.3 热水管网的布置与敷设

1. 热水管网的布置

热水管网的布置方式分为上行下给式和下行上给式两种形式。下行上给式热水系统热水管道不允许埋地敷设，采用下行上给式布置时，水平干管可布置在地沟内或地下室顶部。利用最高配水点排气，方法是在配水立管最高配水点下 0.5 m 处连接循环回水立管，如图 1 – 70 所示。上行下给式热水系统配水干管的最高点应设排气装置（自动排气阀、带手动放气阀的集气罐和膨胀水箱），热水水平干管可布置在顶层吊顶内或专用技术设备层内，并设有与水流方向相反且不小于 0.003 的坡度，如图 1 – 71 所示。

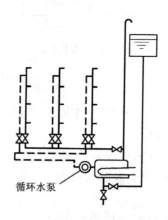

图 1 – 70 下行上给式

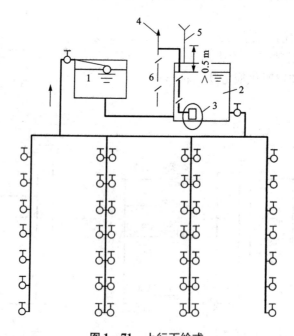

图 1 – 71 上行下给式

1—冷水箱；2—热水箱；3—消声喷射器；4—排气阀；5—透气阀；6—蒸汽管

高层建筑热水供应系统与冷水供应系统一样,应采用竖向分区,以保证系统冷、热水的压力平衡,便于调节冷、热水混合龙头的出水温度,并要求各区的水加热器和贮水器的进水均应由同区的给水系统供应;当不能满足要求时,应采取保证系统冷、热水压力平衡的措施。

2.热水管网的敷设

根据建筑物的使用要求,热水管道的敷设可分为明装和暗装两种形式。明装管道应尽可能地敷设在卫生间和厨房内,并沿墙、梁或柱敷设,一般与冷水管道平行。暗装管道可敷设在管道竖井或预留沟槽内。

热水给水立管与横管连接时,为了避免管道因伸缩应力而破坏管网,应采用乙字弯管。管道穿过墙、基础和楼板时应设套管,穿过卫生间楼板的套管应高出室内地面 5~10 cm,以避免地面积水从套管渗入下层。热水管网的配水立管始端、回水立管末端和支管上装设多于五个配水龙头的支管始端均应设置阀门,以便于调节和检修。为了防止热水倒流或串流,水加热器或热水贮罐的进水管、机械循环的回水管、直接加热混合器的冷热水供水管,都应装设止回阀。为了避免热胀冷缩对管件或管道接头的破坏作用,热水干管应考虑装设自然补偿管道或装设足够的管道补偿器。

小结

本项目主要讲授建筑内部给水系统的分类与组成;常见给水系统的给水方式;给水管道管材、管件、附件;给水管道布置原则;给水增压贮水设备;室内消火栓给水系统;喷淋给水系统。各类建筑热水的供应方式及特点。

思题与练习题

1.建筑给水系统一般由哪些部分组成?

2.建筑给水系统的给水方式有哪些?各有何特点?适用于怎样的条件?

3.常用建筑给水管材有哪些?各有何特点?其连接方法如何?

4.给水管道布置与敷设时应注意哪些因素?

5.水箱应当如何配管?

6.消火栓系统由哪些部分组成?

7.各种热水供应方式具有什么特点?如何选用?

答案

项目 2　建筑排水系统

本项目主要讲授排水系统的分类、体制及组成；建筑排水管材、附件和卫生设备；屋面雨水排水系统；排水管道的布置与敷设原则。

教学目标

知识目标	技能目标
（1）掌握建筑排水系统的分类、组成和排水体制； （2）掌握建筑排水管材、附件和卫生设备； （3）理解屋面雨水排水系统； （4）掌握排水管道的布置与敷设原则。	（1）熟悉根据建筑物性质和要求正确选择排水体制的形式； （2）熟悉建筑排水管材、附件和卫生设备； （3）理解屋面雨水排水系统。

思政元素

（1）"新型冠状病毒"形势下，爱国不是简单的情感表达，更是一种理性的行为。新时代大学生应当树立远大理想，担当时代责任，勇于砥砺奋斗，练就过硬本领，努力学习专业知识；

（2）掌握建筑排水系统的相关知识，这些知识是获取"1＋X"证书中注册设备工程师等证书所必备的。

案例引入

生活排水系统是指排除居住建筑、公共建筑及工业企业生活污废水的系统。又可进一步分为排除冲洗便器的生活污水排水系统和排除盥洗、洗涤废水的生活废水排水系统。火神山、雷神山两个医院的排水系统是如何设置的呢？

排水系统分类

任务 1　排水系统

火神山工程

2.1.1　排水系统的分类

建筑排水系统的任务是将建筑内生活、生产中使用过的水收集并排放到室外的污水管道系统。

根据系统接纳的污废水类型，可分为以下三大类：

（1）生活排水系统用于排除居住、公共建筑及工厂生活间的盥洗、洗涤和冲洗便器等污废水，可进一步分为生活污水排水系统和生活废水排水系统。

（2）工业废水排水系统用于排除生产过程中产生的工业废水。由于工业生产门类繁多，所排水质极为复杂，根据其污染程度又可分为生产污水排水系统和生产废水排水系统。

（3）雨水排水系统用于收集排除建筑屋面上的雨雪水。

2.1.2　排水体制及其选择

1.排水体制

建筑内部的排水体制可分为分流制和合流制两种，分别称为建筑内部分流排水和建筑内部合流排水。

建筑内部分流排水是指居住建筑和公共建筑中的粪便污水和生活废水及工业建筑中的生产污水和生产废水各自由单独的排水管道系统排除。

建筑内部合流排水是指建筑中两种或两种以上的污、废水合用一套排水管道系统排除。建筑物宜设置独立的屋面雨水排水系统，迅速、及时地将雨水排至室外雨水管渠或地面。在缺水或严重缺水地区宜设置雨水贮水池。

2.排水体制选择

建筑内部排水体制的确定，应根据污水性质、污染程度，结合建筑外部排水系统体制、有利于综合利用、中水系统的开发和污水的处理要求等方面考虑。

（1）下列情况，宜采用分流排水体制：

①两种污水合流后会产生有毒有害气体或其他有害物质时；

②污染物质同类，但浓度差异大时；

③医院污水中含有大量致病菌或含有放射性元素超过排放标准规定的浓度时；

④不经处理和稍经处理后可重复利用的水量较大时；

⑤建筑中水系统需要收集原水时；

⑥餐饮业和厨房洗涤水中含有大量油脂时；

⑦工业废水中含有贵重工业原料需回收利用及夹有大量矿物质或有毒和有害物质需要单独处理时；

⑧锅炉、水加热器等加热设备排水水温超过40℃等。

（2）下列情况，宜采用合流排水体制：

①城市有污水处理厂，生活废水不需回用时；

②生产污水与生活污水性质相似时。

2.1.3　排水系统的组成

完整的排水系统一般由下列部分组成（见图2-1）。

1.卫生器具

它们是用来承受用水和将用后的废水、废物排泄到排水系统中的容器。建筑内的卫生器具应具有内表面光滑、不渗水、耐腐蚀、耐冷热、便于清洁卫生、经久耐用等性质。

2.排水管道

排水管道由器具排水管（连接卫生器具和横支管之间的一段短管，除坐式大便器外，其

排水管道安装

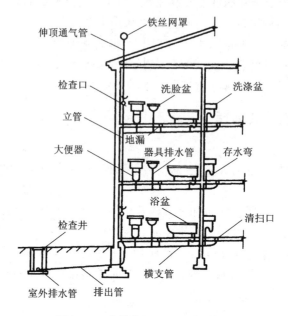

图 2 - 1　建筑内部排水系统的组成

间含有一个存水弯)、横支管、立管、埋设在地下的总干管和排出到室外的排出管等组成,其作用是将污(废)水能迅速安全地排除到室外。

3.通气管道

卫生器具排水时,需向排水管系补给空气,减小其内部气压的变化,防止卫生器具水封破坏,使水流畅通;需将排水管系中的臭气和有害气体排到大气中去,需使管系内经常有新鲜空气和废气之间对流,可减轻管道内废气造成的锈蚀。因此,排水管系要设置一个与大气相通的通气系统,如图 2 - 2 所示。通气管道有以下几种类型:

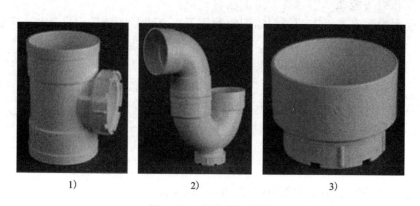

图 2 - 2　各种清通设备

1)检查口;2)P 字弯;3)清扫口

(1)伸顶通气管

污水立管顶端延伸出屋面的管段称为伸顶通气管,作为通气及排除臭气用,为排水管系最简单、最基本的通气方式。生活排水管道或散发有害气体的生产污水管道均应设置伸顶通气管,当无条件设置时,可设置吸气阀。

(2)专用通气立管

指仅与排水立管连接,为污水立管内空气流通而设置的垂直通气管道。当生活排水立管所承担的卫生器具排水设计流量超过无专用通气立管的排水立管最大排水能力时,应设专用通气立管。

(3)主通气立管

指为连接环形通气管和排水立管,并为排水支管和排水立管内空气流通而设置的垂直管道.建筑物各层的排水横支管上设有环形通气管时,应设置连接各层环形通气管的主通气立管或副通气立管。

(4)副通气立管

指仅与环形通气管连接,为使排水横支管内空气流通而设置的通气管道。建筑物各层的排水横支管上设有环形通气管时,应设置连接各层环形通气管的主通气立管或副通气立管。

(5)环形通气管

指在多个卫生器具的排水横支管上,从最始端卫生器具的下游端接至通气立管的那一段通气管段,在连接 4 个及 4 个以上卫生器具并与立管的距离大于 12m 的排水横支管、连接 6 个及 6 个以上大便器的污水横支管、设有器具通气管的排水管道上均应设置环形通气管。

(6)器具通气管

指卫生器具存水弯出口端一定高度处与主通气立管连接的通气管段,可以防止卫生器具产生自虹吸现象和噪音。对卫生、安静要求较高的建筑物内,生活污水宜设置器具通气管。

(7)结合通气管

指排水立管与通气立管的连接管段。其作用是,当上部横支管排水,水流沿立管向下流动,水流前方空气被压缩,通过它释放被压缩的空气至通气立管。凡设有专用通气立管或主通气立管时,应设置连接排水立管与专用通气立管或主通气立管的结合通气管。

(8)汇合通气管

连接数根通气立管或排水立管顶端通气部分,并延伸至室外大气的通气管段。不允许设置伸顶通气管或不可能单独伸出屋面时,可设置将数根伸顶通气管连接后排到室外的汇合通气管。

4.清通设备

为疏通建筑内部排水管道,保障排水畅通,常需设置检查口、清扫口及带有清通门的 90° 弯头或三通接头、室内埋地横干管上的检查井等。

5.提升设备

当建筑物内的污(废)水不能自流排至室外时,需设置污水提升设备。建筑内部污废水提升包括污水泵的选择、污水集水池容积确定和污水泵房设计,常用的污水泵有潜水泵、液下泵和卧式离心泵。

6.污水局部处理构筑物

当室内污水未经处理不允许直接排入城市排水系统或水体时需设置局部水处理构筑物。常用的局部水处理构筑物有化粪池、隔油井和降温池。化粪池是一种利用沉淀和厌氧发酵原理去除生活污水中悬浮性有机物的最初级处理构筑物,由于目前我国许多小城镇还没有生活污水处理厂，所以建筑物卫生间内所排出的生活污水必须经过化粪池处理后才能排入合流制排水管道。隔油井的工作原理是使含油污水流速降低，并使水流方向改变，使油类浮在水面上，然后将其收集排除，适用于食品加工车间和餐饮业的厨房排水、由汽车库排出的冲洗汽车污水和其他一些生产污水的除油处理。一般城市排水管道允许排入的污水温度规定不大于40℃，所以当室内排水温度高于40℃（如锅炉排污水)时，首先应尽可能将其热量回收利用。如不可能回收时，在排入城市管道前应采取降温措施，一般可在室外设降温池加以冷却。

任务2 排水管材、附件和卫生设备

2.2.1 排水管材和管件

管道连接

1. 塑料管

目前在建筑内使用的排水塑料管是硬聚氯乙烯管（简称 UPVC 管）。它具有质量轻、不结垢、不腐蚀、外壁光滑、容易切割、便于安装、可制成各种颜色、投资省和节能等优点，正在全国推广使用。但塑料管也有强度低、耐温性差（适用于连续排放温度不大于40℃，瞬时排放温度不大于80℃的生活排水)、立管产生噪音、暴露于阳光下管道易老化、防火性能差等缺点。目前市场供应的塑料管有实壁管、芯层发泡管、螺旋管等。排水塑料管规格见表 2-1。

表 2-1 建筑排水用硬聚氯乙烯塑料管规格

公称直径/mm	40	50	75	100	150
外径/mm	40	50	75	110	160
壁厚/mm	2.0	2.0	2.3	3.2	4.0
参考质量/(kg·m⁻¹)	0.341	0.431	0.751	1.535	2.803

塑料管通过各种管件来连接，图 2-3 所示为常用的几种塑料排水管件。

2. 柔性抗震排水铸铁管

对于建筑内的排水系统，铸铁管正在逐渐被排水硬聚氯乙烯塑料管取代，只在某些特殊的地方使用。下面介绍在高层和超高层建筑中应用的柔性抗震排水铸铁管。

随着高层和超高层建筑迅速兴起，一般以石棉水泥或青铅为填料的刚性接头排水铸铁管已不能适应高层建筑各种因素引起的变形。尤其是有抗震要求的地区的建筑物，对重力排水管道的抗震要求已成为最应值得重视的问题。

高耸构筑物和建筑高度超过 100 m 的超高层建筑物内，排水立管应采用柔性接口。在地震设防 8 度的地区或排水立管高度在 50 m 以上时，则应在立管上每隔两层设置柔性接口。在地震设防 9 度的地区，立管、横管均应设置柔性接口。

近年国内生产的 GP-1 型柔性抗震排水铸铁管是当前采用较为广泛的一种，如图 2-4 所示，它是采用橡胶圈密封、螺栓紧固，在内水压下具有挠曲性、伸缩性、密封性及抗震等性能，施工方便，可作为高层及超高层建筑及地震区的室内排水管道，也可用于埋地排水管。

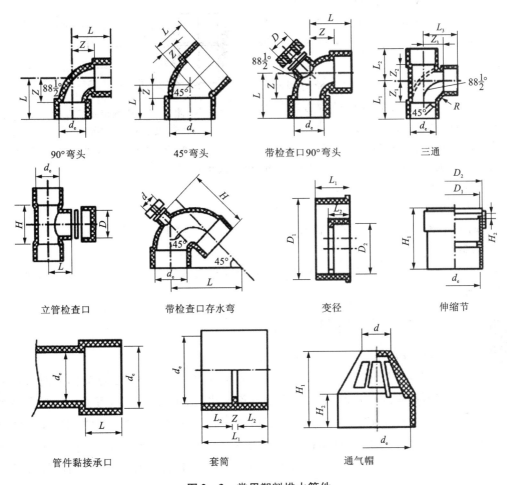

90°弯头　　45°弯头　　带检查口90°弯头　　三通

立管检查口　　带检查口存水弯　　变径　　伸缩节

管件黏接承口　　套筒　　通气帽

图 2-3　常用塑料排水管件

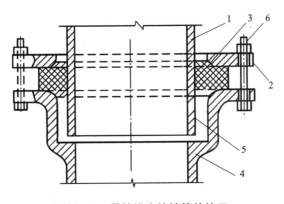

图 2-4　柔性排水铸铁管件接口

1—直管、管件直部；2—法兰压盖；3—橡胶密封圈；4—承口端头；5—插口端头；6—定位螺栓近年来，国外对排水铸铁管的接头形式进行了改进，如采用橡胶圈及不锈钢带连接，如图2-5所示。这种连接方法便于安装和维修，必要时可根据需要更换管段，具有装卸简便、安装时立管距墙尺寸小、接头轻巧和外形美观等优点。这种接头安装时只需将橡胶圈套在两连接管段的端部，外用不锈钢带卡紧螺栓锁住即可。在美国这种接头的排水铸铁管

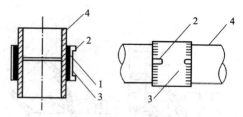

图2-5 排水铸铁管接头

1—橡胶圈；2—卡紧螺栓；

3—不锈钢带；4—排水铸铁管

已基本取代了承插式排水铸铁管，我国也已研制出这种产品。

3. 钢管

钢管主要用作洗脸盆、小便器、浴盆等卫生器具与横支管间的连接短管，管径一般为32 mm、40 mm、50 mm。在工厂车间内震动较大的地点也可用钢管代替铸铁管。

4. 带釉陶土管

带釉陶土管耐酸碱、耐腐蚀，主要用于腐蚀性工业废水排放。室内生活污水埋地管也可采用陶土管。

2.2.2 排水附件

1. 存水弯

存水弯是建筑内排水管道的主要附件之一，有的卫生器具构造内已有存水弯（例如坐式大便器），构造中不具备者和工业废水受水器与生活污水管道或其他可能产生有害气体的排水管道连接时，必须在排水口以下设存水弯。其作用是在其内形成一定高度的水柱（一般为50~100 mm），该部分存水高度称为水封高度，它能阻止排水管道内各种污染气体以及小虫进入室内。为了保证水封正常功能的发挥，排水管道的设计必须考虑配备适当的通气管。

存水弯的水封除因水封深度不够等原因容易遭受破坏外，有的卫生器具由于使用间歇时间过长，尤其是地漏，长时期没有补充水，水封水面不断蒸发而失去水封作用，这是造成臭气外逸的主要原因，故要求管理人员应有这方面的常识，有必要定时向地漏的存水弯部分注水，保持一定水封高度。近年来，我国有些厂家生产的双通道和三通道地漏解决了补水和臭气外逸等问题，有的国家对起点地漏亦有采用专设注水管的做法，如图2-6所示。

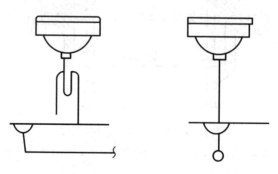

图2-6 注水地漏

存水弯使用面较广,种类较多,一般有以下几种形式:

(1)S 形存水弯用于与排水横管垂直连接的场所。

(2)P 形存水弯用于与排水横管或排水立管水平直角连接的场所。

(3)瓶式存水弯及带通气装置的存水弯一般明设在洗脸盆或洗涤盆等卫生器具排出管上,形式较美观。

存水盒与 S 形存水弯相同,安装较灵活,便于清掏。

存水弯亦可两个卫生器具合用一个或多个卫生器具共用一个。但是,医院建筑内门诊、病房、医疗部门等的卫生器具不得采用共用存水弯的方式,防止不同病区或医疗室的空气通过器具排水管的连接互相串通而造成病菌传染。

2.检查口和清扫口

为了保持室内排水管道排水畅通,必须加强经常性的维护管理,在设计排水管道时做到每根排水立管和横管一旦堵塞时有便于清掏的可能,因此在排水管规定的必要场所均需配置检查口和清扫口。

(1)检查口

一般装于立管,供立管或立管与横支管连接处有异物堵塞时清掏用,铸铁排水立管上检查口之间的距离不宜大于 10 m,塑料排水立管宜每六层设置一个检查口;但在建筑物最低层和设有卫生器具的二层以上建筑物的最高层,应设置检查口,当立管水平拐弯或有乙字管时,在该层立管拐弯处和乙字管的上部应设检查口。检查口设置高度,应在地(楼)面以上1 m,并应高于该层卫生器具上边缘 0.15 m。当排水横管管段超过规定长度时,也应设置检查口,见表 2-2。

表 2-2　排水横管直线段上清扫口或检查口的最大距离

管径/mm	清扫设备种类	距离/m	
		生活废水	生活污水
50~75	检查口	15	12
	清扫口	10	8
100~150	检查口	20	15
	清扫口	15	10
200	检查口	25	20

(2)清扫口

一般装于横管,尤其是各层横支管连接卫生器具较多时,横支管起点均应装置清扫口(有时亦可用能供清掏的地漏代替)。在连接 2 个及 2 个以上的大便器或 3 个及 3 个以上的卫生器具的铸铁排水横管上、连接 4 个及 4 个以上的大便器的塑料排水横管上、水流偏转角大于 45°的排水横管上,均应设置清扫口。清扫口安装不应高出地面,必须与地面平齐。为了便于清掏,清扫口与墙面应保持一定距离,一般不宜小于 0.2 m。

3.地漏

地漏通常装在地面须经常清洗或地面有水须排泄处,如淋浴间、水泵房、盥洗间、卫生间等装有卫生器具处。地漏的用处很广,是排水管道上可供独立使用的附件,不但具有排泄污水的功能,装在排水管道端头或管道接点较多的管段可代替地面清扫口起到清掏作用。地漏安装时,应放在易溅水的卫生器具附近的地面最低处,一般要求其箅子顶面低于地面 5 ~ 10 mm。地漏的形式较多,一般有以下几种:

（1）普通地漏

这种地漏水封较浅,一般为 25 ~ 30 mm,易发生水封被破坏或水面蒸发造成水封干燥等现象,目前这种地漏已被新结构形式的地漏所取代。

（2）高水封地漏

其水封高度不小于 50 mm,并设有防水翼环,地漏盖为盒状,可随不同地面做法对所需要的安装高度进行调节,施工时将翼环放在结构板面,板面以上的厚度可按建筑所要求的面层做法调整地漏盖面标高。这种地漏还附有单侧通道和双侧通道,可按实际情况选用,如图 2 - 7 所示。

（3）多用地漏

这种地漏一般埋设在楼板的面层内,其高度为 110 mm,有单通道、双通道、三通道等多种形式,水封高度为 50 mm,一般内装塑料球以防回流。三通道地漏可供多用途使用,地漏盖除能排泄地面水外,

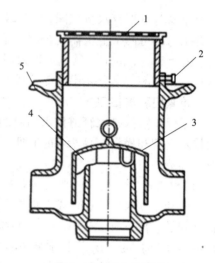

图 2 - 7 存水盒地漏

1—箅子；2—调高螺栓；3—存水盒罩；
4—支承件；5—防水翼

还可连接洗脸盆或洗衣机的排出水,其侧向通道可连接浴盆的排水,为防止浴盆放水时洗浴废水可能从地漏盖面溢出,故设有塑料球来封住通向地面的通道,其缺点是所连接的排水横支管均为暗设,一旦损坏维修比较麻烦,如图 2 - 8 所示。

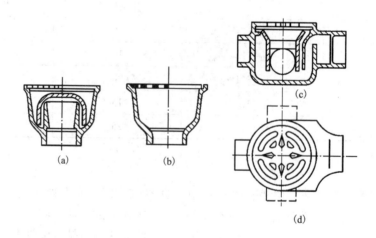

图 2 - 8 多用地漏

(a)无水封地漏；(b)圆形水封地漏；(c)DL 型通道地漏(无虚线表示的两通道)；
(d)DL 型三通道地漏(附洗衣机排入口)

（4）双算杯式水封地漏

这种地漏的内部水封盒采用塑料制作，形如杯子，水封高度 50 mm，便于清洗，比较卫生，地漏盖的排水分布合理，排泄量大，排水快，采用双算有利于阻截污物。此地漏另附塑料密封盖，施工时可利用此密封盖防止水泥砂石等物从盖的算子孔进入排水管道，造成管道堵塞而排水不畅。平时用户不需要使用地漏时，也可利用塑料密封盖封死，如图2 - 9 所示。

（5）防回流地漏

适用于地下室或为深层地面排水用，如用于电梯井排水及地下通道排水等，此种地漏内设防回流装置，可防止污水飞溅、排水不畅、水位升高而发生的污水倒流。一般附有浮球的钟罩形地漏或附塑料球的单通道地漏，亦可采用一般地漏附回流止回阀，如图2 - 10、图2 - 11 所示。

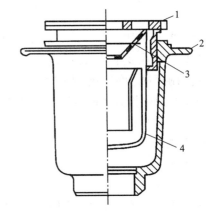

图 2 - 9　双算杯式水封地漏
1—镀铬地漏；2—防水翼环；
3—算子；4—塑料杯式水封

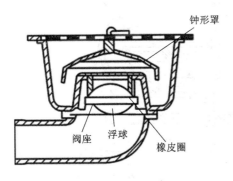

图 2 - 10　防回流地漏

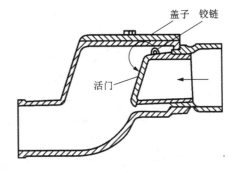

图 2 - 11　防回流阻止阀

4. 其他附件

（1）隔油具

厨房或配餐间的洗鱼、洗肉、洗碗等含油脂污水从洗涤池排入下水道前必须先经过隔油装置进行初步的隔油处理，这种隔油装置简称隔油具，装在室内靠近水池的台板下面，隔一定时间打开隔油具，将浮积在水面上的油脂除掉。亦可在几个水池的排水连接横管上设一个共用隔油具。

（2）滤毛器

理发室、游泳池和浴室的排水往往携带着毛发等絮状物，堆积多时容易造成管道堵塞，这些场所的排水管应先通过滤毛器后再与室内排水干管连接或直接排至室外。

（3）吸气阀

吸气阀分 Ⅰ 型和 n 型两种。在使用 UPVC 管材的排水系统中，为保持压力平衡或无法设通气管时，可在排水横支管上装设吸气阀。

2.2.3　卫生器具的安装与布置

卫生器具是建筑内部排水系统的重要组成部分，随着建筑标准的不断提高，人们对建筑卫生器具的功能要求和质量要求越来越高。卫生器具一般采用不透水、无气孔、表面光滑、耐腐蚀、耐磨损、耐冷热、便于清扫、有一定强度的材料制造，如陶瓷、搪瓷生铁、塑料、复合材料等，卫生器具正向着冲洗功能强、节水消声、设备配套、便于控制、使用方便、造型新颖、色彩协调方面发展。

1. 卫生器具

（1）便溺器具

便溺器具设置在卫生间和公共厕所，用来收集粪便污水。便溺器具包括便器和冲洗设备，其中便器包括大便器、大便槽、小便器、小便槽。

1）坐式大便器按冲洗的水力原理可分为冲洗式和虹吸式两种，见图 2－12。坐式大便器都自带存水弯。后排式坐便器与其他坐式大便器不同之处在于排水口设在背后，便于排水横支管敷设在本层楼板上时选用，如图 2－13 所示。

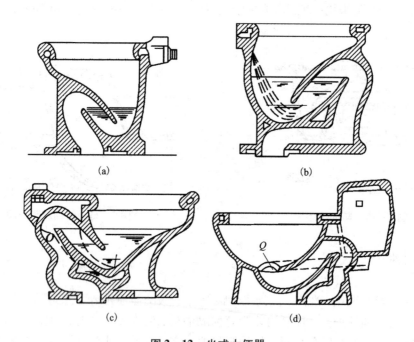

图 2－12　坐式大便器
（a）冲洗式；（b）虹吸式；（c）喷射虹吸式；（d）旋涡虹吸式

2）蹲式大便器一般用于普通住宅、集体宿舍、公共建筑物的公用厕所和防止接触传染的医院内厕所，如图 2－14 所示。蹲式大便器比坐式大便器的卫生条件好，但蹲式大便器不带存水弯，设计安装时需另外配置存水弯。

3）大便槽用于学校、火车站、汽车站、码头、游乐场所及其他标准较低的公共厕所，可代替成排的蹲式大便器，常用瓷砖贴面，造价低。大便槽一般宽 200～300 mm，起端槽深 350 mm，槽的末端设有高出槽底 150 mm 的挡水坎，槽底坡度不小于 0.015，排水口设存

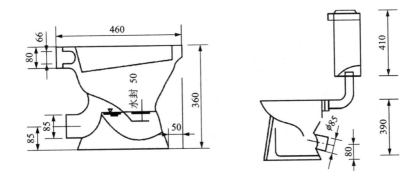

图 2－13　后排式坐式大便器

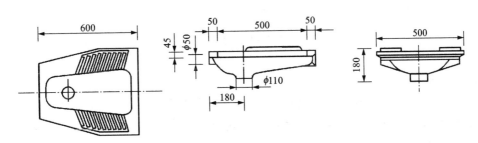

图 2－14　蹲式大便器

水弯。

4）小便器设于公共建筑的男厕所内，有的住宅卫生间内也需设置。小便器有挂式、立式和小便槽三类。其中立式小便器用于标准高的建筑，小便槽用于工业企业、公共建筑和集体宿舍等建筑的卫生间。如图 2－15、图 2－16 和图 2－17 所示。

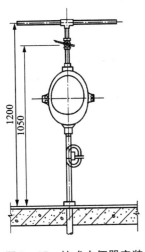

图 2－15　挂式小便器安装

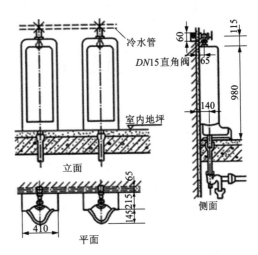

图 2－16　立式小便器安装

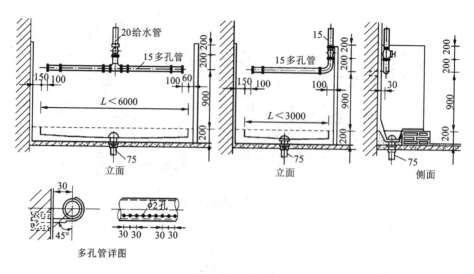

图 2-17 小便槽

（2）盥洗器具

1）洗脸盆一般用于洗脸、洗手、洗头，常设置在盥洗室、浴室、卫生间和理发室等场所。洗脸盆有长方形、椭圆形和三角形，安装方式有墙架式、台式和柱脚式，如图 2-18 所示。

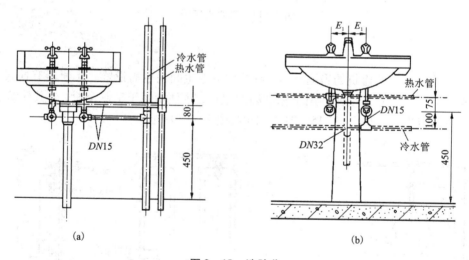

图 2-18 洗脸盆

(a)普通型；(b)柱式

2）盥洗台有单面和双面之分，常设置在同时有多人使用的地方，如集体宿舍、教学楼、车站、码头、工厂生活间内，如图 2-19 所示。

（3）淋浴器具

1）浴盆设在住宅、宾馆、医院等卫生间或公共浴室，供人们清洁身体用。浴盆配有冷热水或混合龙头，并配有淋浴设备，如图 2-20 所示。

2）淋浴器多用于工厂、学校、机关、部队的公共浴室和体育馆内。淋浴器占地面积小，

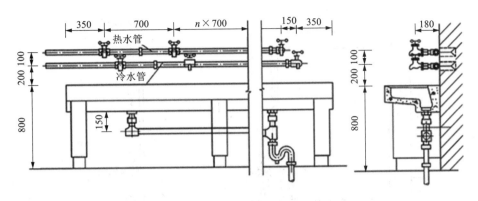

图 2 – 19 单面盥洗台

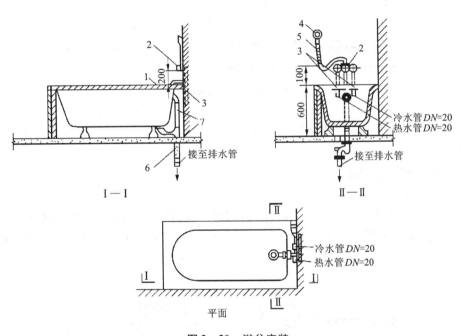

图 2 – 20 浴盆安装

1—浴盆；2—混合阀门；3—给水管；4—莲蓬头；5—蛇皮管；6—存水弯；7—排水管

清洁卫生，避免疾病传染，耗水量小，设备费用低，如图 2 – 21 所示。

在建筑标准较高的建筑物的淋浴间内也可采用光电式淋浴器，在医院或疗养院为防止疾病传染可采用脚踏式淋浴器。

（4）洗涤器具

1）洗涤盆常设置在厨房或公共食堂内，用来洗涤碗碟、蔬菜等。医院的诊室、治疗室等处也需设置洗涤盆，洗涤盆有单格和双格之分。

2）化验盆设置在工厂、科研机关和学校的化验室或实验室内，根据需要可安装单联、双联、三联鹅颈龙头。

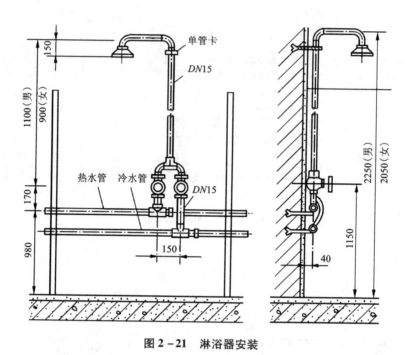

图 2-21 淋浴器安装

3）污水盆又称污水池，常设置在公共建筑的厕所、盥洗室内，供洗涤拖把、打扫卫生或倾倒污水之用。

2. 卫生器具的冲洗设备

（1）大便器冲洗设备

1）坐式大便器冲洗设备常用低水箱冲洗和直接连接管道进行冲洗。低水箱与座体又有整体和分体之分，其水箱构造如图 2-22 所示。采用管道连接时必须设延时自闭式冲洗阀，如图 2-23 所示。

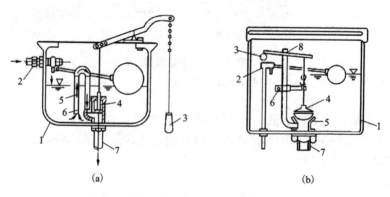

（a）   （b）

图 2-22　手动冲洗水箱

（a）虹吸冲洗水箱：1—水箱；2—浮球阀；3—拉链-弹簧阀；4—橡胶球阀；5—虹吸管；6—φ5 孔；7—冲洗管；
（b）水力冲洗水箱：1—水箱；2—浮球阀；3—扳手；4—橡胶球阀；5—阀座；6—导向装置；7—冲洗管；8—溢流管

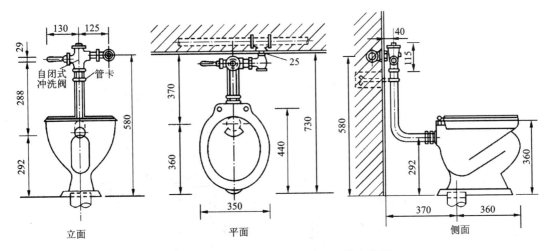

图 2 − 23　自闭式冲洗阀坐式大便器安装图

2)蹲式大便器冲洗设备，常用冲洗设备有高位水箱和直接连接给水管加延时自闭式冲洗阀。为节约冲洗水量，有条件时尽量设置自动冲洗水箱。

3)大便槽冲洗设备常在大便槽起端设置自动控制高位水箱或采用延时自闭式冲洗阀。

(2)小便器和小便槽冲洗设备

1)小便器冲洗设备常采用按钮式自闭式冲洗阀，既满足冲洗要求，又节约冲洗水量，如图 2 − 15 所示。

2)小便槽冲洗设备常采用多孔管冲洗，多孔管孔径 2 mm，与墙成 45°角安装，可设置高位水箱或手动阀。为克服铁锈水污染贴面，除给水系统选用优质管材外，多孔管常采用塑料管，其安装如图 2 − 17 所示。

3. 卫生器具布置

卫生器具的布置，应根据厨房、卫生间和公共厕所的平面位置、房间面积大小、建筑质量标准、有无管道竖井或管槽、卫生器具数量及单件尺寸等来布置，既要满足使用方便、容易清洁、占房间面积小的要求，还要充分考虑为管道布置提供良好的水力条件，尽量做到管道少转弯、管线短、排水通畅，即卫生器具应顺着一面墙布置，如卫生间、厨房相邻，应在该墙两侧设置卫生器具，有管道竖井时，卫生器具应紧靠管道竖井的墙面布置，这样会减少排水横管的转弯或减少管道的接入根数。

根据《住宅设计规范》的规定，每套住宅应设卫生间。第四类住宅宜设两个或两个以上卫生间，每套住宅至少应配置三件卫生器具。不同卫生器具组合时应保证设置和卫生活动的最小使用面积，避免蹲不下或坐不下、靠不拢等问题。

卫生器具的布置应在厨房、卫生间、公共厕所等的建筑平面图(大样图)上用定位尺寸加以明确。图 2 − 24 所为卫生器具的几种布置形式。

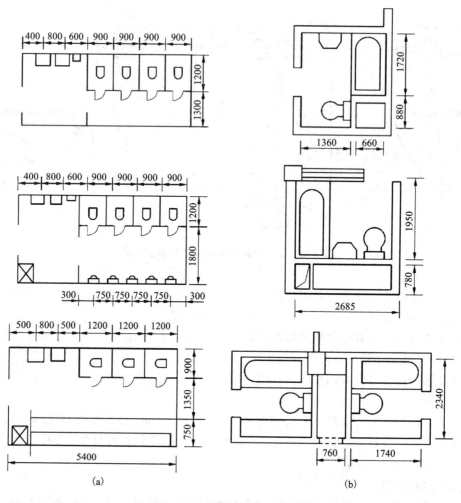

图 2-24 卫生器具平面布置图

任务3 屋面雨水排水系统

2.3.1 雨水外排水系统

外排水是指屋面不设雨水斗，建筑物内部没有雨水管道的雨水排放方式。按屋面有无天沟，又分为普通外排水（檐沟外排水系统）和天沟外排水两种方式。

1. 檐沟外排水系统

普通外排水系统由檐沟和水落管组成，如图 2-25 所示。降落到屋面的雨水沿屋面集流到檐沟，然后流入到沿外墙设置的水落管排至地面或雨水口。水落管多用镀锌铁皮管或塑料管，镀锌铁皮管为方形，断面尺寸一般为 80 mm × 100 mm 或 80 mm × 120 mm，塑料管管径为 75 mm。

天沟内的排水分水线应设置在建筑物的伸缩缝或沉降缝处,天沟的长度一般不超过50 m。为了排水安全,防止天沟末端积水太深,在天沟端部设置溢流口,溢流口比天沟上檐低50～100 mm。采用天沟外排水方式,在屋面不设雨水斗,排水安全可靠,不会因施工不善造成屋面漏水或检查井冒水,且节省管材,施工简便,有利于厂房内空间利用,也可减小厂区雨水管道的埋深。但因为天沟有一定的坡度,而且较长,排水立管在墙外,也存在着屋面垫层厚、结构负荷增大的问题,使得晴天屋面堆积灰尘多,雨天天沟排水不畅,在寒冷地区排水立管有被冻裂的可能。

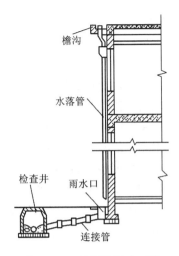

图2-25 普通外排水系统

2.3.2 雨水内排水系统

内排水是指屋面设雨水斗,建筑物内部有雨水管道的雨水排放方式。对于跨度大、特别长的多跨工业厂房,在屋面设天沟有困难的锯齿形或壳形屋面厂房及屋面有天窗的厂房,应考虑采用内排水形式。对于建筑立面要求高的建筑、大屋面建筑及寒冷地区的建筑,在墙外设置雨水排水立管有困难时,也可考虑采用内排水形式。

1. 内排水系统组成

内排水系统由雨水斗、连接管、悬吊管、立管、排出管、埋地干管和检查井组成,如图2-26所示。降落到屋面上的雨水沿屋面流入雨水斗,经连接管、悬吊管进入排水立管,再经排出管流入雨水检查井或经埋地干管排至室外雨水管道。

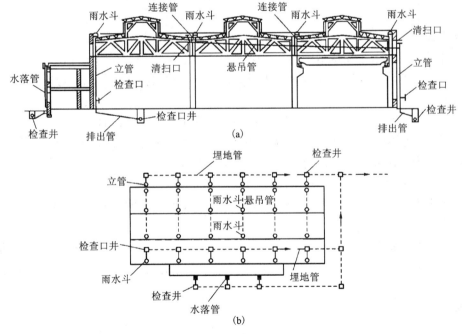

图2-26 内排水系统

(a)剖面图;(b)平面图

2. 分类

内排水系统按雨水斗的连接方式可分为单斗和多斗雨水排水系统。单斗系统一般不设悬吊管，多斗系统中悬吊管将雨水斗和排水立管连接起来。多斗系统的排水量大约为单斗的80%，在条件允许的情况下，应尽量采用单斗排水。

按排除雨水的安全程度，内排水系统分为敞开式和密闭式两种排水系统。敞开式内排水系统利用重力排水，雨水经排出管进入普通检查井，但由于设计和施工的原因，当暴雨发生时会出现检查井冒水现象，造成危害。这种系统也有在室内设悬吊管、埋地管和室外检查井的做法，这种做法虽可避免室内冒水现象，但管材耗量大且悬吊管外壁易结露。密闭式内排水系统利用压力排水，埋地管在检查井内用密闭的三通连接。当雨水排泄不畅时，室内不会发生冒水现象。其缺点是不能接纳生产废水，需另设生产废水排水系统。为了安全可靠，一般宜采用密闭式内排水系统。

2.3.3 布置与敷设

1. 雨水斗

雨水斗是一种专用装置，设在屋面雨水由天沟进入雨水管道的入口处。雨水斗有整流格栅装置，具有整流作用，避免形成过大的旋涡，稳定斗前水位，并拦截树叶等杂物。雨水斗有65型、79型和87型，有75 mm、100 mm、150 mm和200 mm四种规格。内排水系统布置雨水时应以伸缩缝、沉降缝和防火墙为天沟分水线，各自自成排水系统。如果分水线两侧两个雨水斗需连接在同一根立管或悬吊管上时，应采用伸缩接头，并保证密封不漏水。防火墙两侧雨水斗连接时，可不用伸缩接头。布置雨水斗时，除了按水力计算确定雨水斗的间距和个数外，还应考虑建筑结构特点，使立管沿墙柱布置，以固定立管，接入同一立管的斗，其安装高度宜在同一标高层，在同一根悬吊管上连接的雨水斗不得多于四个，且雨水斗不能设在立管顶端。

2. 连接管

连接管是连接雨水斗和悬吊管的一段竖向短管。连接管一般与雨水斗同径，但不宜小于100 mm，连接管应牢固固定在建筑物的承重结构上，下端用斜三通与悬吊管连接。

3. 悬吊管

悬吊管连接雨水斗和排水立管，是雨水内排水系统中架空布置的横向管道。其管径不小于连接管管径，也不应大于300 mm，坡度不小于0.005。在悬空管的端头和长度大于15 m的悬吊管上设检查口或带法兰盘的三通，位置宜靠近墙柱，以利检修。连接管与悬吊管、悬吊管与立管间宜采用45°三通或90°斜三通连接。悬吊管采用铸铁管，用铁箍、吊卡固定在建筑物的桁架或梁上。在管道可能受震动或生产工艺有特殊要求时，可采用钢管，焊接连接。

4. 立管

雨水立管承接悬吊管或雨水斗流来的雨水，一根立管连接的悬吊管根数不多于两根，立管管径不得小于悬吊管管径。立管宜沿墙、柱安装，在距地面1 m处设检查口。立管的管材和接口与悬吊管相同。

5. 排出管

排出管是立管和检查井间的一段有较大坡度的横向管道，其管径不得小于立管管径。排出管与下游埋地管在检查井中宜采用管顶平接，水流转角不得小于135°。

6.埋地管

埋地管敷设于室内地下,承接立管的雨水并将其排至室外雨水管道。埋地管最小管径为200 mm,最大不超过600 mm。埋地管一般采用混凝土管、钢筋混凝土管或陶土管。

7.附属构筑物

常见的附属构筑物有检查井、检查口井和排气井,用于雨水管道的清扫、检修、排气。检查井适用于敞开式内排水系统,设置在排出管与埋地管连接处,埋地管转弯、变径及超过 30 m 的直线管路上。检查井井深不小于 0.7 m,井内采用管顶平接,井底设高流槽,流槽应高出管顶 200 mm。埋地管起端几个检查井与排出管间应设排气井,见图 2-27。水流从排出管流入排气井,与溢流墙碰撞消能,流速减小,气水分离,水流经格栅稳压后平稳流入检查井,气体由放气管排出。密闭式内排水系统的埋地

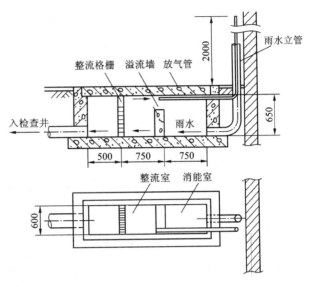

图 2-27 排气井

管上设检查口,将检查口放在检查井内,便于清通检修,称检查口井。

2.3.3 混合排水系统

大型工业厂房的屋面形式复杂,为了及时有效地排除屋面雨水,往往同一建筑物采用几种不同形式的雨水排除系统,分别设置在屋面的不同部位,由此组合成屋面雨水混合排水系统。图 2-26 中,左侧为檐沟外排水系统,右侧为多斗敞开式内排水系统,中间为单斗密闭式内排水系统,其排出管与检查井内管道直接相连。

任务4 排水管道的布置与敷设

2.4.1 排水管道的布置

在排水管道的设计过程中,应首先保证排水畅通和室内良好的生活环境。一般情况下,排水管不允许布置在有特殊生产工艺和卫生要求的厂房以及食品和贵重商品仓库、通风室和配电间内,也不应布置在食堂,尤其是锅台、炉灶、操作主副食烹调处,更不允许布置在遇水引起燃烧爆炸或损坏原料、产品和设备的地方。

1.排水立管

排水立管应布置在污水最集中、污水水质最脏、污水浓度最大的水源排出处,使其横支管最短,尽快排出室外。一般不要穿入卧室、病房等卫生要求高和需要保持安静的房间,最好不要放在邻近卧室内墙,以免立管水流冲刷声通过墙体传入室内,否则应进行适当的隔音

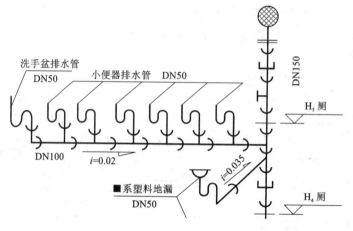

图 2-28 排水图示

处理,如图 2-28 所示。

2. 排水横支管

排水横支管一般在本层地面上或楼板下明设,有特殊要求或为了美观时可做吊顶,隐蔽在吊顶内,为了防止排水管(尤其是存水弯部分)结露,必须采取防结露措施。

3. 排水出户管

一般按坡度要求埋设于地下。如果排水出户管需与给水引入管布置在同一处时,两根管道的外壁水平距离不应小于 1 m。

2.4.2 排水管道的敷设

排水管必须根据重力流管道和所选用排水管道材质的特点进行敷设,应做到以下几点:

1. 保护距离

埋入地下的排水管与地面应有一定的保护距离,而且管道不得穿越生产设备的基础。

2. 避免位置

排水管不要穿过风道、烟道及橱柜等。最好避免穿过伸缩缝,必须穿越时,应加套管。如遇沉降缝时,应另设一路排水管分别排出。

3. 预留洞

排水管穿过承重墙或基础处应预留孔洞,使管顶上部净空不得小于建筑物的沉降量,一般不小于 0.15 m。

4. 最小埋设深度

为了防止管道受机械损坏,在一般的厂房内,排水管的最小埋设深度如表 2-3 所示。

表 2 - 3　排水管的最小埋设深度

管材	管顶至地面的距离/m	
	素土夯实、砖石地面	水泥、混凝土、沥青混凝土地面
排水铸铁管	0.70	0.40
混凝土管	0.70	0.50
带釉陶土管	1.00	0.60
硬聚氯乙烯管	1.00	0.60

5. 排水管道连接

(1)排水管应尽量作直线布置,力求减少不必要的转角和曲折。受条件限制必须偏置时,宜用乙字管或两个45°弯头连接来实现。

(2)污水管经常发生堵塞的部位一般在管道的接口和转弯处,为改善管道水力条件,减少堵塞,在采用管件时应做到以下几点:

①卫生器具排水管与排水支管连接时,可采用90°斜三通;

②排水管道的横管与横管(或立管)的连接,宜采用45°或90°斜三(四)通、直角顺水三(四)通;

③排水立管与排出管端部的连接,宜采用两个45°弯头或弯曲半径不小于4倍管径的90°弯头;

(3)排出管和室外排水管衔接时,排出管管顶标高应大于或等于室外排水管管顶标高;否则,一旦室外排水管道超负荷运行时,会影响排出管的通水能力,导致室内卫生器具冒泡或满溢。为保证畅通的水力条件,避免水流相互干扰,在衔接处水流转角不得小于90°,但当落差大于0.3 m时,可不受角度限制。

(4)污水立管底部的流速大,而污水排出流速小,在立管底部管道内产生正压值,这个正压区能使靠近立管底部的卫生器具内的水封遭受破坏,产生冒泡、满溢现象。为此,靠近排水立管底部的排水支管连接应符合下列要求:

①排水立管仅设置伸顶通气管时,最低排水横支管与立管连接处距排水立管管底垂直距离(见图2-29)不得小于表2-4的规定。如果与排出管连接的立管底部放大一号管径或横干管比与之连接的立管大一号管径时,可将表中距离缩小一挡。

表 2 - 4　最低排水横支管与立管连接处至立管管底的距离

立管连接卫生器具的层数/层	垂直距离/m
<4	0.45
5~6	0.75
7~12	1.20
13~19	3.00
≥20	6.00

②排水支管连接在排出管或排水横干管上时，连接点距立管底部水平距离不宜小于 3.0 m，如图 2-30 所示。

③当靠近排水立管底部的排水支管的连接不能满足①和②的要求时，则排水支管应单独排出室外。

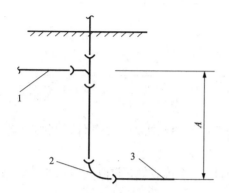

图 2-29　最低排水横支管与排出管起点管内底的距离

1—最低排水横支管；2—立管底部；3—排出管

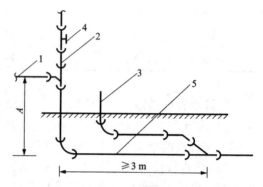

图 2-30　排水横支管与排出管或横干管的连接

1—排水横支管；2—排水立管；3—排水支管；
4—检查口；5—排水横干管（或排出管）

小结

主要讲授建筑内部排水系统的分类与组成；常见排水体制；建筑排水管材、附件和卫生设备；排水管道布置原则；屋面雨水排水系统。

思题与练习题

1. 生活排水系统可分为哪几类？

2. 建筑内部排水系统一般由哪些部分组成？

3. 卫生器具布置时有哪些注意事项？

4. 在进行建筑内部排水管道的布置和敷设时应注意哪些原则和要求？

5. 通气管有何作用？常用的通气管有哪些？

6. 屋面雨水排水系统有哪些类型？

7. 内排水系统由哪些部分组成？

答案

项目3　建筑给排水施工图

项目描述

　　本项目主要讲授建筑给排水常用图例、建筑给排水施工图的主要内容和建筑给排水施工图的识读方法。通过本项目的教学，要求学生掌握常用给排水图例及图纸的基本内容，掌握给排水施工图的识图方法，具备给排水施工图的识读能力。

教学目标

知识目标	技能目标
(1)熟悉常用给排水图例；	(1)掌握建筑给排水常用给排水图例；
(2)熟悉建筑给排水施工图的内容；	(2)熟练识读建筑给排水施工图纸；
(3)掌握建筑室内外给排水施工图的组成。	(3)能将新规范、新标准应用于工程实际。

思政元素

　　1.责任、担当是有分量的，也是有能量的，这种能量就是疫情发生时的钟南山院士、奋战在一线的医护人员，他们的行为彰显了何为家国情怀，何为国家脊梁；

　　2.作为新时代的一代青年，今天我们用心学习建筑给排水施工图纸的相关知识和识读方法，明天就可以运用所学的专业知识和技能，为国为家履职尽责，彰显我们的英雄本色。

案例引入

　　图纸是工程界的技术语言，是表达工程设计和指导工程施工必不可少的重要依据，是具有法律效力的正式文件，也是重要的技术档案文件。建筑给排水施工图包括建筑内部给水排水(室内给水排水)和建筑小区给水排水(室外给水排水)两部分内容，比如阳新城南加油站给排水施工图纸，有站区给排水施工图和站房综合楼给排水施工图，其施工图的内容和识读的方法略有不同。本项目通过图例等基础知识的讲解，由易到难，由理论到实践，让学生更好的掌握建筑给排水施工图的组成和识读，熟悉其施工安装相关工艺流程。

任务1　常用给排水图例

3.1.1　给水排水施工图的一般规定

1.图线

建筑给排水施工图的线宽，应根据图纸的类别、比例和复杂程度，按《房屋建筑制图统一标准》中第 3.0.1 条的规定选用，一般线宽 b 宜为 0.7 或 1.0 mm。常用的各种线型宜符合表 3-1 的规定。

表 3-1 给水排水工程制图常用各种线型

名称	线型	线宽	用途
粗实线	——————	b	新设计的各种排水和其他重力流线管
粗虚线	— — — — —	b	新设计的各种排水和其他重力流线管的不可见轮廓线
中粗实线	——————	$0.75b$	新设计的各种给水和其他压力流管线；原有的各种排水和其他重力流管线
中粗虚线	– – – – –	$0.75b$	新设计的各种给水和其他压力流管线及原有的各种排水和其他重力流管线的不可见轮廓线
中实线	——————	$0.50b$	给水排水设备、零(附)件的可见轮廓线；总图中新建的建筑物和构筑物的可见轮廓线；原有的各种给水和其他压力流管线
中虚线	- - - - - - -	$0.50b$	给水排水设备、零(附)件的不可见轮廓线；总图中新建的建筑物和构筑物的不可见轮廓线；原有的各种给水和其他压力流管线的不可见轮廓线
细实线	——————	$0.25b$	建筑物的可见轮廓线；总图中原有的建筑物和构筑物的可见轮廓线；制图中的各种标注线
细虚线	- - - - - - -	$0.25b$	建筑物不可见轮廓线；总图中原有的建筑物和构筑物的不可见轮廓线
单点长画线	–·–·–·–	$0.25b$	中心线、定位轴线
折断线	—∿—	$0.25b$	断开界限
波浪线	∿∿∿	$0.25b$	平面图中水面线；局部构造层次范围线；保温范围示意线等

2. 比例

建筑给水排水专业制图常用的比例，宜符合表 3-2 的规定。

表 3-2 给水排水工程制图常用的比例

名称	比例
区域规划图、区域位置图	1:50000, 1:25000；1:10000；1:5000；1:2000
总平面图	1:1000；1:500；1:300
管道纵断面图	纵向：1:200；1:100；1:50；横向：1:1000；1:500；1:300
水处理厂(站)平面图	1:500；1:200；1:100
水处理构筑物，设备间，卫生间，泵房平、剖面图	1:100；1:50；1:40；1:30
建筑给水排水平面图	1:200；1:150；1:100
建筑给水排水轴测图	1:150；1:100；1:50
详图	1:50；1:30；1:20；1:10；1:5；1:2；1:1；2:1

3.**标高**

1)标高符号及一般标注方法应符合《房屋建筑制图统一标准》的规定,标高一般情况下是以"m"为计量单位的。

2)室内工程应标注相对标高,保留小数点后三位。室外工程宜标注绝对标高,保留小数点后二位,当无绝对标高资料时,可标注相对标高,但应与总图专业一致。

3)标高按标注位置分为:顶标高、中心标高、底标高。图纸没有特别说明,一般情况下:给水管标注的是管道中心标高,沟渠和重力流(如排水)管道宜标注沟(管)内底标高。

4)在下列部位应标注标高:沟渠和重力流管道的起讫点、转角点、连接点、变坡点、变尺寸(管径)点及交叉点;压力流管道中的标高控制点;管道穿外墙、剪力墙和构筑物的壁及底板等处;不同水位线处构筑物和土建部分的相关标高。

平面图中,管道标高的表示方法如图3-1所示,沟渠标高的表示方法如图3-2所示,剖面图中,管道及水位标高的表示方法如图3-3所示,系统图中管道标高的表示方法如图3-4所示。

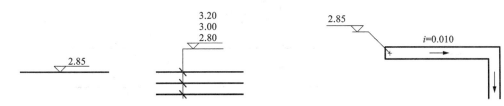

图3-1　平面图中管道标高的标注　　　　　　图3-2　平面图中沟渠标高的标注

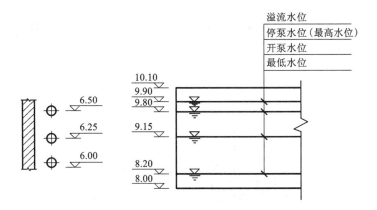

图3-3　剖面图管道及水位标高的标注

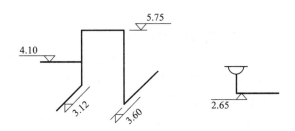

图3-4　轴测(系统)图管道标高的标注

4.管径

1）管径应以 mm 为单位。

2）管径的表达方式应符合下列规定：

①水煤气输送钢管（镀锌或非镀锌）、铸铁管等管材，管径宜以公称直径 DN 表示（如 DN15、DN50）；

②无缝钢管、焊接钢管（螺旋缝）、铜管、不锈钢管等管材，管径宜以外径 D×壁厚表示（如 D108×4、D159×4.5 等）；

③钢筋混凝土（或混凝土）管、陶土管、耐酸陶瓷管、缸瓦管等管材，管径宜以内径 d 表示（如 d230、d380 等）；

④塑料管材，管径宜按产品标准的方法表示。当设计均用公称直径 DN 表示管径时，应有公称直径 DN 与相应产品规格对照表。

3）单根管道管径的标注如图 3－5 所示，多根管道管径的标注如图 3－6 所示。

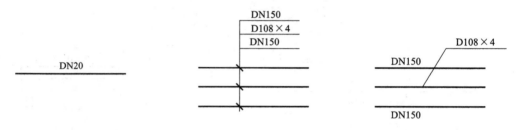

图 3－5 单管管径的标注   图 3－6 多管管径的标注

5.编号

1）当建筑物的给水引入管和排水排出管的数量超过 1 根时，宜进行编号，编号宜按图 3－7 所示的方法表示。

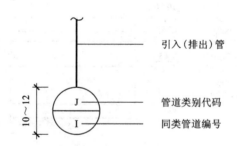

引入（排出）管

管道类别代码

同类管道编号

图 3－7 给水引入（排水排出）管编号表示法

2）建筑物内穿越楼层的立管，其数量超过 1 根时宜进行编号，编号宜按图 3－8 所示。

3）在总平面图中，当给排水附属构筑物的数量超过 1 个时，宜进行编号。编号方法为：构筑物代号－编号；给水构筑物的编号顺序宜为：从水源到干管，再从干管到支管，最后到用户；排水构筑物的编号顺序宜为：从上游到下游，先干管后支管。

4）当给排水机电设备的数量超过 1 台时，宜进行编号，并应有设备编号与设备名称对照表。

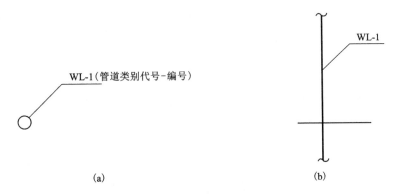

图 3 - 8　立管编号表示法

(a)平面图;(b)剖面图、系统图、轴测图中

3.1.2　给水排水常用图例

建筑给排水图纸上的管道、卫生器具、设备等均按照《建筑给水排水制图标准》(GB/T 50106—2010)使用统一的图例来表示。该标准中列出了管道、管道附件、管道连接、管件、阀门、给水配件、消防设施、卫生设备及水池、小型给水排水构筑物、给水排水设备、仪表等共 11 类图例,这里就一些常用图例进行介绍。

1.管道图例

给水排水工程图中,各种管道无论管径大小均以单线绘制,管道类别应以汉语拼音字母表示,管道图例宜符合表 3 - 3 的要求。

给排水管材

表 3 - 3　管道图例

序号	名称	图例	序号	名称	图例
1	给水管	—— J ——	11	冲霜水给水管	—— CJ ——
2	排水管	—— P ——	12	冲霜水回水管	—— CH ——
3	污水管	—— W ——	13	蒸汽管	—— Z ——
4	废水管	—— F ——	14	雨水管	—— CJ ——
5	消火栓给水管	—— XH ——	15	空调凝结水管	—— KN ——
6	自动喷水灭火给水管	—— ZP ——	16	暖气管	—— N ——
7	热水给水管	—— RJ ——	17	坡向	——→
8	热水回水管	—— RH ——	18	排水明沟	沟向 —— →
9	冷却循环给水管	—— XJ ——	19	排水暗沟	坡向 —— →
10	冷却循环回水管	—— Xh ——			

穿墙处理

2. 管道附件图例

给水排水工程图中，管道上的各种附件均用图例表示，管道附件的图例宜符合表 3-4 的要求。

表 3-4　管道附件图例

序号	名称	图例	序号	名称	图例
1	清扫口		8	异径管	
2	雨水管	YD	9	信心异径管	
3	圆形地漏		10	自动冲洗水箱	
4	方形地漏		11	淋浴喷头	
5	存水管		12	管道立管	JL-1　JL-1
6	透气帽		13	立管检查口	
7	喇叭口		14	吸水喇叭口	

管道的连接

3. 管道连接的图例

管道连接的图例宜符合表 3-5 的要求。

表 3-5　管道连接图例

序号	名称	图例	序号	名称	图例
1	套管伸缩器		7	保温管	
2	弧形伸缩器		8	法兰连接	
3	刚性防水套管		9	承插连接	
4	柔性防水套管		10	管堵	
5	软管		11	乙字管	
6	可挠曲橡胶接头		12	管道固定支架	

4. 阀门的图例

阀门的图例宜符合表 3 – 6 的要求。

阀门种类

表 3 – 6　阀门图例

序号	名称	图例	序号	名称	图例
1	闸阀		11	电磁阀	
2	截止阀		12	止回阀	
3	球阀		13	消声止回阀	
4	隔膜阀		14	自动排气阀	
5	流动阀		15	电动阀	
6	气动阀		16	湿式报警阀	
7	减压阀		17	法兰止回阀	
8	旋塞阀		18	消防报警阀	
9	温度调节阀		19	浮球阀	
10	压力调节阀				

5. 给水配件的图例

给水配件的图例宜符合表 3 – 7 的要求。

离心泵构造

表 3 – 7　给水配件图例

序号	名称	图例	序号	名称	图例
1	水龙头		7	室外消火栓	
2	延时自闭冲洗阀		8	室内消火栓（单口）	
3	泵		9	室内消火栓（双口）	
4	离心水泵		10	水泵接合器	
5	管道泵		11	自动喷淋头	
6	潜水泵				

6.给水排水设备的图例

给水排水设备的图例宜符合表3－8的要求。

卫生器具

表3－8 给水排水设备图例

序号	名称	图例	序号	名称	图例
1	洗脸盆		10	小便槽	
2	立式洗脸盆		11	化粪池	HC
3	浴盆		12	隔油池	HC
4	化验盆 洗涤盆		13	水封井	
5	盥洗槽		14	阀门井 检查井	
6	拖布池		15	水表井	
7	立式小便器		16	雨水口（单箅）	
8	挂式小便器		17	坐式大便器	
9	蹲式大便器				

7.给水排水仪表的图例

给水排水仪表的图例宜符合表3－9的要求。

表3－9 给水排水仪表图例

序号	名称	图例	序号	名称	图例
1	流量计		5	水表	
2	温度计		6	除垢器	
3	水流指示器		7	疏水器	
4	压力表		8	Y型过滤器	

任务 2　室内给水排水施工图

3.2.1　室内给水排水施工图的内容

建筑给水排水工程是工程项目中单位工程的组成部分之一，建筑给水排水施工图是基本建设概预算中施工图预算和组织施工的主要依据文件，也是国家确定和控制基本建设投资的重要依据材料。建筑室内给水排水施工图表示一幢建筑物的给水系统和排水系统，它由图纸目录、主要设备材料表、设计说明、图例、平面图、系统图(轴测图)、施工详图等组成。

1. 设计说明

设计说明是用文字来说明设计图样上用图形、图线或符号表达不清楚的问题，主要包括：采用的管材及接口方式；管道的防腐、防冻、防结露的方法；卫生器具的类型及安装方式；所采用的标准图号及名称；施工注意事项；施工验收应达到的质量要求；系统的管道水压试验要求及有关图例等。设计说明可直接写在图样上，工程较大、内容较多时，则要另用专页进行编写。如果有水泵、水箱等设备，还需写明其型号规格及运行管理要求等。

2. 平面布置图

给水、排水平面图主要表达给水、排水管线和设备的平面布置情况。根据建筑规划，在设计图纸中，用水设备的种类、数量，要求的水质、水量，均要在给水和排水管道平面布置图中表示；各种功能管道、管道附件、卫生器具、用水设备，如消火栓箱、喷头等，均应用各种图例(详见制图标准)表示；各种横干

除锈

管、立管、支管的管径、坡度等，均应标出。平面图上管道都用单线绘出，沿墙敷设不注管道距墙面距离。

一张平面图上可以绘制几种类型的管道，一般来说给水和排水管道可以在一起绘制。若图纸的管线复杂，也可以分别绘制，以图纸能清楚表达设计意图而图纸数量又很少为原则。

建筑内部给水排水，以选用的给水方式来确定平面布置图的张数；底层及地下室必绘；顶层若有高位水箱等设备，也必须单独绘出。建筑中间各层，如卫生设备或用水设备的种类、数量和位置都相同，绘一张标准层平面布置图即可；否则，应逐层绘制。各层图面若给水、排水管垂直相重，平面布置可错开表示。平面布置图的比例，一般与建筑图相同。常用的比例尺为 1:100；施工详图可取 1:50～1:20。

在各层平面布置图上，各种管道、立管应编号标明。

3. 系统图

系统图，也称"轴测图"，其绘法取水平、轴测、垂直方向，完全与平面布置图比例相同。系统图上应标明管道的管径、坡度，标出支管与立管的连接处，管道各种附件的安装标高。标高的 ±0.000 应与建筑图一致。系统图上各种立管编号，应与平面布置图一致。系统图均应按给水、排水、热水等各系统单独绘制，以便施工安装和概预算应用。系统图中对用水设备及卫生器具的种类、数量和位置完全相同的支管、立管，可不重复完全绘出，但应用文字标明。当系统图立管、支管在轴测方向重复交叉影响识图时，可断开移到图面空白处绘制。建筑居住小区给水排水管道，一般不绘系统图，但绘制管道纵断面图。

室内给水管道的敷设方式

4. 详图

某些设备的构造或管道之间的连接情况在平面图或系统图上表示不清楚又无法用文字说明时,将这些部位进行放大的图称作详图。详图表示某些给水排水设备及管道节点的详细构造及安装要求,有些详图可直接查阅标准图集或室内给水排水设计手册等。

5. 设备及材料明细表

为了能使施工准备的材料和设备符合图样要求,对重要工程中的材料和设备,应编制设备及材料明细表,以便做出预算。

设备及材料明细表应包括:编号、名称、型号规格、单位、数量、质量及附注等项目。

施工图中涉及的管材、阀门、仪表、设备等均需列入表中,不影响工程进度和质量的零星材料,允许施工单位自行决定时可不列入表中。

施工图中选定的设备对生产厂家有明确要求时,应将生产厂家的厂名写在明细表的附注里。

此外,施工图还应绘出工程图所用图例。所有以上图纸及施工说明等应编排有序,写出图纸目录。

水泵的安装

3.2.2 室内给水排水施工图识读

基本方法:先粗后细,平面、系统对照识读。

阅读主要图纸之前,应当先看说明和设备材料表,然后以系统图为线索,深入阅读平面图、系统图和详图。阅读时,应三种图相互对照起来看。先看系统图,对各系统做出大致了解。看给水系统图时,可由建筑的给水引入管开始,沿水流方向经干管、立管、支管到用水设备;看排水系统图时,可由排水设备开始,沿排水方向经支管、横管、立管、干管到排出管。

1. 平面图的识读

建筑给水排水管道平面图是施工图纸中最基本和最重要的图纸,常用的比例是1:100和1:50两种。它主要表明建筑物内给水排水管道及卫生器具和用水设备的平面布置。图上的线条都是示意性的,同时管配件如活接头、补芯、管箍等也不需画出来,因此在识读图纸时还必须熟悉给水排水管道的施工工艺。在识读管道平面图时,应该掌握的主要内容和注意事项如下:

1)查明卫生器具、用水设备和升压设备的类型、数量、安装位置、定位尺寸。

2)弄清给水引入管和污水排出管的平面位置、走向、定位尺寸、与室外给排水管网的连接形式、管径及坡度等。

3)查明给排水干管、立管、支管的平面位置与走向、管径尺寸及立管编号。从平面图上可清楚地查明是明装还是暗装,以确定施工方法。

4)消防给水管道要查明消火栓的布置、口径大小及消防箱的形式与位置。

5)在给水管道上设置水表时,必须查明水表的型号、安装位置以及水表前后阀门的设置情况。

6)对于室内排水管道,还要查明清通设备的布置情况,清扫口和检查口的型号和位置

2.**系统图的识读**

给水排水管道系统图主要表明管道系统的立体走向。在给水系统图上，卫生器具不画出来，只需画出龙头、淋浴器莲蓬头、冲洗水箱等符号；用水设备，如锅炉、热交换器、水箱等则画出示意性的立体图，并在旁边注以文字说明。在排水系统图上也只画出相应的卫生器具的存水弯或器具排水管。在识读系统图时，应掌握的主要内容和注意事项如下：

1）查明给水管道系统的具体走向，干管的布置方式，管径尺寸及其变化情况，阀门的设置，引入管、干管及各支管的标高。

2）查明排水管道的具体走向，管路分支情况，管径尺寸与横管坡度，管道各部分标高，存水弯的形式，清通设备的设置情况，弯头及三通的选用等。识读排水管道系统图时，一般按卫生器具或排水设备的存水弯、器具排水管、横支管、立管、排出管的顺序进行。

3）系统图上对各楼层标高都有注明，识读时可据此分清管路是属于哪一层的。

3.**详图的识读**

室内给水排水工程的详图包括节点图、大样图、标准图，主要是管道节点、水表、消火栓、水加热器、开水炉、卫生器具、穿墙套管、排水设备、管道支架等的安装图。这些图都是根据实物用正投影法画出来的，画法与机械制图画法相同，图上都有详细尺寸，可供安装时直接使用。在识读卫生间详图时，应掌握的主要内容和注意事项如下：

1）结合平面图、系统图及说明看详图，了解卫生器具的类型、安装形式、设备规格型号、配管形式等，搞清系统的详细构造及施工的具体要求。

2）识读图样时应注意预留孔洞、预埋件、管沟等的位置及对土建的要求，还需对照查看有关的土建施工图样，以便于施工配合。

3.2.3　室内给排水施工图识读举例

某住宅三个单元给水、热水、排水工程完全一致，为简单、清楚、便于学习起见，仅画出中间单元的给水、热水、排水工程施工图。

给水排水方式汇总

1.**熟悉图纸目录，了解设计施工说明相关信息**

1）给水管道采用镀锌钢管（螺纹连接），进户埋地引入，室内立管明敷设于房间阴角处，各户横支管沿墙、沿吊顶明敷设，安装高度见施工图。

2）热水管道、热水回水管道在地沟内并排敷设于水平支架上。亦为镀锌钢管（螺纹连接），其立管与横管的敷设方式与给水管道相同。热水及热水回水管道穿墙设镀锌铁皮套管，穿楼板时设钢套管。

2.**平面图**

在熟悉设计施工说明的基础上，平面图、系统图和详图对照识读，按给（热）水系统和排水系统分别识读，在同类系统中应按编号依次识读。给水系统根据管网系统编号，从给水引入管开始沿水流方向经干管、立管、支管直至用水设备、循序渐进；排水系统根据管网系统编号，从用水设备开始沿排水方向经支管、立管、排出管到室外检查井、循序渐进。

识读平面图可以得到，本单元有给水、排水和热水三种管道，管径、标高需结合系统图识读，卫生器具的种类和布置还需结合详图识读。

4.**系统图**

通过识读给水、热水和排水系统图，可以得到各段管道的规格、每层支管的安装高度和

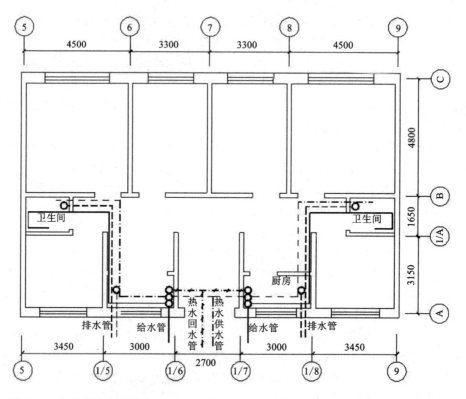

图3-9 中间单元底层给水、热水、排水工程平面图厨房给水、热水、排水工程平面图

卫生器具的种类，而卫生器具和支管的平面布置还需结合详图进行识读。

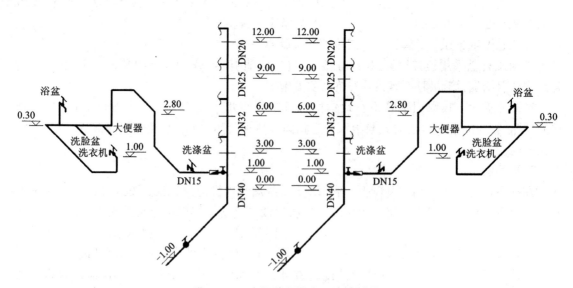

图3-10 中间单元给水系统轴测图

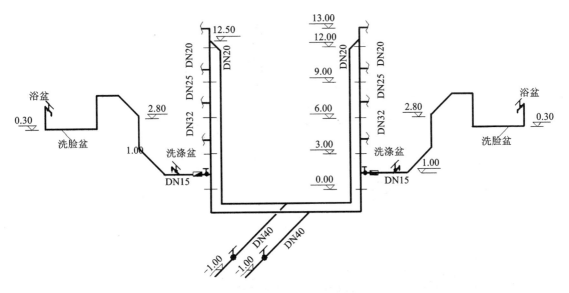

图 3 - 11 中间单元热水系统轴测图

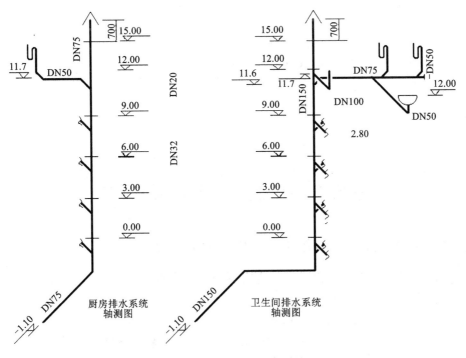

图 3 - 12 中间单元排水系统轴测图

5. 详图

识读厨房、卫生间详图可以得到,卫生器具和支管的平面布置,给水、热水支管上阀门、水表等设备附件的布置,排水系统中地漏的布置情况。在施工图中,对于某些常见部位的管道器材、设备等细部的位置、尺寸和构造要求,往往不会说明,而是遵循专业设计规范、施工操作规程等标准进行施工,读图时欲了解其详细做法,还需参照有关标准图集和安装详图。

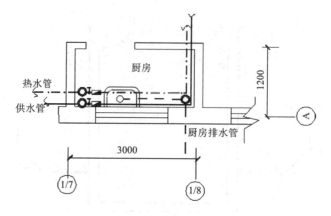

图 3-13 厨房大样图

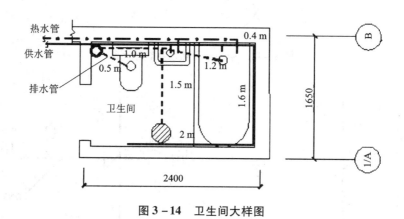

图 3-14 卫生间大样图

任务 3 建筑室外给水排水施工图

3.3.1 室外(建筑小区)给水排水施工图的组成

室外(建筑小区)给水排水施工图一般由室外给水排水平面图、室外给水排水管道断面图、室外给水排水节点图组成。

管道施工流程

1.室外给水排水平面图

室外给水排水平面图表示室外给水排水管道的平面布置情况。

2.室外给水排水管道断面图

室外给水排水管道断面图分为给水排水管道纵断面图和给水排水管道横断面图两种,其中,给水排水管道纵断面图最常用。

室外给水排水管道纵断面图是室外给水排水工程图中的重要图样,它主要反映室外给水排水平面图中某条管道在沿线方向的标高变化、地面起伏、坡度、坡向、管径和管基等情况。

在管道纵断面图中,竖向与纵向可采用不同的组合比例绘制。其识读步骤如下:

1)首先看是哪种管道的纵断面图,然后看该管道纵断面图形中有哪些节点。

2）在相应的室外给水排水平面图中查找该管道及其相应的各节点。

3）在该管道纵断面图的数据表格内查找其管道纵断面图形中各节点的有关数据。

3. 室外给水排水节点图

在室外给水排水平面图中，对检查井、消火栓井和阀门井以及其内的附件、管件等均不作详细表示。为此，应绘制相应的节点图，以反映本节点的详细情况。

检查井

3.3.2 室外（建筑小区）给水排水施工图的识读

1. 室外给水排水平面图的识读

某室外给排水平面图如图 3 - 15 所示，图中表示了给水管道、污水排水管道和雨水排水管道三种管道。

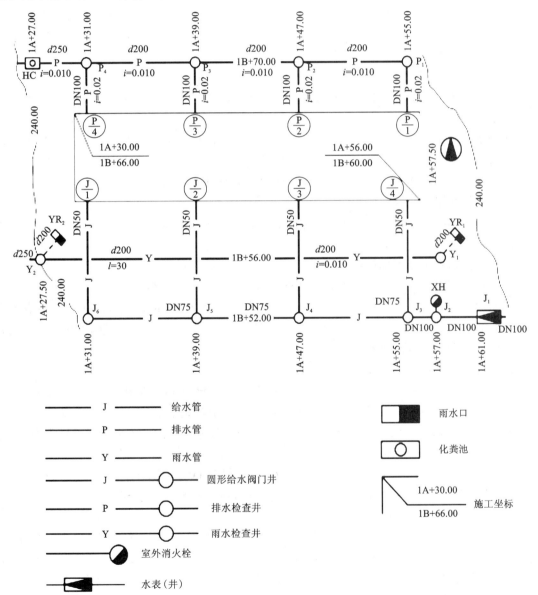

图 3 - 15　某室外给排水平面图及图例

1）给水管道的识读

从图3-15可以看出，给水管道设有6个节点、6条管道。6个节点分别是：J_1为水表井，J_2为消火栓井，J_3～J_6为阀门井；6条管道是：第1条是干管，由J_1向西至J_6止，管径由DN100变为DN75；第2条是支管1，由J_2向北至XH止，管径为DN100；第3条是支管2，由J_3向北至④止，管径为DN50；第4～6条为支管，与支管2类似。

2）污水排水管道的识读

从图3-15可以看出，污水排水管道设有4个污水检查井，1个化粪池，4条排出管，1条排水干管。

4个污水检查井，由东向西分别是P_1、P_2、P_3和P_4，化粪池为HC。4条排出管由东向西分别是：第一条排出管，由P/1向北至P_1止，管径为DN100，坡度为0.02；第二条排出管，由P/2向北至P_2止，管径为DN100，坡度为0.02；第三、四条排出管与前类似。排水干管由P_1向西经P_2、P_3、P_4至HC，其中P_1至P_4的管径为d200，长度为24 m，坡度为0.010；P_4至HC，管径为d250，长度为4 m，坡度为0.010。

3）雨水管道的识读

从图3-15可以看出，雨水管道设有两个雨水口、两个雨水检查井、两条雨水支管和一条雨水干管。

两个雨水口是YR_1和YR_2，两个雨水检查井是Y_1和Y_2，两条雨水支管是：雨水支管1，由YR_1向西南45°方向至Y_1止，管径为d200；雨水支管2，由YR_2向西南45°方向至Y_2止，管径为d200；水干管Y_1向西至Y_2的管径为d200，Y_2向西走的管径为d250。

2.室外给水排水管道断面图的识读

图3-16～图3-18是某室外给水排水平面图3-15的给水、污水排水和雨水管道的纵断面图。

1）室外给水管道纵断面图的识读

图3-16是图3-15中给水管道的纵断面图。该图从节点J_1至节点J_6共6个节点。其中节点J_1的设计地面标高为240.00 m，设计管中心标高为238.89 m，管径为DN100；节点J_6的设计地面标高为240.00 m，设计管中心标高为238.95 m，管径为DN75。其余各节点及其有关数据见图3-16中的数据表格所示。

2）室外污水排水管道纵断面图的识读

图3-17是图3-15中污水排水管道的纵断面图。该图从节点P_1至节点HC共5个节点，其中节点P_1的设计地面标高为240.00 m，设计管内底标高为238.50 m，管径为DN200；节点HC的设计地面标高为240.00 m，设计管内底标高（左侧）为238.17 m，管径为DN250，其余各节点及其有关数据如图3-17中的数据表格所示。

另外，在节点P_1、P_2、P_3、P_4中，各有1个管径为DN100的排出管的管口，每个排出管管口的管内底标高从左向右依次为238.70 m、238.62 m、238.54 m和238.46 m。

3）室外雨水管道纵断面图的识读

图3-18是图3-15中雨水管道的纵断面图。该图从节点YR_1至节点Y2共3个节点，其中节点YR_1的设计地面标高为240.00 m，设计管内底标高为238.22 m，管径为d200；节点Y_1的设计地面标高为240.00 m，设计管内底标高为238.20 m，管径为d200；节点Y_2的设计地面标高为240.00 m，设计管内底标高（左侧）为237.90 m，管径为d200（左侧）。其余有

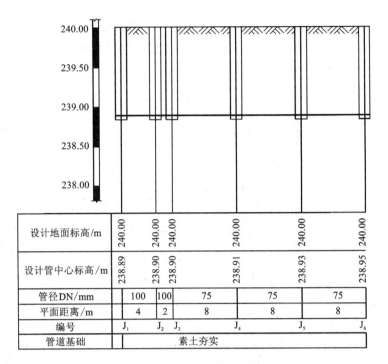

设计地面标高/m	240.00	240.00	240.00		240.00		240.00		240.00
设计管中心标高/m	238.89	238.90	238.90		238.91		238.93		238.95
管径DN/mm		100	100	75		75		75	
平面距离/m		4	2	8		8		8	
编号	J_1	J_2	J_3		J_4		J_5		J_6
管道基础				素土夯实					

图 3－16 给水管道纵断面图

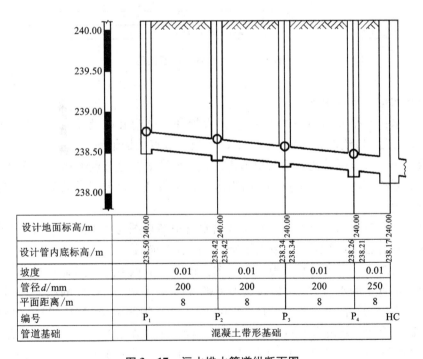

设计地面标高/m		240.00		240.00		240.00		240.00	240.00
设计管内底标高/m	238.50		238.42	238.42	238.34	238.34	238.26	238.21	238.17
坡度		0.01		0.01		0.01		0.01	
管径d/mm		200		200		200		250	
平面距离/m		8		8		8		8	
编号	P_1		P_2		P_3		P_4		HC
管道基础				混凝土带形基础					

图 3－17 污水排水管道纵断面图

关数据如图 3 – 18 中的数据表格所示。

另外,在节点 Y_1 至 Y_2 之间雨水管道的上面有 4 个管径均为 DN50 的给水引入管的断口,每个给水引入管断口的管中心标高从左至右依次为 238.91 m、238.92 m、238.94 m 和 238.96 m。

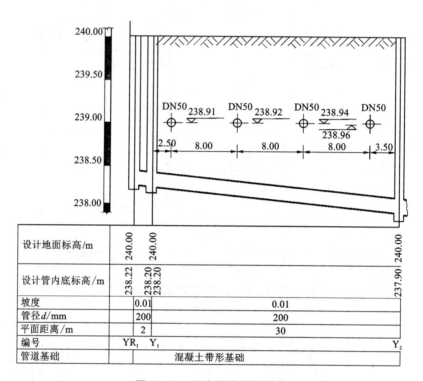

图 3 – 18　雨水管道纵断面图

3. 室外给水排水节点图识读

在室外给水排水平面图中,对检查井、消火栓井和阀门井以及其内的附件、管件等均不作详细表示,为此,应绘制相应的节点图,以反映本节点的详细情况。

室外给水排水节点图分为给水管道节点图、污水排水管道节点图和雨水管道节点图三种图样。通常需要绘制给水管道节点图,而当污水排水管道、雨水管道的节点比较简单时,可不绘制其节点图。

室外给水管道节点图识读时可以将室外给水管道节点图与室外给水排水平面图中相应的给水管道图对照着看,或由第一个节点开始,顺次看至最后一个节点止。

图 3 – 19 是图 3 – 15 中给水管道的节点图。该图从节点 J_1 至节点 J_6 共 6 个节点,其中节点 J_1 为城市给水管道的水表井,井内设有 DN100 的水表 1 块、DN100 的法兰式闸阀 2 个;节点 J_2 是室外消火栓的阀门井,井内设有 DN100 的法兰式闸阀 1 个和 DN100X100X100 的单盘给水铸铁三通 1 个,井外设有 DN100 的地上消火栓 1 个;节点 J_3、J_4、J_5 为阀门井,井内设有 DN80X80X50 的钢三通 1 个和 DN50 的内螺纹式闸阀 1 个;节点 J_6 为阀门井,井内设有 DN80X80X50 的钢三通 1 个、钢盲板(堵板)1 片和 DN50 的内螺纹式闸阀 1 个。

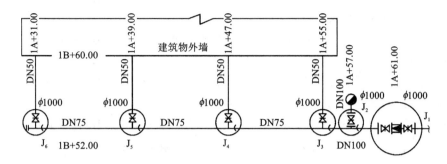

图3-19　给水管道的节点图

特别提示：

本章节的内容也适用于消防给水施工图的识读。

小结

本项目对建筑给排水常用图例和建筑室内外给排水施工图的组成和识读进行了阐述。具体内容包括：给水排水施工图的一般规定、给水排水常用图例、建筑室内给排水施工图的组成和识读和建筑室外(小区)给排水施工图的组成和识读。

本项目的教学目标是熟悉给水排水常用图例，掌握建筑室内外给排水施工图的组成，能够熟练识读建筑室内外给排水施工图纸，能够将新规范、新标准应用于工程实际。

思考与练习题

一、论述题

1. 简述建筑室内给排水施工图的组成。

2. 简述建筑室外给排水施工图的组成。

3. 简述建筑给排水管道的图例及命名原则。

4. 简述建筑给排水管道管径标注的原则。

5. 简述建筑给排水管道标高标注的原则。

6. 简述建筑给排水施工图中平面图表达的内容。

7. 简述建筑给排水施工图中系统图表达的内容。

8. 建筑室内给水系统识读的顺序是怎样的？

9. 建筑室内排水系统识读的顺序是怎样的？

10. 室外给水排水施工图纵断面图表达哪些内容？

二、选择题

(1) 无缝钢管的直径规格用(　　)表示。

A. 外径   B. 外径×壁厚   C. 公称外径   D. 公称直径

(2)焊接钢管的直径规格用(　　)表示。

A. 外径   B. 外径×壁厚   C. 公称外径   D. 公称直径

(3)标注 JL 表示(　　)。

A. 给水立管   B. 排水立管   C. 消火栓立管   D. 自动喷水立管

(4)标注 WL 表示(　　)。

A. 给水立管   B. 污水立管   C. 消火栓立管   D. 自动喷水立管

(5)图例 —⊘— 　　⅄ 左侧在平面图，右侧在系统图中表示(　　)。

A. 地漏   B. 雨水斗   C. 清扫口   D. 检查口

(6)图例 —⊡— 　　Ⅱ 左侧在平面图，右侧在系统图中表示(　　)。

A. 地漏   B. 雨水斗   C. 清扫口   D. 检查口

(7)图例 —▷⊲— 表示(　　)。

A. 闸阀   B. 截止阀   C. 止回阀   D. 蝶阀

(8)图例 —⊠— 表示(　　)。

A. 闸阀   B. 截止阀   C. 止回阀   D. 蝶阀

(9)图例 —⊚— 表示(　　)。

A. 闸阀   B. 截止阀   C. 止回阀   D. 蝶阀

(10)图例 —◁— 表示(　　)。

A. 闸阀   B. 截止阀   C. 止回阀   D. 蝶阀

(11)图例 ⌐　⌐ 表示(　　)。

A. 通气帽   B. 地漏   C. 存水弯   D. 清扫口

(12)图例 ↑ 表示(　　)。

A. 通气帽   B. 地漏   C. 存水弯   D. 清扫口

三、识图题

图 3-20 是某五层住宅楼的排水系统。图中 P_1 表示(　　　　)，该系统图中排水管道的管径有(　　　　)、(　　　　)和(　　　　)；排出管的标高为(　　　　)；第二层排水支管的标高分别为(　　　　)和(　　　　)；第三层排水支管的标高分别为(　　　　)和(　　　　)；第四层排水支管的标高分别为(　　　　)和(　　　　)；第五层排水支管的标高分别为(　　　　)和(　　　　)；屋面标高为(　　　　)，透气球的标高为(　　　　)；每层排水支管均装有(　　　　)个地漏、(　　　　)个存水弯、没有安装存水弯的排水点连接(　　　　)、支管末端装有(　　　　)个清扫口。P_2 是排出(　　　　)层的排水。

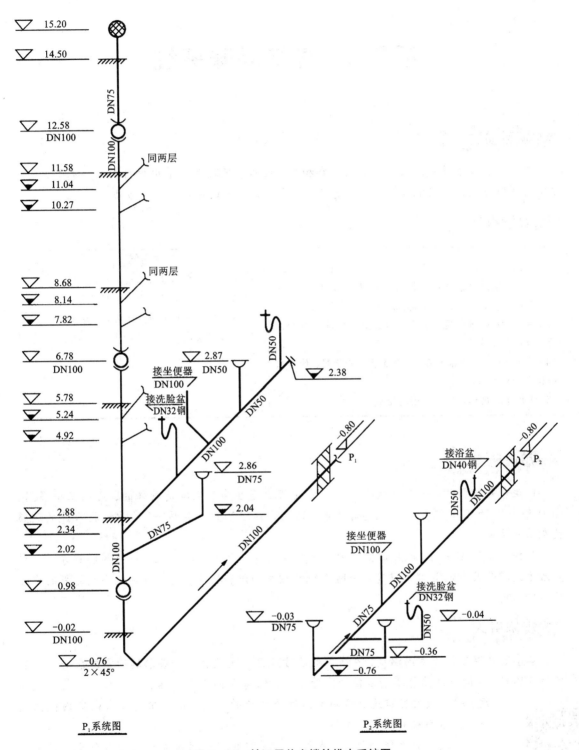

P₁系统图   P₂系统图

图 3-20 某五层住宅楼的排水系统图

项目4　建筑采暖系统

项目描述

本项目主要讲授建筑采暖系统的分类和基本组成，采暖系统常用材料和设备类型，采暖系统管道敷设及设备安装相关知识，建筑采暖系统施工图的组成及识读方法。

教学目标

知识目标	技能目标
(1)掌握采暖热水系统的分类、组成、原理及常用图式； (2)了解蒸汽采暖系统的组成、原理及管网图式； (3)熟悉室外采暖管道、热力入口、室内采暖管道的布置、敷设与安装； (4)掌握散热器、膨胀水箱、排气装置、除污器、伸缩器等设备的作用和种类； (5)掌握建筑热水采暖施工图的组成。	(1)认识建筑热水采暖系统的形式； (2)认识建筑热水采暖系统常用设备； (3)认识建筑热水采暖系统常用材料； (4)熟练识读建筑热水采暖施工图纸； (5)能将新规范、新标准应用于工程实际。

思政元素

1.生命是脆弱的，一点点病毒就可以带走那么多生命；生命是顽强的，历经三个多月，2020年4月26日武汉在院新冠患者清零，这充分体现了党的英明决策，永远把人民的利益放在第一位；

2.作为青年的我们，也应该把学习作为首要任务，作为一种责任、一种精神追求、一种生活方式。今天我们潜心学习建筑采暖系统的相关知识和技能，明天为实现伟大复兴的中国梦添砖加瓦。

案例引入

冬季室外温度低于室内温度，在我国的北方地区尤为突出，如哈尔滨的室外采暖设计温度为-26℃，房间里的热量不断地传向室外，为了保持人们日常生活、工作所需要的环境温度，就必须设置建筑采暖向室内供给相应的热量，用人工的方法向室内提供热量的设备系统称为建筑采暖系统。

供暖工程系统由热源、室外热力管网和室内供暖系统三部分组成，根据其相互位置关系，可分为局部采暖系统和集中采暖系统，本项目重点介绍集中采暖系统。

供暖方式

任务1　热水采暖系统

建筑采暖系统按传递热媒种类的不同，分为热水采暖系统、蒸汽采暖系统、热风采暖系统和烟气采暖系统等。热水采暖系统所采用的热媒是热水（低于100℃）或高温热水（110～130℃）。蒸汽采暖系统的热媒是将高温蒸汽经供暖管道输送至用户点，通过散热装置向室内供暖。热风采暖系统是将空气加热到适当温度（35～50℃）后，直接送入房间，与房间空气混合，使房间温度升高以达到供暖目的。烟气采暖系统是利用燃料燃烧产生的高温烟气，在输送过程中向房间散热以进行供暖的方式。而热水采暖系统是目前广泛使用的一种采暖系统，广泛适用于民用建筑与工业建筑。

4.1.1　热水采暖系统的分类及组成

1.热水采暖系统的组成

供暖系统由热源、室外热力管网和室内采暖系统。其中，热源是生产热能的部分，常见的有锅炉和热电站等；室外热力管网是输送热能（热能以蒸汽和热水的形式作为介质来输送的）到各用户点的管道系统；室内采暖系统是以对流或辐流的方式将热量传递到室内空气中的供暖管道和散热器所组成，由热源、管道系统和散热设备三部分组成。

（1）热源是指使燃料产生热能并将热媒加热的部分，如锅炉。

（2）采暖管道系统是指热源和散热设备之间的管道。热媒通过管道系统将热能从热源输送到散热设备。

（3）散热设备是将热量散入室内的设备。如散热器、暖风机、辐射板等。

2.热水采暖系统的分类

热水采暖系统主要有四种分类方法。

（1）按热水供暖循环动力的不同，可分为自然循环系统和机械循环系统。

循环流化床锅炉原理

热水采暖系统中的水如果是靠供回水温度差产生的压力循环流动的，称为自然循环热水采暖系统；系统中的水若是靠水泵强制循环的，称为机械循环热水采暖系统。

（2）按供、回水方式的不同，可分为单管系统和双管系统。热水经立管或水平供水管顺序通过多组散热器，并顺序地在各散热器中冷却的系统，称为单管系统。热水经供水立管或水平供水管平行地分配给多组散热器，冷却后的回水自每个散热器直接沿回水立管或水平回水管流回热源的系统，称为双管系统。

（3）按系统管道敷设方式的不同，可分为垂直式和水平式系统。

（4）按热媒温度的不同，可分为低温水供暖系统和高温水供暖系统。

4.1.2　自然循环的热水采暖系统

1.自然循环的热水采暖系统的工作原理

图4-1所示为自然循环热水采暖系统，其工作原理是：当水在锅炉内加热后，水的密度减小；在散热器内被冷却后，水的密度增加。整个系统将因供回水密度差的不同而维持循环流动。

自然循环热水采暖系统的形式主要有上供下回单管式和双管式两种，如图4-2所示。

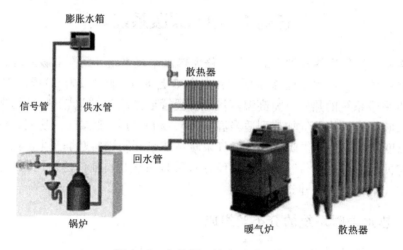

图 4 - 1   自然循环热水采暖系统

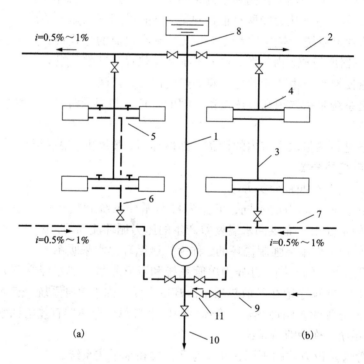

图 4 - 2   自然循环热水采暖系统形式

（a）双管式；（b）单管式

1—供水主立管；2—供水干管；3—供水立管；4—供水支管；5—回水支管；6—回水立管；
7—回水干管；8—循环管；9—补水管；10—泄水管；11—止回阀

4.1.3   机械循环的热水采暖系统

对于管路较长，建筑面积和热负荷都较大的建筑物，则要采用机械循环热水采暖系统，如图 4 - 3 所示。在机械循环热水供暖系统中，设置水泵为系统提供循环动力。由于水泵的作用压力大，使得机械循环系统的供暖范围扩大很多，可以负担单幢、多幢建筑的供暖，甚至还可以负担区域范围内的供暖，这是自然循环力不能及的，目前已经成为应用最为广泛的供暖系统。

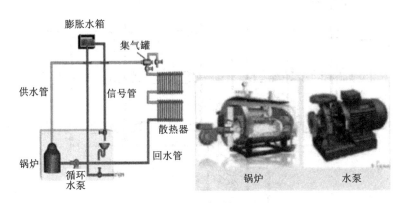

图4-3　机械循环热水采暖系统

在机械循环热水采暖系统中，其管网的布置形式灵活多样，常用的类型如下：

1. 机械循环双管上供下回式热水采暖系统

如图4-4立管Ⅰ、Ⅱ所示，机械循环系统除膨胀水箱的连接位置与自然循环系统不同外，还增加了循环水泵和排气装置。双管上供下回式系统的供水干管设在系统的顶部，回水干管设在系统的下部，一般设在地沟内，散热器的供水管和回水管分别设置，每组散热器都能组成一个循环环路，每组散热器的供水温度基本是一致的，各组散热器可自行调节热媒流量，互相不受影响。

在机械循环系统中，水流速度较高，供水干管应按水流方向设上升坡度，使气泡随水流方向流动汇集到系统的最高点，通过在最高点设置排气装置，将空气排出系统外。回水干管的坡向与自然循环系统相同，坡度宜采用0.003。

2. 机械循环单管上供下回式热水采暖系统

单管上供下回式系统，单管系统的散热器的供回水立管共用一根管，立管上的散热器串联起来构成一个循环环路，如图4-4立管Ⅲ所示。从上到下各楼层散热器的进水温度不同，温度依次降低，每组散热器的热媒流量不能单独调节。为了克服单管式不能单独调节热媒流量，且下层散热器热媒入口温度过低的弊病，又产生了单管跨越式系统，如图4-4立管Ⅳ所示。热水在散热器前分成两部分，一部分流入散热器，另一部分流入跨越管内。

对单管系统，由于各层的冷却中心串联在一个循环管路上，从上而下逐渐冷却过程所产生的压力可以叠加在一起形成一个总压力，因此单管系统不存在双管系统的垂直失调问题。即使最底层散热器低于锅炉中心，也可以使水循环流动。由于下层散热器入口的热媒温度低，下层散热器的面积比上层要多。在多层和高层建筑中，宜用单管系统。

3. 机械循环双管下供下回式热水采暖系统

机械循环下供下回式系统，如图4-5所示。该系统一般适用于顶层难以布置干管的场合以及有地下室的建筑。当无地下室时，供、回水干管一般敷设在底层地沟内。与上供下回

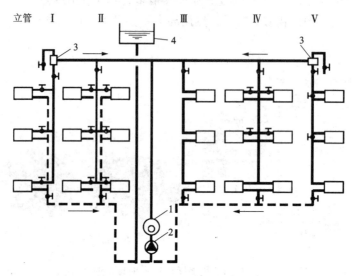

图 4-4　机械循环双管上供下回式热水采暖系统

1—锅炉；2—水泵；3—集气罐；4—膨胀水箱

式系统比较，供水干管和回水干管均敷设在地沟或地下室内，管道保温效果好，热损失少。系统的供回水干管都敷设在底层散热器下面，系统内空气的排除较为困难，排气方法主要有两种：一种是通过顶层散热器的冷风阀，手动分散排气；另一种是通过专设的空气管，手动或集中自动排气。

4. 机械循环中供式热水采暖系统

机械循环中供式热水供暖系统，如图 4-6 所示。水平供水干管敷设在系统的中部，上部系统可用上供下回式，也可用下供下回式，下部系统则用上供下回式。中供式系统减轻了上供下回式楼层过多而易出现垂直失调的

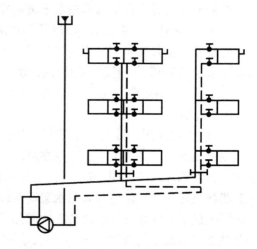

图 4-5　机械循环双管下供下回式热水采暖系统

现象，同时可避免顶层梁底高度过低导致供水干管挡住顶层窗户而妨碍其开启。中供式系统可用于加建楼层的原有建筑物。

5. 机械循环下供上回式热水采暖系统

机械循环下供上回式热水供暖系统，如图 4-7 所示。该系统的供水干管设在所有散热器设备的上面，回水干管设在所有散热器下面，膨胀水箱连接在回水干管上。回水经膨胀水箱流回锅炉房，再被循环水泵送入锅炉。这种系统具有以下特点：

（1）水在系统内的流动方向是自下而上流动，与空气流动方向一致，可通过膨胀水箱排除空气，无需设置集中排气罐等排气装置。

（2）对热损失大的底层房间，由于底层供水温度高，底层散热器的面积减小，便于布置。

（3）当采用高温水采暖系统时，由于供水干管设在底层，这样可降低防止高温水汽化所

需的水箱标高,减少布置高架水箱的困难。

(4)供水干管在下部,回水干管在上部,无效热损失小。

这种系统的缺点是散热器的放热系数比上供下回式低,散热器的平均温度几乎等于散热器的出口温度,这样就增加了散热器的面积。但用于高温水供暖时,这一特点却有利于满足散热器表面温度不致过高的卫生要求。

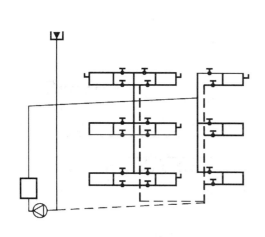

图 4-6　机械循环中供式热水采暖系统

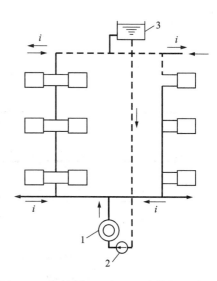

图 4-7　机械循环下供上回式热水采暖系统

1—锅炉;2—水泵;3—膨胀水箱

6. 机械循环上供中回式热水采暖系统

上供中回式热水采暖系统将回水干管可以设置在一层顶板下或楼层夹层中,可省去地沟。如图 4-8 所示。安装时,在立管下端设泄水堵螺纹,以方便泄水及排放管道中的杂物。回水干管末端需设置自动排气阀或其他排气装置。该系统适合不宜设置地沟的多层建筑。

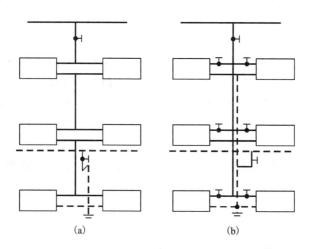

(a)　　　　　　　　(b)

图 4-8　机械循环上供中回式热水采暖系统

(a)单管;(b)多管

7. 机械循环水平串联式热水采暖系统

一根立管水平串联多组散热器的布置形式,如图 4-9 所示,称为水平串联式系统。按照供水管与散热器的连接方式可分为顺流式和跨越式两种,这两种方式在机械循环和自然循环系统中都可以使用。这种系统的优点是:系统简捷,安装简单,少穿楼板,施工方便;系统的总造价较垂直式低;对各层有不同使用功能和不同温度要求的建筑物,便于分层调节和管理。

特别提示

单管水平式系统串联散热器很多时,运行中易出现前端过热,末端过冷的水平失调现象。一般每个环路散热器组以 8~12 组为宜。

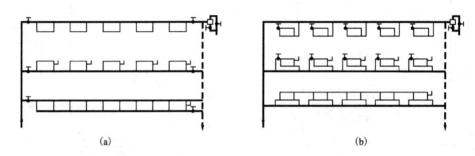

(a)   (b)

图 4-9　机械循环水平串联式热水采暖系统

(a)单管水平串联式;(b)多管水平串联式

8. 机械循环异程式系统与同程式热水采暖系统

在供暖系统供、回水干管布置上,通过各个立管的循环环路的总长度不相等的布置形式称为异程式系统。而通过各个立管的循环环路的总长度相等的布置形式则称为同程式系统。

特别提示

在机械循环系统中,由于作用半径较大,连接立管较多,异程式系统各立管循环环路长短不一,各个立管环路和压力损失较难平衡。会出现近处立管流量超过要求,而远处立管流量不足。在远近立管处出现流量失调而引起在水平方向冷热不均的现象,称为系统的水平失调。

为了消除或减轻系统的水平失调,可采用同程式系统。如图 4-10 所示,通过最近立管的循环环路与通过最远外立管的循环环路的总长度都相等,因而压力损失易于平衡。由于同程式系统具有上述优点,在较大的建筑物中,常采用同程式系统,但其管道的消耗量要多于异程式系统。

9. 机械循环分户计量热水采暖系统

对于新建住宅热水集中采暖系统,应设置分户热计量和室温控制装置,实行供热计量收费。分户热计量是指以户(套)为单位进行采暖热量的计量,每户需安装热量表和散热器温控阀。

(1)上供上回系统

图 4-11(a)所示的分户水平双管系统适用于旧房改造工程。供回水管道均设于系统上方,管材用量多,供回水管道设在室内,影响美观,但能单独控制某组散热器,有利于节能。

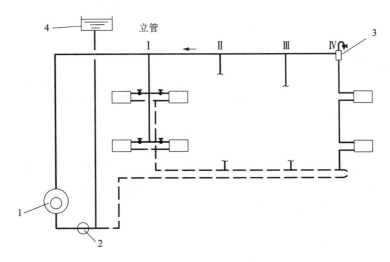

图4-10 同程式系统

1—锅炉；2—水泵；3—集气罐；4—膨胀水箱

（2）下供下回系统

如图4-11（b）所示，这种系统适用于新建住宅，供回水干管设在地面层内，但由于暗埋在地面层内的管道有接头，一旦漏水，维修复杂。

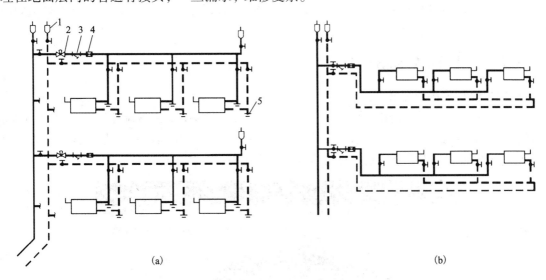

（a）   （b）

图4-11 机械循环分户计量热水采暖系统

（a）双管上供上回式；（b）双管下供上回式

1—自动放气阀；2—温控阀；3—过滤器；4—热量表

（3）水平放射式系统

如图4-12（a）所示，可用于新建住宅，供回水管均暗埋于地面层内，暗埋管道没有接头。但管材用量大，且需设置分水器和集水器。

（4）分户计量带跨越管的单管散热器系统

如图4-12（b）所示，可用于新建住宅，干管暗埋于地面层内，系统简单，但需加散热器温控阀。

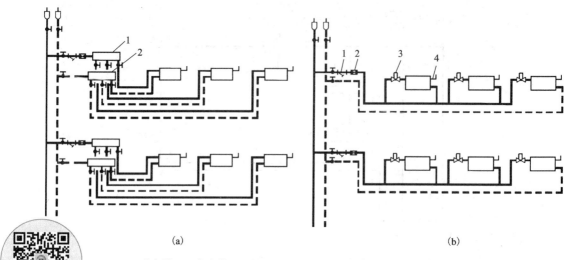

(a)　　　　　　　　　　　　　　　　　　(b)

1—分水器；2—集水器　　　　　　　1—过滤器；2—热量表；3—温控阀；4—手动排气阀

图 4 – 12　机械循环分户计量热水采暖系统

（a）水平放射式；（b）带跨越管的单管系统

散热器

特别提示

机械循环的热水采暖系统分类方式较多，结合它们的特点学习每种系统的适用建筑物类型及布置方式。

4.1.4　地板辐射采暖简介

1. 地板辐射采暖的定义

所谓地板辐射采暖，是以低温热水（不高于60℃）为热媒，供回水温差宜小于等于10℃，通过埋设在地板内的塑料管（常用 PE – X 管和 PP – R 管）把地板加热，以整个地面作为散热面，均匀地向室内辐射热量，是一种对房间微气候进行调节的节能采暖系统。

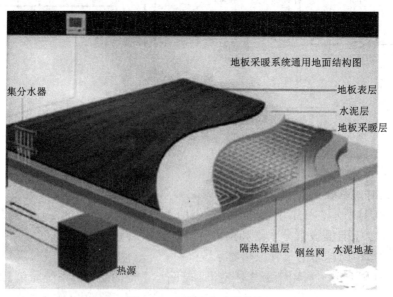

敷设

图 4 – 13　地辐式采暖系统

2.地板辐射采暖的特点

（1）人体感受的实感温度可比室内实际环境温度高 2~3℃ 左右，减少了能源消耗；

（2）人体和物体直接接受辐射热，且室温由下向上逐渐降低，给人以脚暖头凉的良好感觉，舒适感强；

（3）扩大了房间面积；

（4）减少了楼层噪音；

（5）实现了分户分室自动控温；

（6）消除了散热设备的积尘和异味，有利于改善卫生条件；

（7）使用寿命长达 50 年以上；

（8）相比对流采暖系统的初投资高。

3.地板辐射采暖结构和布置形式

低温热水地板辐射采暖结构层由上到下依次为覆盖层、找平层、埋管层、隔湿层、保温层。其详细结构见下图。

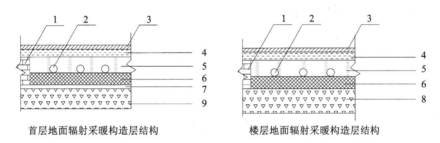

首层地面辐射采暖构造层结构　　　　楼层地面辐射采暖构造层结构

图 4－14　地板辐射采暖构造层结构

1—聚苯乙烯保温板；2—交联聚乙烯管；3—地面层；4—水泥砂浆找平层；5—细石混凝土；
6—聚苯乙烯保温板；7—防水层；8—楼板；9—垫层

其中保温层的作用是为了减少热量向下传递，多用聚苯乙烯泡沫板材做成；埋管结构层有木质地板结构和混凝土结构两种，多采用埋管设于混凝土的做法；隔湿层用来防止水进入保湿层。地面上可根据用户装饰的要求，铺设地板或地毯形成覆盖层。当设有覆盖层时，因其热阻较大，会使传热效率降低。埋管常见的布置形式有单蛇型、双蛇型、双回型、单回型几种。

4.地板辐射采暖的主要技术参数

结构层厚度：公共建筑 90 mm，住宅 70 mm；

热媒温度：≤65℃（最高≤80℃）；

供回水温度：8~15℃；

工作压力：≤0.8 MPa；

结构层受荷载：≤2000 kg/m³，若 >2000 kg/m³ 时，应采取相应措施；

供水干管上设置过滤网，防止异物进入系统内；

供暖散热量与地面材质、供回水温度、管间距、室内设计温度有关。

5.安装和使用地板采暖需注意的问题

（1）安装地板采暖后应避免在地面上钉钉子、钻孔或重击地面，以免损坏埋在地板下的加热管。在装修时需特别注意；

（2）安装地板采暖后地板加高 8 cm 左右，对层高有一定影响；

（3）安装地板采暖后增加了地面荷载，需考虑楼板的承受能力；

（4）安装地板采暖的地面表层最好选用地砖或复合地板，如要铺设实木地板则必须选择地暖专用的实木地板，并需要采用特殊的实木地板铺装工艺，以免损坏地下的加热管。

地暖施工流程

任务 2　蒸汽采暖系统

引例

通过对上节内容的学习，我们了解到热水采暖系统的工作原理和特点。作为采暖系统中另一个重要采暖形式——蒸汽采暖系统，它的热媒是什么，与热水采暖系统相比又有哪些优缺点呢？

4.2.1　蒸汽采暖系统的原理与分类

城市集中供热系统中用水为供热介质，以蒸汽的形态，从热源携带热量，经过热网送至用户。靠蒸汽本身的压力输送，每公里压降约为 0.1 MPa，中国热电厂所供蒸汽的参数多为 0.8 ~ 1.3 MPa，供汽距离一般在 3 ~ 4 km 以内。蒸汽供热易满足多种工艺生产用热的需要；蒸汽的比重小，在高层建筑中不致产生过大的静压力；在管道中的流速比水大，一般为 25 ~ 40 m/s；供热系统易于迅速启动；在换热设备中传热效率较高。但蒸汽在输送和使用过程中热能及热介质损失较多，热源所需补给水不仅量大，而且水质要求也比热水采暖系统补给水的要求高。图 4 - 15 为蒸汽锅炉和蒸汽—水加热器网络。

1.蒸汽采暖系统节能技术主要由两个关键产品所组成

（1）凝结水回收器适用于电力、化工、石油、冶金、机械、建材、交通运输、轻工、纺织、橡胶等工业部门及宾馆、医院、商场、写字楼等单位的蒸汽锅炉实现高温凝结水和二次汽回收利用。也适用于蒸汽采暖和中央空调溴化锂制冷系统。

（2）低位热力除氧器适用于蒸汽锅炉和热水锅炉高标准除氧。

2.蒸汽采暖系统节能技术主要技术内容

（1）基本原理

凝结水回收器具有五个创造性：除污装置、自动调压装置、汽蚀消除装置、水泵最佳流态和自控。在保证正常回水的情况下，适当提高调压装置的特制阀门压力，一是，有利于闪蒸在容器内的二次凝结，回收二次汽；二是，二次汽向水面施压，保证水泵防汽蚀必需的正压水头；三是，形成闭式压力系统，保证设备及管道内无氧腐蚀。

低位热力除氧器第一级，形成数个"圆锥形水膜裙"与上升的蒸汽产生强烈的热交换，氧气基本被除净。第二级，箆栅和网波填层除氧，当进水条件差（水温低、含氧多、水量波幅大）时，除氧器仍正常工作。第三级，水箱内再沸腾除氧。

（2）技术关键

凝结水回收器的自动调压装置和汽蚀消除装置配合应用，低位热力除氧器充分利用二次经汽蚀消除装置，有效地解决了水泵汽蚀"泵癌"世界难题。

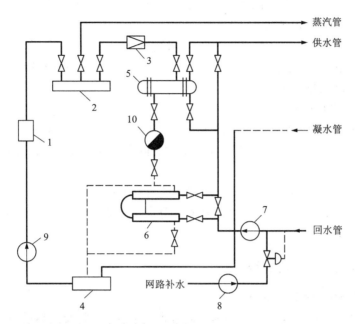

图 4 – 15　蒸汽锅炉和蒸汽 – 水加热器网络

1—蒸汽锅炉；2—分汽缸；3—减压阀；4—凝结水箱；5—蒸汽 – 水加热器；6—凝结水冷却器；

7—热水网路循环水泵；8—热水系统补给水泵；9—锅炉给水泵；10—疏水器

3. 蒸汽采暖系统的特点

蒸汽作为供暖系统的热媒，应用极为普遍。与热水作为供暖系统的热媒相对比蒸汽供暖具有如下一些特点：

（1）热水在系统散热设备中，靠其温度降低放出热量，而且热水的相态不发生变化。蒸汽在系统散热设备中，靠水蒸气凝结成水放出热量，相态发生了变化。蒸汽凝结放出汽化潜热比水通过有限的温降放出的热量要大得多，因此，对同样的热负荷，蒸汽供暖时所需的蒸汽质量流量要比热水流量少得多。

（2）热水在封闭的散热设备系统内循环流动，靠其温度释放出热量，而且热水的形态不发生变化。蒸汽和凝结水在系统管路内流动时，还会伴随相态变化，靠水蒸气凝结成水放出热量，其状态参数变化比较大。例如湿饱和蒸汽沿管路流动时，由于管壁散热会产生沿途凝水，使输送的蒸汽量有所减少；当湿饱和蒸汽经过阻力较大的阀门时，蒸汽被绝热节流，压力下降，体积膨胀，同时，温度一般要降低。湿饱和蒸汽可成为节流后压力下的饱和蒸汽或过热蒸汽。在这些变化中，蒸汽的密度会随着发生较大的变化。又例如，从散热设备流出的饱和凝结水，通过疏水器和在凝结水管路中压力下降，沸点改变，凝结水部分重新汽化，形成所谓"二次蒸汽"，以两相流的状态在管路内流动。

（3）在热水供暖系统中，散热设备内热媒温度为热水和流出散热设备回水的平均温度。蒸汽在散热设备中凝结放热，散热设备的热媒温度为该压力下的饱和温度。蒸汽供暖系统散热器热媒平均温度一般都高于热水供暖系统。因此，对同样热负荷，蒸汽供热要比热水供热节省散热设备的面积。但蒸汽供暖系统散热器表面温度高，易烧烤积在散热器上的有机灰尘，产生异味，卫生条件较差。

（4）蒸汽供暖系统中的蒸汽比容，较热水比容大得多。因此，蒸汽管道中的流速，通常可采用比热水流速高得多的速度。

（5）由于蒸汽具有比容大，密度小的特点，因而在高层建筑供暖时，不会像热水供暖那样，产生很大的水静压力。此外，蒸汽供热系统的热惰性小，供汽时热得快，停汽时冷得也快，很适宜用于间歇供热的用户。

4. 蒸汽采暖系统的分类

（1）按照供汽压力的大小，将蒸汽供暖分为三类：供汽的表压力高于 70 kPa 时，称为高压蒸汽供暖；供汽的表压力等于或低于 70 kPa 时，称为低压蒸汽供暖；当系统中的压力低于大气压力时，称为真空蒸汽供暖。

（2）按照蒸汽干管布置的不同，蒸汽供暖系统可有上供式、中供式和下供式三种。

（3）按照立管的布置特点，蒸汽供暖系统可分为单管式和双管式。目前国内绝大多数蒸汽供暖系统采用双管式。

4.2.2 低压蒸汽采暖系统

1. 低压蒸汽采暖系统工作原理

如图 4-16 所示，蒸汽锅炉产生的蒸汽通过供汽干管、立管及散热设备支管进入散热器，蒸汽在散热器中放出热量后变成凝结水，凝结水经疏水器沿凝结水管流回凝结水池，由凝结水泵将凝结水送回锅炉重新加热。

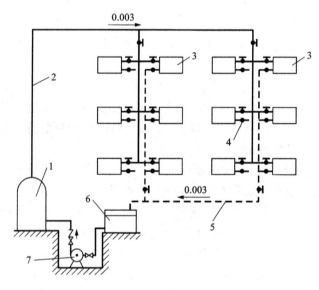

图 4-16 低压蒸汽采暖系统

1—蒸汽锅炉；2—蒸汽管道；3—散热器；4—疏水器；5—凝结水管；6—凝结水箱；7—凝结水泵

为使凝结水可以顺利地流回凝结水箱，凝结水箱应设在低处。同时，为了保证凝结水泵正常工作，避免水泵吸入口处压力过低使凝结水汽化，凝结水箱的位置应高于水泵。

为了防止水泵停止工作时，水从锅炉倒流入凝结水箱，在锅炉和凝结水泵间应设止回阀。要使蒸汽采暖系统正常工作，必须将系统内的空气及凝结水顺利、及时地排出，还要阻止蒸汽从凝结水管窜回锅炉,疏水器的作用就是阻汽疏水。蒸汽在输送过程中,也会逐渐冷却而产生部分凝结水,为将它顺利排出,蒸汽干管应有沿流向下降的坡度。凡蒸汽管路抬头处,应设相应的疏水装置,及时排除凝结水。

为了减少设备投资,在设计中多是在每根凝结水立管下部装一个疏水器,以代替每个凝结水支管上的疏水器。这样可保证凝结水干管中无蒸汽流入,但凝结水立管中会有蒸汽。

当系统调节不良时,空气会被堵在某些蒸汽压力过低的散热器内,这样蒸汽就不能充满整个散热器而影响放热。最好在每一个散热器上安装自动排气阀,随时排净散热器内的空气。

2.低压蒸汽采暖系统图式

(1)双管上供下回式

图4-17为双管上分式蒸汽采暖系统。蒸汽管与凝结水管完全分开。每组散热器可以单独调节。蒸汽干管设在顶层房间的屋顶下,通过蒸汽立管分别向下送汽,回水干管敷设在底层房间的地面上或地沟里。疏水器可以每组散热器或每个环路设1个。疏水器数量多效果好,是节约能源的一个措施,但是投资、维修工作量也大。

双管上分式系统是蒸汽采暖中使用最多的一种形式,采暖效果好,可用于多层建筑,但是浪费钢材,施工麻烦。

(2)双管下供下回式

当采用上分式系统蒸汽干管不好布置时,也可以采用下分式双管系统,如图4-18所示。它与上分式系统所不同的是蒸汽干管布置在所有散热器之下,蒸汽通过立管由下向上送入散热器。当蒸汽沿着立管向上输送时,沿途产生的凝结水由于重力作用向下流动,与蒸汽流动的方向正好相反。由于蒸汽的运动速度较大,会携带许多水滴向上运动,并撞击在弯头、阀门等部件上,产生振动和噪声,这就是常说的水击现象。

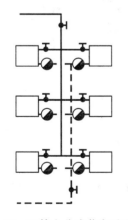

图4-17　双管上分式蒸汽采暖系统

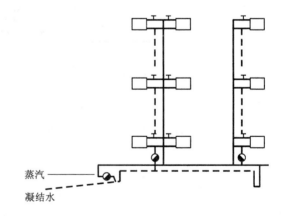

图4-18　双管下供下回式蒸汽采暖系统

(3)双管中供下回式

如图4-19所示。当多层建筑的采暖系统在顶层天棚下面不能敷设干管时采用。

(4)单管上供下回式

如图4-20所示。单管上分式系统由于立管中汽水同向流动,运行时不会产生水击。现该系统适用于多层建筑，可节约钢材。

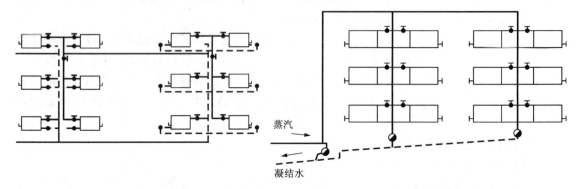

图4-19　双管中供下回式蒸汽采暖系统　　　　图4-20　单管上供下回式蒸汽采暖系统

4.2.3　高压蒸汽采暖系统

高压蒸汽采暖系统的热媒为相对压力大于 70 kPa 的蒸汽。如图 4-21 采暖系统由蒸汽锅炉、蒸汽管道、减压阀、散热器、凝结水管道、凝结水泵等组成。

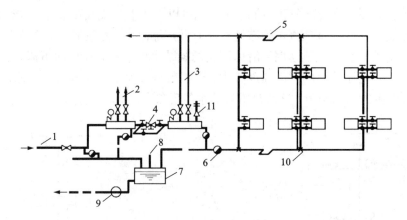

图4-21　高压蒸汽采暖系统

1—室外蒸汽管；2—室内高压蒸汽供热管道；3—室内高压蒸汽供暖管；4—减压装置；5—补偿器；
6—疏水器；7—开式凝结水箱；8—空气管；9—凝结水泵；10—固定支点；11—安全阀

由于高压蒸汽的压力及温度均较高，因此在热负荷相同的情况下，高压蒸汽供暖系统的管径和散热器片数都少于低压蒸汽供暖系统。这就显示了高压蒸汽供暖有较好的经济性。高压蒸汽供暖系统的缺点是卫生条件差，并容易烫伤人。因此这种系统一般只在工业厂房应用。

工业企业的锅炉房，往往既供应生产工艺用汽，同时也供应高压蒸汽供暖系统所需要的蒸汽。由于这种锅炉房送出的蒸汽，压力常常很高，因此将这种蒸汽送入高压蒸汽供暖系统之前，要用减压装置将蒸汽压力降至所要求的数值。一般情况下，高压蒸汽供暖系统的蒸汽压力不超过 300 kPa。

和低压蒸汽供暖一样，高压蒸汽供暖系统亦有上供、下供和单管、双管系统之分。但是为了避免高压蒸汽和凝结水在立管中反向流动所发出的噪声，一般高压蒸汽供暖均采用双管上供下回式系统。

高压蒸汽供暖系统在启动和停止运行时，管道温度的变化要比热水供暖系统和低压蒸汽供暖系统都大，应充分注意管道的伸缩问题。另外，由于高压蒸汽供暖系统的凝结水温度很高，在它通过疏水器减压后，会重新汽化，产生二次蒸汽。也就是说在高压蒸汽系统的凝水管中输送的是凝结水和二次蒸汽的混合物。在有条件的地方，要尽可能将二次蒸汽送到附近低压蒸汽供暖系统或热水供应系统中加以利用。

任务3 采暖设备和附件

引例

随着生产力的逐渐发展、经济水平的不断提高，人们对生产和生活的环境要求越来越高，北方建筑物内都安装了采暖系统，甚至越来越多的南方家庭也加入了安装采暖系统的行列。而我们在前一节的学习中了解到热水采暖系统和蒸汽采暖系统的特点。那么，这两个采暖系统又由哪些设备、管件组成呢？

4.3.1 散热器

散热器是采暖系统的主要散热设备，是通过热媒把热源的热量传递给室内的一种散热设备。通过散热器的散热，使室内的得失热量达到平衡，从而维持房间需要的空气温度，达到供暖的目的。

散热器按材质可分为铸铁、钢制、铝制、铜质散热器；按结构形式分为柱形、翼形、管形、板式、排管式散热器等；按其对流方式分为对流型和辐射型散热器。

目前市场上销售的采暖散热器从材质上基本上分为钢制散热器、铝制散热器、铜制散热器、铜管铝翅对流散热器、铜铝复合散热器、不锈钢散热器等，还有原有的铸铁散热器。

1. 铸铁散热器

铸铁散热器具有结构简单、防腐性好、使用寿命长、适用于各种水质、造价低、热稳定性好等优点，长期以来广泛使用与低压蒸汽和热水采暖系统中。已逐步被钢制散热器所替代。

2. 钢制散热器

常用的钢制散热器有以下几种。

(1)钢制板式散热器，是用联箱连通两根平行管，并在钢管外面串上许多弯边长方形肋片而成，如图4-22所示。由于串片上下端是敞开的，形成了许多相互平行的竖直空气通道，具有较大的对流散热能力。可分为单板单对流，双板单对流，双板双对流，三板三对流。采用优质冷轧低碳钢板为原料，装饰性强，小体积能达到最佳散热效果，无需加暖气罩，最大程度减小室内占用空间，提高房间的利用率，对流片的设计增强了室内空气流通产品质量稳定，在低温热水供暖情况下使用钢制板式散热器室内舒适性最佳。安装灵活多样。适用于高层建筑办公楼、民用建筑及工厂等工业建筑的热水采暖系统。

(2)钢管柱式散热器，每片有几个中空的立柱，它是用1.5~2.0 mm厚的普通冷轧钢板经冲压加工焊接而成，如图4-23所示。可分为钢三柱、钢四柱，还有钢制二柱扁管型，钢制元宝管型。钢管柱型散热器是铸铁散热器的换代产品。采用优质低碳精密钢管,采用特殊焊接工艺制成,外表面喷涂高级静电粉末。其特点是结构新颖合理,散热方式优势互补,性能发挥得淋漓尽致。具有重量轻,外观高雅时尚,耐高压,寿命长,表面光滑易清扫积灰,安装维护方便等特点。

(3)钢制扁管散热器,是由数根矩形扁管叠加焊接成排管,再与两端联箱形成水流通路,采用云梯式结构。如图4-24所示。其主要特点:低碳耐腐蚀,利用可靠的氩弧焊接承压能力高、水容量大,方便安装和充分节约空间。可适用于热水采暖的所有建筑中的卫浴。

图4-22　钢制板式散热器　　　图4-23　钢管柱式散热器　　　图4-24　钢制扁管散热器

(4)钢制装饰形散热器,随着人们生活水平越来越高,近几年,钢质散热器不断发展,其中以装饰形散热器发展尤为突出,出现了更多造型别致、色彩鲜艳、美观的散热器,如图4-25所示。

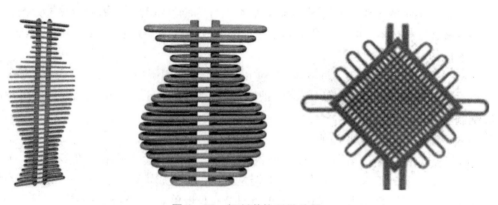

图4-25　钢制装饰形散热器

3.合金散热器

(1)铝合金散热器

铝合金散热器是20世纪80年代末我国工程技术人员在总结吸收国内外经验的基础上,潜心开发的一种新型、高效散热器。其造型美观大方,线条流畅,占地面积小,富有装饰性;

其质量轻,便于运输安装;其金属热强度高;节省能源,采用内防腐处理技术。

(2)复合材料型铝制散热器

复合材料型铝制散热器是普通铝制散热器发展的一个新阶段。随着科技发展与技术进步,从 21 世纪开始,铝制散热器迈向主动防腐。

所谓主动防腐,主要有两个办法:一个是规范供热运行管理,控制水质,对钢制散热器主要控制含氧量,停暖时充水密闭保养;对铝制散热器主要控制 pH 值。另一个方法是采用耐腐蚀的材质,如铜、钢、塑料等。铝制散热器于是发展到复合材料型,如铜—铝复合、钢—铝复合、铝—塑复合等。这些新产品适用于任何水质,水道采用优质复合材料管,具有耐腐蚀性能优异、可防碱、耐酸、抗氧化、承压高、抗拉性强等特点,是轻型、高效、节材、节能、美观、耐用、环保产品。

4.3.2 膨胀水箱

1.膨胀水箱的作用和形式

膨胀水箱是采暖系统中的重要部件,它的作用是收容和补偿系统中水的胀缩量。

一般都将膨胀水箱设在系统的最高点,通常都接在循环水泵吸水口附近的回水干管上。膨胀水箱用于闭式水循环系统中,起到了平衡水量及压力的作用,避免安全阀频繁开启和自动补水阀频繁补水。膨胀罐起到容纳膨胀水的作用外,还能起到补水箱的作用。

膨胀水箱是一个钢板焊制的容器,有各种大小不同的规格,一般有圆形和矩形两种形式。

2.膨胀水箱附件

膨胀水箱上接有膨胀管、循环管、溢流管、信号管(检查管)、排水管和补水管。

(1)膨胀管

膨胀水箱设在系统的最高处,系统的膨胀水量通过膨胀管进入膨胀水箱。自然循环系统膨胀管接在供水总立管的上部;机械循环系统膨胀管接在回水干管循环水泵入口前,如图 4-26 所示。膨胀管上不允许设置阀门,以免偶然关断使系统内压力增高,以致发生事故。

(2)循环管

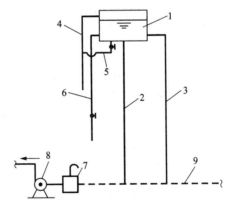

图 4-26 膨胀水箱与采暖系统连接示意图
1—膨胀水箱;2—膨胀管;3—循环管;4—溢流管;5—排污管;
6—信号管;7—过滤器;8—水泵;9—回水管

当膨胀水箱设在不供暖的房间内时,为了防止水箱内的水冻结,膨胀水箱需设置循环管。机械循环系统循环管接至定压点前的水平回水干管上,如图 4-26 所示。连接点与定压点之间应保持 1.5~3 m 的距离。使热水能缓慢地在循环管、膨胀管和水箱之间流动。自然循环系统,循环管接到供水干管上,与膨胀管也应有一段距离,以维持水的缓慢流动。循环管上也不允许设置阀门,以免水箱内的水冻结。

（3）溢流管

控制系统的最高水位。当水的膨胀体积超过溢流管口时，水溢出就近排入排水设施中。溢流管上也不允许设置阀门，以免偶然关断，水从人孔处溢出。

（4）信号管（检查管）

用于监督水箱内的水位，决定系统是否需要补水。信号管控制系统的最低水位，应接至锅炉房内或人们容易观察的地方，信号管末端应设置阀门。

（5）排污管

清洗、检修时放空水箱用。可与溢流管一起就近接入排水设施中，其上应安装阀门。

（6）补水管

与水箱相连，水位低于设定值则通过阀门补充水。

4.3.3 排气装置

系统的水被加热时，会分离出空气。在系统停止运行时，通过不严密处也会渗入空气，充水后，也会有些空气残留在系统内。系统中如果积存空气，就会形成气塞，影响水的正常循环。因此，系统中必须设置排除空气的设备。目前常见的排气设备，主要有集气罐、自动排气阀和手动跑风门等几种。

1. 集气罐

集气罐一般是用直径 100~200 mm 的钢管焊制而成，分为立式和卧式两种，如图 4-27 所示。集气罐顶部连接内径为 15 mm 的排气管，排气管应引至附近的排水设施处，排气管另一端装有阀门，排气阀应设在便于操作的地方。

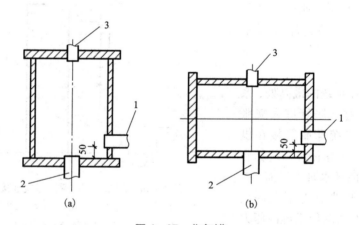

图 4-27　集气罐

（a）立式；（b）卧式
1—进水口；2—出水口；3—排气管

集气罐一般设于系统供水干管末端的最高点处，供水干管应向集气罐方向设上升坡度以使管中水流方向与空气气泡的浮升方向一致，有利于空气汇集到集气罐的上部，定期排除。当系统充水时，应打开集气罐上的排气阀，直至有水从管中流出，方可关闭排气阀。系统运行期间，应定期打开排气阀排除空气。

2. 自动排气阀

自动排气阀是靠阀体内的启闭机构自动排除空气的装置。它安装方便，体积小巧，且避免了人工操作管理的麻烦，是在采暖系统中排除系统空气的一种功能性阀门，经常安装在系统的最高点，或者直接跟分水器、散热器一起配套使用。主要是为排除内部空气，使散热器内充满暖水，保证房间温度。

目前国内生产的自动排气阀，大多采用浮球启闭机构，当阀内充满水时，浮球升起，排气口自动关闭；阀内空气量增加时，水位降低，浮球依靠自重下垂，排气口打开排气。如图 4－28 所示。自动排气阀常会因水中污物堵塞而失灵，需要拆下清洗或更换，因此，排气阀前装一个截止阀、闸阀或球阀，此阀门常年开启，只在排气阀失灵、需检修时临时关闭。

图 4－28　自动排气阀

自动排气阀的安装：

(1)自动排气阀必须垂直安装，即必须保证其内部的浮筒处于垂直状态，以免影响排气；

(2)自动排气阀在安装时，最好跟隔断阀一起安装，这样当需要拆下排气阀时进行检修时，能保证系统的密闭，水不致外流；

(3)自动排气阀一般安装在系统的最高点，有利于提高排气效率。

3. 手动排气阀

手动排气阀用于散热器或分集水器排除积存空气，适用于工作压力不大于 0.6 MPa，温度不超过 130℃的热水及蒸汽供暖散热器或管道上。

特别提示

手动排气阀多为铜制，用于热水供暖系统时，应装在散热器上部丝堵上；用于低压蒸汽系统时，则应装在散热器下部 1/3 的位置上。结合建筑物情况及管道布置情况确定集气装置的设置位置，并根据集气装置的设置位置确定管道的坡度。

4.3.4　过滤器

过滤器的作用是阻留管网中的污物，以防造成管路堵塞，一般安装在用户入口的供水管道上或循环水泵之前的回水总管上，并设有旁通管道，以便定期清洗检修。

过滤器的构造如图 4－29 所示。过滤器为圆筒形钢制筒体，有卧式和立式两种。其工作原理是：水由进水管进入除污器内，水流速度突然减小，使水中污物沉降到筒底，较清洁的水由带有大量小孔(起过滤作用)的出水管流出。

图 4-30 所示为 Y 形过滤器,该过滤器体积小、阻力小、滤孔细密、清洗方便,一般不需装设旁通管。清洗时关闭前后阀门,打开排污盖,取出滤网即可,清洗干净原样装回,通常只需几分钟。为了排污和清洗方便,Y 形过滤器的排污盖一般应朝下方或 45°斜下方安装,并留有抽出滤网的空间。安装时应注意介质流向,不可装反。

图 4-29 圆筒形过滤器   图 4-30 Y 形过滤器

4.3.5 疏水器

蒸汽供暖系统中,散热设备及管网中的凝结水和空气通过疏水器自动而迅速地排出,同时阻止蒸汽逸漏。

疏水器种类繁多,按其工作原理可分为机械型、热力型和恒温型三种,如图 4-31 所示。

(a)   (b)   (c)

图 4-31 疏水器
(a)机械型;(b)热力型;(c)恒温型

机械型疏水器是依靠蒸汽和凝结水的密度差,利用凝结水的液位进行工作,主要有浮桶式、钟形浮子式、倒吊桶式等;热力型疏水器是利用蒸汽和凝结水的热动力学特性来工作的,主要有脉冲式、热动力式和孔板式等;机械型和热力型疏水器均属高压疏水器。恒温型疏水器是利用蒸汽和凝结水的温度差引起恒温元件变形而工作的,具有工作性能好、使用寿命长的特点,适用于低压蒸汽供暖及供热系统。

4.3.6 伸缩器

伸缩器又称补偿器。在采暖系统中,金属管道会因受热而伸长。每米钢管

疏水阀

本身的温度每升高 1℃ 时，便会伸长 0.012 mm。当平直管道的两端都被固定不能自由伸长时，管道就会因伸长而弯曲；当伸长量很大时，管道的管件就有可能因弯曲而破裂。因此需要在管道上补偿管道的热伸长，同时还可以补偿因冷却而缩短的长度，使管道不致因热胀冷缩而遭到破坏。常用伸缩器有以下几种。

（1）L 形和 Z 形伸缩器

利用管道自然转弯和扭转处的金属弹性，使管道具有伸缩的余地，如图 4-32（a）、（b）所示。进行管道布置时，应尽量考虑利用管道自然转弯做伸缩器，当自然补偿不能满足要求时可采用其他伸缩器。

（2）方形伸缩器

如图 4-32（c）所示。它是在直管道上专门增加的弯曲管道，管径小于或等于 40 mm 时用焊接钢管，直径大于 40 mm 时用无缝钢管弯制。方形伸缩器具有构造简单，制作方便，补偿能力大，严密性好，不需要经常维修等特点，但占地面积大，大管径不易弯制。

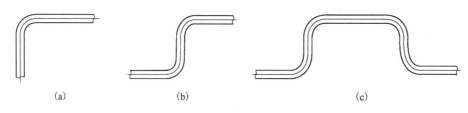

图 4-32　伸缩器

（a）L 形伸缩器；（b）Z 形伸缩器；（c）方形伸缩器

（3）套筒伸缩器

由直径不同的两段管子套在一起制成的。如图 4-33 所示。填料圈可保证两管之间接触严密，不漏水（或汽），填料圈用浸过煤焦油的石棉绳，加些润滑油后安放进去。热媒温度高，压力大时用聚四氟乙烯圈。套筒伸缩器管径大，用法兰连接，外形尺寸小，补偿量大，但造价高，易漏水、漏汽，需经常维修和更换填料。

（4）波形伸缩器

波形伸缩器是用金属片焊接成的像波浪形的装置。如图 4-34 所示。利用这些波片的金属弹性来补偿管道热胀冷缩的长度，减轻管道热应力作用。波形伸缩器补偿能力较小，一般用于压力较低的蒸汽管道和热水管道上。为使管道产生的伸长量能合理地分配给伸缩器，使之不偏离允许的位置，在伸缩器之间应设固定卡。

图 4-33　套筒伸缩器

图 4-34　波形伸缩器

4.3.7 热量表

热量表是用于测量及显示热载体为水时，流过热交换系统所释放或吸收的热量的仪表。热量表的工作原理：将一对温度传感器分别安装在通过载热流体的上行管和下行管上，流量计安装在流体入口或回流管上（流量计安装的位置不同，最终的测量结果也不同），流量计发出与流量成正比的脉冲信号，一对温度传感器给出表示温度高低的模拟信号，而积算仪采集来自流量和温度传感器的信号，利用积算公式算出热交换系统获得的热量。

热量表按照结构和原理不同，可分为机械式（其中包括：涡轮式、孔板式、涡街式）、电磁式、超声波式等种类。

（1）机械式热量表

采用机械式流量计的热量表的统称。如图4-35（a）所示。机械式流量计的结构和原理与热水表类似，具有制造工艺简单，相对成本较低，性能稳定，计量精度相对较高等优点。目前在DN25以下的户用热量表当中，无论是国内还是国外，几乎全部采用机械式流量计。

由于机械式热量表因其经济、维修方便和对工作条件的要求相对不高，在热水管网的热计量中又占据主导地位。

（2）超声波式热量表

采用超声波式流量计的热量表的统称。如图4-35（b）所示。它是利用超声波在流动的流体中传播时，顺水流传播速度与逆水流传播速度差计算流体的流速，从而计算出流体流量。对介质无特殊要求；流量测量的准确度不受被测流体温度、压力、密度等参数的影响。一般DN40以上的热量表多采用这种流量计。具有压损小，不易堵塞，精度高等特点。

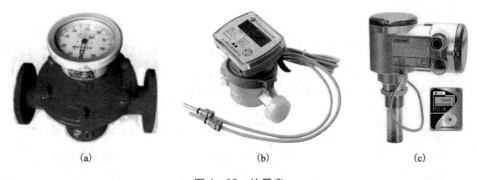

(a)   (b)   (c)

图4-35 热量表

(a)机械式；(b)超声波式；(c)电磁式

（3）电磁式热量表

采用电磁式流量计的热量表的统称。如图4-35（c）所示。由于成本极高，需要外加电源等原因，所以很少有热量表采用这种流量计。

4.3.8 散热器温控阀

散热器温控阀是一种自动控制进入散热器热媒流量的阀门，它由阀体部分和温控元件控制部分组成。如图4-36所示。

散热器恒温阀是无需外加能量即可工作的比例式调节控制阀，它通过改变采暖热水流量来调节、控制室内温度，是一种经济节能产品。其控制元件是一个温包，内充感温物质，当室温升高时，温包膨胀使阀门关小，减少散热器热水供应，当室温下降时过程相反，这样就能达到控制温度的目的。散热器温控阀还可以调节设定温度，并可按设定要求自动控制和调节散热器的热水供应量。温控阀的研制关键在于温控部分，温控部分温度传感器内的感温介质能够感受外界温度，并作出相应的反应使其控制阀芯的开度，达到控制通过温控阀的流量。

图 4 - 36　散热器温控阀

温度传感器有充满液体工质、气体工质、以及石蜡几种。其控制精度以液体为最佳，气体次之，石蜡最差。充满液体工质或气体工质的传感器工作寿命达 20 年以上，石蜡传感器的工作寿命在 5 年左右。

4.3.9　平衡阀

平衡阀是一种特殊功能的阀门。由于介质(各类可流动的物质)在管道或容器的各个部分存在较大的压力差或流量差，为减小或平衡该差值，在相应的管道或容器之间装设阀门，用以调节两侧压力的相对平衡，或通过分流的方法达到流量的平衡。如图 4 - 37 所示。

图 4 - 37　平衡阀

静态平衡阀亦称平衡阀、手动平衡阀、数字锁定平衡阀、双位调节阀等，它是通过改变阀芯与阀座的间隙(开度)，来改变流经阀门的流动阻力以达到调节流量的目的，其作用对象是系统的阻力，能够将新的水量按照设计计算的比例平衡分配，各支路同时按比例增减，仍然满足当前气候需要下的部分负荷的流量需求，起到热平衡的作用。

动态平衡阀分为动态流量平衡阀，动态压差平衡阀，自力式自身压差控制阀等。

动态流量平衡阀亦称自力式流量控制阀、自力式平衡阀、定流量阀、自动平衡阀等，它是根据系统工况(压差)变动而自动变化阻力系数，在一定的压差范围内，可以有效地控制通过的流量保持一个常值，即当阀门前后的压差增大时，通过阀门的自动关小的动作能够保持流量不增大，反之，当压差减小时，阀门自动开大，流量仍照保持恒定，但是，当压差小于或大于阀门的正常工作范围时，它毕竟不能提供额外的压头，此时阀门打到全开或全关位置流量仍然比设定流量低或高，不能控制。

动态压差平衡阀，亦称自力式压差控制阀、差压控制器、稳压变量同步器、压差平衡阀等，它是用压差作用来调节阀门的开度，利用阀芯的压降变化来弥补管路阻力的变化，从而使在工况变化时能保持压差基本不变，它的原理是在一定的流量范围内，可以有效地控制被控系统的压差恒定，即当系统的压差增大时，通过阀门的自动关小动作，它能保证被控系统压差增大。反之，当压差减小时，阀门自动开大，压差仍保持恒定。

自力自身压差控制阀，在控制范围内自动阀塞为关闭状态，阀门两端压差超过预设定值，阀塞自动打开并在感压膜作用下自动调节开度，保持阀门两端压差相对恒定。

4.3.10 气候补偿器

在采用热计量的采暖系统中，有效利用自由热，按照室内采暖的实际需求，对采暖系统的供热量进行有效的调节，将有利于供热的节能。气候补偿器就能够完成此功能。他可以根据室外气候的温度变化，用户设定的不同时间的室内温度要求，按照设定的曲线自动控制供水温度，实现采暖系统供水温度的气候补偿；另外它还可以通过室内温度传感器，根据室温调节供水温度，实现室温补偿的同时，还具有限定最低回水温度的功能。气候补偿器一般用于采暖系统的热力站中，或者采用锅炉直接供暖的采暖系统中，是局部调节的有力手段。

气候补偿器安装在采暖系统的热源处，当室外温度降低时，气候补偿器自动调整，增大电动阀的开度，使进入换热器的蒸汽或高温水的流量增大，从而使进入采暖用户的供水温度升高；反之，减小电动阀的开度，使进入换热器的蒸汽或高温水的流量减小，从而降低进入采暖用户的供水温度。

气候补偿器及其控制系统可以自动控制和调节锅炉送往散热器系统的供水温度，以补偿室外温度变化的影响，保证建筑物室内温度的稳定，并且通过时间控制器可以控制不同时间段的室温设定，这样可以大量的节能。控制系统的回水温度控制器对保证散热器恒温阀正常工作和用户独立控制房间温度及节能也起到非常重要的作用。

气候补偿器的功能特性如下：

（1）根据室外温度变化控制三通调节阀来调节供水温度，避免建筑物中因过热而开启窗户的现象。

（2）通过设定时间控制器，设定不同时间段的不同室温要求，可以减少房间夜间或无人时的供暖量。

（3）能够使散热器恒温阀更有效地利用从太阳辐射、电器和人体等热源获得的额外热量，以节省房间和系统的供暖量。

（4）对于未安装散热器恒温阀的建筑，安装一个额外房间探头，可以利用太阳辐射等额外热量，维持室温稳定，节省供暖量。

任务4　采暖系统的布置及敷设

引例

我们在前一节的学习中认识了采暖系统的组成和其设备、管件等。但是，当我们冬季处在温暖如春的室内时，我们却发现给我们提供热量的采暖设备、管件等基本没有影响到室内的美观，甚至有时还起到了装饰的作用。到底，这个庞大的系统是如何安装的？

4.4.1　室外供热管道的布置及敷设

因为室外供热管网是集中供热系统中投资最多、施工最繁重的部分，所以合理地选择供热管道的敷设方式以及做好管网平面的定线工作，对节省投资、保证热网安全可靠运行和施工维修方便等，都具有重要的意义。

1. 管道的布置

供热管道应尽量经过热负荷集中的地方，且以线路短、便于施工为宜。管线尽量布置在地势较平坦、土质良好、地下水位低的地方。同时还要考虑和其他地上管线的相互关系。

地下供热管道的埋设深度一般不考虑冻结问题，对于直埋管道，在车行道下为 0.8 ~ 1.2 m，在非车行道下为 0.6 m 左右；管沟顶上的覆土深度一般不小于 0.3 m，以避免直接承受地面的作用力。架空管道设于人和车辆稀少的地方时，采用低支架敷设，交通频繁之处采用中支架敷设，穿越主干道时采用高支架敷设。埋地管线坡度应尽量采用与自然地面相同的坡度。

2. 管道的敷设

室外采暖管道的敷设方式可分为管沟敷设、埋地敷设和架空敷设三种。

（1）管沟敷设

厂区或街区交通特别频繁以至管道架空有困难或影响美观时，或在蒸汽供热系统中，凝水是靠高度差自流回收时，适于采用地下敷设。管沟是地下敷设管道的围护构筑物，其作用是承受土压力和地面荷载并防止水的侵入。根据管沟内人行通道的设置情况，分为通行管沟、半通行管沟和不通行管沟。

1）通行管沟，如图 4-38 所示。

通行管沟是工作人员可以在管沟内直立通行的管沟，可采用单侧或双侧两种布管方式。通行管沟人行通道的高度不低于 1.8 m，宽度不小于 0.7 m，并应允许管沟内管径最大的管道通过通道。管沟内若装有蒸汽管道，应每隔 100 m 设一个事故入口；无蒸汽管道应每隔 200 m 设一个事故入口。沟内设自然通风或机械通风设备。沟内空气温度按工人检修条件的要求不应超出 40~50℃。安全方面还要求地沟内设照明设施，照明电压不高于 36 V。通行管沟的主要优点是操作人员可在管沟内进行管道的日常维修以及大修更换管道，但是土方量大、造价高。

2）半通行管沟，如图 4-39 所示。

在半通行管沟内，留有高度约 1.2~1.4 m，宽度不小于 0.5 m 的人行通道。操作人员可以在半通行管沟内检查管道和进行小型修理工作，但更换管道等大修工作仍需挖开地面进行。从工作安全考虑，半通行管沟只宜用于低压蒸汽管道和温度低于 130℃ 的热水管道。在决定敷设方案时，应充分调查当时当地的具体条件，征求管理和运行人员的意见。

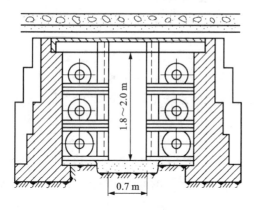

图 4-38　通行管沟

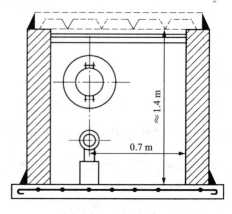

图 4-39　半通行管沟

3）不通行管沟，如图 4-40 所示。

不通行管沟的横截面较小，只需保证管道施工安装的必要尺寸。不通行管沟的造价较低，占地较小，是城镇采暖管道经常采用的管沟敷设形式。其缺点是检修时必须掘开地面。

（2）地埋敷设

对于直径 DN≤500 mm 的热力管道

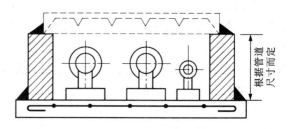

图 4-40　不通行管沟

均可采用埋地敷设。一般使用在地下水位以上的土层内，它是将保温后的管道直接埋于地下，从而节省了大量建造地沟的材料、工时和空间。管道应有一定的埋深，外壳顶部的埋深应满足覆土厚度的要求。此外，还要求保温材料除热导率小之外，还应吸水率低，电阻率高，并具有一定的机械强度。为了防水防腐蚀，保温结构应连续无缝，形成整体。

直埋供热管道

（3）架空敷设

架空敷设在工厂区和城市郊区应用广泛，它是将供热管道敷设在地面上的独立支架或带纵梁的管架以及建筑物的墙壁上。架空敷设管道不受地下水的侵蚀，因而管道寿命长；由于空间通畅，故管道坡度易于保证，所需放气与排水设备量少，而且通常有条件使用工作可靠、构造简单的方形补偿器；因为只有支撑结构基础的土方工程，故施工土方量小，造价低；在运行中，易于发现管道事故，维修方便，是一种比较经济的敷设方式。架空敷设的缺点是占地面积较多，管道热损大，在某些场合下不够美观。

按照支架的高度不同，可把支架分为下列三种形式。

1）低支架敷设，如图 4-41 所示。

在不妨碍交通以及不妨碍厂区、街区扩建的地段，供热管道可采用低支架敷设。此时，最好是沿工厂的围墙或平行于公路、铁路来布线。低支架上管道保温层的底部与地面间的净距通常为 0.5～1.0 m，两个相邻管道保温层外面的间距，一般为 0.1～0.2 m。

118

2)中、高支架敷设,如图 4 - 42 所示。

在行人频繁处,可采用中支架敷设。中支架的净空高度为 2.5 ~ 4.0 m。

在跨越公路或铁路时采用,可采用高支架敷设,高支架的净空高度为 4.5 ~ 6.0 m。

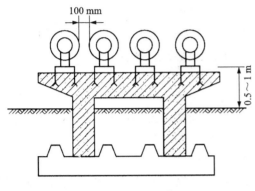

图 4 - 41 低支架敷设

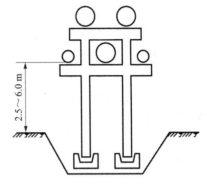

图 4 - 42 中、高支架敷设

4.4.2 热力入口的布置及敷设

室内采暖系统与供热管道的连接处,叫作室内采暖系统热力入口,入口处一般装有必要的设备和仪表。

如图 4 - 43 所示为以热水采暖系统热力入口的一种形式。热力入口处设有温度计、压力表、旁通管、调压板、除污器、阀门等。温度计用来测量采暖供水和回水的温度;压力表用来测量供、回水的压力或调压板前、后的压力;当室外供热管网和室内采暖系统的工作压力不平衡时,调压板就用来调节压力,使室外供热管网和室内采暖系统的压力达到平衡;旁通管只在室内停止供暖或管道检修时而外网仍需运行时打开,使引入用户的支管中的水可继续循环流动,以防止外网支路被冻结。

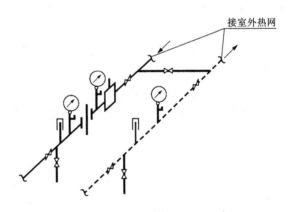

图 4 - 43 采暖系统热力入口示意图

4.4.3 建筑采暖管道的布置及敷设

室内供暖系统的种类和形式应根据建筑物的使用特点和要求来确定,一般是在选定了系统的种类(热水还是蒸汽系统)和形式(上供还是下供,单管还是双管,同程还是异程)后进行系统的管网布置。

1. 热水采暖系统管道的布置与敷设

管路布置直接影响到系统造价和使用效果。因此,系统管道走向布置应合理,以节省管材，便于调节和排除空气，而且要求各并联环路的阻力损失易于平衡。

采暖系统的引入口一般宜在建筑物中部。系统应合理地设若干支路，而且尽量使各支路的阻力易于平衡。在布置采暖系统管网时，一般先在建筑平面图上布置散热器，然后布置干管，再布置立管，最后绘出管网系统图。布置系统时力求管道最短，便于管理，并且不影响房间的美观。

采暖系统的安装方法，有明装和暗装两种。采用明装还是暗装，要依建筑物的要求而定，一般民用建筑、公共建筑以及工业厂房都采用明装，装饰要求较高的建筑物，采用暗装。

（1）干管的布置

对于上供式供热系统，供热干管暗装时应布置在建筑物顶部的设备层中或吊顶内；明装时可沿墙敷设在窗过梁和顶棚之间的位置。布置供热干管时应考虑到供热干管的坡度、集气罐的设置要求。有门顶的建筑物，供热干管、膨胀水箱和集气罐都应设在门顶层内，回水或凝水干管一般敷设在地下室顶板之下或底层地面以下的供暖地沟内。

对于下供式供暖系统，供热干管和回水或凝水干管均应敷设在建筑物地下室顶板之下或底层地下室之下的供暖地沟内，也可以沿墙明装在底层地面上。当干管穿越门洞时，可局部暗装在沟槽内。无论是明装还是暗装，回水干管均应保证设计坡度的要求。暖沟断面的尺寸应由沟内敷设的管道数量、管径、坡度及安装检修的要求确定，其净尺寸不应小于 800 mm × 1000 mm × 1200 mm。沟底应有 0.3% 的坡向供暖系统引入口的坡度用以排水。

（2）立管的布置

立管可布置在房间窗间墙或墙身转角处，对于有两面外墙的房间，立管宜设置在温度低的外墙转角处。楼梯间的立管尽量单独设置，以防结冻后影响其他立管的正常供暖。

要求暗装时，立管可敷设在墙体内预留的沟槽中，也可以敷设在管道竖井内。管井每层应用隔板隔断，以减少管道井中空气对流而形成无效的立管传热损失。

（3）支管的布置

支管的位置与散热器的位置、进水和出水口的位置有关。支管与散热器的连接方式有三种：上进下出式、下进上出式和下进下出式，散热器支管进水、出水口可以布置在同侧，也可以在异侧。设计时应尽量采用上进下出、同侧连接方式，这种连接方式具有传热系数大、管路最短、外形美观的优点。下进下出的连接方式散热效果较差，但在水平串联系统中可以使用，因为安装简单，对分层控制散热量有利。下进上出的连接方式散热效果最差，但这种连接有利于排气。

连接散热器的支管应有坡度以利排气，当支管全长小于 500 mm 时，坡度值为 5 mm；当支管全长大于 500 mm 时，坡度值为 10 mm，进水、回水支管均沿流向顺坡。

2. 蒸汽采暖系统管道的布置与敷设

蒸汽采暖系统管路布置的基本要求与热水供暖系统基本相同，还要注意以下几点。

（1）水平敷设的供汽和凝结水管道必须有足够的坡度并尽可能地使汽、水同向流动。

（2）布置蒸汽供暖系统时应尽量使系统作用半径小，流量分配均匀。系统规模较大，作用半径较大时宜采用同程式布置，以避免远近不同的立管环路因压降不同造成环路凝结水回流不畅。

（3）合理地设置疏水器。为了及时排除蒸汽系统的凝结水，除了应保证管道必要的坡度外，还应在适当位置设置疏水装置，一般低压蒸汽供暖系统每组散热设备的出口或每根立管的下部设置疏水器，高压蒸汽供暖系统一般在环路末端设置疏水器。水平敷设的供汽干管，为了减小敷设深度，每隔30～40 m需要局部抬高，局部抬高的低点处设置疏水器和泄水装置。

（4）为避免蒸汽管路中沿途的凝结水进入蒸汽立管造成水击现象，供汽立管应从蒸汽干管的上方或侧上方接出。干管沿途产生的凝结水，可通过干管末端设置的凝结水立管和疏水装置排除。

（5）水平干式凝结水干管通过过门地沟时，需将凝结水管内的空气与凝结水分流，应在门上设空气绕行管。

3. 低温热水地板辐射加热管的布置与敷设

（1）低温热水地板辐射采暖构造

加热管的布置要保证地面温度均匀，一般将高温管段布置在外窗、外墙侧。加热管的敷设管间距，应根据地面散热量、室内计算温度、平均水温及地面传热热阻等通过计算确定，一般在100～300 mm之间。加热管应保持平直，防止管道扭曲，加热管一般无坡度敷设。埋设在填充层内的每个环路加热管不应有接头，其长度不大于120 m。环路布置不宜穿越填充层内的伸缩缝，必须穿越时，伸缩缝处应设长度不小于20 mm的柔性套管。加热管弯曲管道时，圆弧的顶部应加以限制，并用管卡进行固定，不得出现"死折"现象。采用塑料及铝塑复合管时，其弯曲半径不宜小于6倍管外径；采用铜管时，弯曲半径不宜小于5倍管外径。加热管应设固定装置。

（2）系统设置

低温热水地板辐射采暖系统的楼内分户热量计量系统需在户内设置分水器和集水器，如图4-44所示。另外，当集中采暖热媒的温度超过低温热水地板辐射采暖的允许温度时，可设集中的换热站以保证温度在允许的范围内。

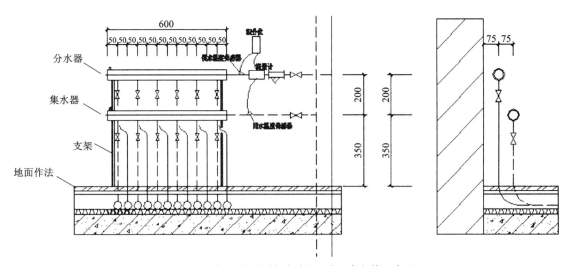

图4-44　低温热水地板辐射采暖系统安装示意图

低温地板辐射采暖的楼内系统一般通过设置在户内的分水器、集水器与户内埋在地面层内的管路系统连接，每套分、集水器宜接3～5个回路，最多不超过8个。分、集水器宜布置在厨房、卫生间等地方，注意应留有一定的检修空间，且每层安装位置应相同。

4.4.4 采暖系统常用管材

供暖系统的管材有以下几种。

1.焊接钢管

焊接钢管及镀锌钢管常用于输送低压流体，是供暖工程中最常用的管材。焊接钢管使用于压力小于等于 1 MPa，输送介质的温度小于等于 130℃。焊接钢管的 DN 小于等于 32 mm 时，用螺纹接方式连接；DN 大于等于 40 mm 时，用焊接方式连接。

2.无缝钢管

无缝钢管主要用于系统需承受较高压力的室内供暖系统，焊接连接。

3.其他管材

其他供暖系统的管材有交联铝塑复合管（XPAP）、聚丁烯管（PB）、交联聚乙烯管（PE—X）、无规共聚丙烯管（PP—R），用于低温热水地板辐射采暖系统。

4.4.5 采暖系统管道、设备的防腐与保温

1.防腐

在管道工程中，各种管材、设备为了防止其产生锈蚀而受到破坏，需要对这些管材和设备进行防腐处理。

（1）管道防腐的程序

防腐处理的程序：除锈、刷防锈漆、刷面漆。

除锈是指在刷防锈漆前，将金属表面的灰尘、污垢及锈蚀物等杂物彻底清理干净，除锈可以用人工打磨或是化学除锈，不管采用哪种除锈方法，除锈后应露出金属光泽，使涂刷的油漆能够牢固地黏结在管道或设备的表面上。

（2）常用油漆

1）红丹防锈漆：多用于地沟内保温的采暖及热水供应管道和设备。它是由油性红丹防锈漆和 200 号溶剂汽油按照 4:1 比例配置的。

2）防锈漆：多用于地沟内不保温的管道。它是由酚醛防锈漆与 200 号溶剂汽油按照 3.3:1 比例配置的。

3）银粉漆：多用于室内采暖管道、给水排水管道及室内明装设备的面漆。它是由银粉、200 号溶剂汽油、酚醛清漆按照 1:8:4 的比例配置的。

4）冷底子油：多用于埋地管材的第一遍漆。它是由沥青和汽油按照 1:2.2 的比例配置的。

5）沥青漆：多用于埋地给水或排水管道的防水。它是由煤焦沥青漆和苯按照 6.2:1 的比例配置的。

6）调和漆：多用于有装饰要求的管道和设备的面漆。它是由酚醛调和漆和汽油按照 9.5:1 的比例配置的。

（3）防腐要求

1）明装管道和设备必须刷一道防锈漆、两道面漆，如需保温和防结露处理，应刷两道防锈漆，不刷面漆。

2）暗装的管道和设备，应刷两道防锈漆。

3）埋地钢管的防腐应根据土壤的腐蚀性能来定，按表 4-1 来执行。

表 4 - 1　埋地钢管的防腐层做法

防腐层层数（从金属表面算起）	防腐层种类		
	正常防腐	加强防腐	超加强防腐
1	冷底子油	冷底子油	冷底子油
2	沥青漆涂层	沥青漆涂层	沥青漆涂层
3	外包保护层	加强包扎层	加强包扎层
4		（封闭层）	（封闭层）
5		沥青漆涂层	沥青漆涂层
6		外包保护层	加强包扎层
7			（封闭层）
8			沥青漆涂层
9			外包保护层
防腐层层数	共 3 层	共 6 层	共 9 层

4) 出厂未涂油的排水铸铁管和管件，埋地安装前应在管道外壁涂两道石油沥青。

5) 涂刷油漆应厚度均匀，不得有脱皮、起泡、流淌和漏涂等现象。

6) 管道、设备的防腐，严禁在雨、雾、雪和大风等恶劣天气下操作。

2. 保温

(1) 保温的一般要求

为了减少在输送过程中热量损失，节约燃料，必须对管道和设备进行保温。保温应在防腐和水压试验合格后进行。

对保温材料的要求是：重量轻；来源广泛；热传导率小；隔热性能好；阻燃性能好；吸声率良；绝缘性高；耐腐蚀性高；吸湿率低；施工简单，价格低廉。

(2) 常用的保温材料

保温材料的种类繁多，《民用建筑节能设计标准》(JGJ 26—1995) 推荐下面两种保温材料（多用于采暖管道）。

1) 水泥膨胀珍珠岩管壳，如图 4 - 45 所示。具有较好的保温性能，产量大，价格低廉，是目前管道保温常用材料。

2) 岩棉、矿棉及玻璃棉管壳，如图 4 - 46 所示。保温效果好，施工方便。

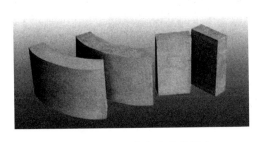

图 4 - 45　水泥膨胀珍珠岩管壳

图 4 - 46　玻璃棉管壳

（3）保温层的做法

保温结构一般由保温层和保护层两部分组成，如图4－47、图4－48所示。保温层主要由保温材料组成，具有绝热保温的作用，保护层主要保护保温层不受风、雨、雪的侵蚀和破坏，同时可以防潮、防水、防腐，延长管道的使用年限。

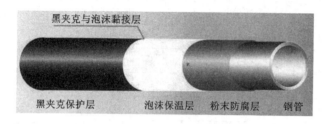

图4－47　热水采暖系统管道保温层

1）涂抹法

用于石棉灰、石棉硅藻土。做法是先在管子上缠以草绳，再将石棉灰调和成糊状抹在草绳外面。这些材料由于施工慢、保温性能差，已逐步被淘汰。

2）预制法

在工厂或预制厂将保温材料制成扇形、梯形、半圆形或制成管壳，然后将这些预制好的捆扎在管子外面，可以用铁丝扎紧。这种预制法施工简单，保温效果好，是目前使用比较广泛的一种保温做法。

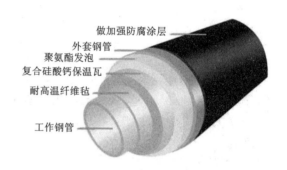

图4－48　蒸汽采暖系统管道保温层

3）包扎法

用矿渣棉毡或玻璃棉毡。先将棉毡按管子的周长搭接宽度裁好，然后包在管子上，搭接缝在管子上部，外面用镀锌铁丝缠绑。包扎式保温必须采用干燥的保温材料，宜用油毡玻璃丝布做保护层。

4）填充式

将松散粒状或纤维保温材料如矿渣棉、玻璃棉等充填于管道周围的特制外套或铁丝网中，或直接充填于地沟内或无沟敷设的槽内。这种保温方法造价低，保温效果好。

5）浇灌式

用于不通行地沟或直埋辐射的热力管道。具体做法是把配好的原料注入钢制的模具内，在管外直接发泡成型。

（4）保护层的做法

保温层干燥后，可做保护层。

1）沥青油毡保护层

具体做法与包扎法相似，所不同的是，搭接缝在管子的侧面，缝口朝下，搭接缝用热沥青黏住。

2）缠裹材料保护层

在室内采暖管道常用玻璃丝布、棉布、麻布等材料缠裹作为保护层。如需做防潮，可在布面上刷沥青漆。

3）石棉水泥保护层

泡沫混凝土、矿渣棉、石棉硅藻土等保温层常用石棉水泥保护层。具体做法是先将石棉与 400 号水泥按照 3:17 的重量比搅拌均匀，再用水调和成糊状，涂抹在保温层外面。厚度以 10 ~ 15 mm 为宜。

4）铁皮保护层

为了提高保护层的坚固性和防潮作用，可采用铁皮保护层。铁皮保护层适用于预制瓦片保温和包扎保温层中。具体做法是铁皮下料后，用压边机压边，用滚圆机滚圆。铁皮应紧贴保温层，不留空隙，纵缝搭口朝下，铁皮的搭接长度为环向 30 mm；纵向不小于 30 mm，铁皮用半圆头自攻螺钉紧固。

小结

本项目重点学习热水采暖系统。热水采暖系统分为自然循环和机械循环，集中采暖的建筑物均采用机械循环。机械循环根据建筑物的实际情况，可选用双管式、单管式、上供下回式、下供下回式、同程式、单户计量、地板辐射等。

热水采暖系统采用的设备及附件有膨胀水箱、集气装置、除污器，采暖系统的布置应遵循相应的原则，敷设可分为明装和暗装，室外采暖管道根据地形、地下水位等具体情况可选用地沟敷设和地上支架敷设，各具特点。

思考与练习题

一、分析题

1. 简述自然循环热水采暖系统的工作原理。
2. 写出自然循环热水采暖系统与机械循环热水采暖系统的不同之处。
3. 热水采暖系统常用的管网图式有哪些种？各有何特点？
4. 在采暖系统中采用同程式的优点是什么？
5. 简述蒸汽采暖系统的工作原理及其分类。
6. 钢质散热器与铸铁散热器相比，有哪些特点？
7. 画出膨胀水箱的示意图，并简述膨胀水箱及其配管的作用。
8. 热水采暖系统中常用的排气装置有哪几种？简答其各自的特点。
9. 室外采暖管道的敷设方式有哪几种？各有何特点？
10. 简答热力入口上有哪些仪表？起何作用？
11. 建筑热水采暖管道的布置与敷设应注意哪些方面？
12. 建筑蒸汽采暖管道的布置与敷设应注意哪些方面？
13. 采暖工程施工图包括哪些内容？

14.怎样识读采暖工程施工图？

二、选择题

(1)采暖系统中为了防止管道和管件因受热而发生弯曲破裂，常在管路中设置(　　)。

A. 疏水器　　　　B. 除污器　　　　C. 补偿器　　　　D. 排气装置

(2)在采暖系统中能排放凝结水并阻止蒸汽通过的设备是(　　)。

A. 排气装置　　　B. 排污器　　　　C. 疏水器　　　　D. 补偿器

(3)与其他室内供暖系统的系统形式相比，增加了回水干管的长度耗用管材较多的是(　　)系统。

A. 垂直式　　　　B. 水平式　　　　C. 混合式　　　　D. 同程式

(4)在膨胀水箱的配管中，下列(　　)上应安装阀门。

A. 膨胀管　　　　B. 信号管　　　　C. 溢流管　　　　D. 循环管

(5)机械循环(　　)系统形式简单，施工方便，造价低，是一种广泛采用的形式。

A. 单管上供下回式　B. 双管下供下回式　C. 双管上供下回式　D. 双管下供上回式

(6)热水采暖自然循环中，通过(　　)可排出系统的空气。

A. 膨胀水箱　　　B. 自动排气阀　　　C. 集气罐　　　　D. 手动排气阀

(7)室内热水供暖系统，采用低温水作为热媒，设计的供回水温度多采用(　　)℃。

A. 95/70　　　　B. 85/70　　　　C. 110/70　　　　D. 110/80

(8)热水采暖系统中存有空气未能排除，引起气塞，会产生(　　)。

A. 系统无法运行　　　　　　　B. 热力失调现象

C. 系统回水温度过低　　　　　D. 局部散热器不热

(9)在蒸汽采暖系统中，不应采用(　　)散热器。

A. 铸铁翼型　　　B. 铸铁柱型　　　C. 钢制　　　　　D. 铝合金

(10)采暖立管穿楼板时应采取哪项措施？(　　)

A. 加套管　　　　B. 采用软接　　　C. 保温加厚　　　D. 不加保温

答案

模块二　通风与空调工程

项目 5　通风与空调系统基础知识

项目描述

本项目主要讲授通风与空调系统的基本概念、特点；通风系统的分类组成及原理；民用建筑防、排烟系统的分类、组成及原理；空调系统的分类、组成及原理。

教学目标

知识目标	技能目标
(1)掌握通风系统的任务、意义和分类； (2)掌握建筑火灾烟气的特性； (3)掌握建筑火灾烟气的控制； (4)了解空调系统的分类与组成。	(1)能够识读有关建筑防排烟施工图； (2)能够识读简单的建筑通风、空调施工图； (3)能够参与通风空调系统的施工。

思政元素

(1)以"工匠精神"掌握建筑通风系统、防排烟系统、空调系统相关理论知识；

(2)"新型冠状病毒"形势下，切合实际学习雷神山、火神山病房通风系统。

案例引入

2020 年年初，武汉爆发新型冠状病毒，火神山、雷神山医院迅速建成，大量的重症患者转到这两所医院，危重症患者住进 ICU 病房，普通 ICU 病房的通风系统使房间为正压状态，而新冠患者所住 ICU 病房的通风系统会有所不同吗？

任务 1　通风系统的分类组成及原理

排风系统创新

5.1.1　通风的任务和意义

通风的任务在于创造良好的空气环境条件(如温度、湿度、空气流速、洁净度等)，对于保障人们的健康、提高劳动生产率、保证产品质量是必不可少的。

　　不同类型的建筑对室内空气环境的要求不尽相同，因而通风装置在不同场合的具体任务及构造形式也不完全一样。

　　一般的民用建筑和一些发热量小而且污染轻微的小型工业厂房，通常只要求保持室内的空气清洁新鲜，并在一定程度上改善室内的空气参数—温度、相对湿度和流动速度。为此，一般只需要采取一些简单的措施，如通过门窗孔口换气、利用穿堂风降温、使用电风扇提高空气的流速等。

　　污染较重的工业建筑，在金属的冶炼、铸造、锻压和热处理过程中会中产生大量的热量；在选矿、烧结建筑材料和耐火材料的生产过程中会产生大量的工业粉尘；在化学工业某些车间中会产生大量的有毒气体和蒸气；在工业生产过程中，伴随着某些产品的生产，会有大量的热、湿（水蒸气）、粉尘和有毒气体产生。对这些有害物如果不采取防护措施，将会污染和恶化车间的空气和大气的环境，对工作人员的身体健康造成危害，妨碍机器设备的正常运转，甚至造成损坏，从而影响产品的质量。此时通风的任务就是要对有害物采取有效的防护措施，以消除对工人健康和生产的危害。这样的通风叫"工业通风"，一般采用机械的方式进行通风。

　　由此可见，建筑通风不仅是改善室内空气环境的一种手段，也是保证产品质量、促进生产发展、防治大气污染的重要措施。随着科学技术的发展和人民生活水平的提高，对建筑通风提出许多新的要求，这必将促进通风工程的迅速发展。

5.1.2　通风系统的分类

飞沫传播

　　建筑通风包括从室内排除污浊的空气和向室内补充新鲜空气。前者称为排风，后者称为送（进）风。为实现排风和送风，所采用的一系列设备、装置的总体称为通风系统。一般可按通风系统的工作动力和作用范围不同分类如下：

1.按通风系统的工作动力不同

建筑通风分为自然通风和机械通风

（1）自然通风

　　自然通风是在自然作用下，使室内外空气通过建筑物围护结构的孔口流动的通风换气。根据压差形成的机理，可以分为热压作用下的自然通风、风压作用下的自然通风以及热压和风压共同作用下的自然通风。

　　1）风压作用下的自然通风

　　风压是由于室外气流造成室内外空气交换的一种作用压力。当风吹过建筑物时，在建筑的迎风面一侧压力升高，形成正压；在背风侧产生涡流，压力下降，形成负压。建筑在风压作用下，在迎风面正值风压的一侧进风，而在背风面负值风压的一侧排风。风压作用下的自然通风，通风强度与正压侧与负压侧的开口面积及风力大小有关。开口越大，风力越大，通风效果越明显。如图 5-1 所示，建筑物在迎风的正压侧有窗，当室外空气进入建筑物后，建筑物内的压力水平就升高，而在背风侧室内压力大于室外，空气由室内流向室外，这就是我们通常所说的"穿堂风"。

　　2）热压作用下的自然通风

　　热压是由于室内外空气温度不同而形成的重力压差。如图 5-2 所示，当室内空气温度高于室外空气温度时，室内热空气因其密度小而上升，造成建筑内上部空气压力比建筑外大，空气从建筑物上部的孔洞(如天窗等)处逸出；同时在建筑下部压力变小，室外较冷而密度较大的空气不断地从建筑物下部的门、窗补充进来。这种以室内外温度差引起的压力差为动力的自然通风，称为热压差作用下的自然通风。热压作用产生的通风效应又称为"烟囱效应"。"烟囱效应"的强度与建筑高度和室内外温差有关。

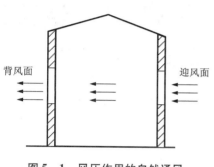

图 5-1 风压作用的自然通风

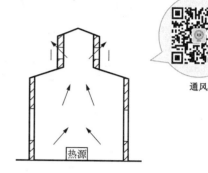

通风

图 5-2 热压作用的自然通风

(2)机械通风

依靠通风机提供的动力强制空气流通来进行室内外空气交换的方式叫作机械通风。通过管道把空气送到室内指定地点，也可以从任意地点按要求的吸气速度排除被污染的空气，并且根据需要可以对进风和排风进行各种处理。机械通风系统中需设置各种空气处理设备、动力设备(通风机)，各类风道、控制附件和器材，故初次投资和日常运行维护管理费用远大于自然通风系统；另外，各种设备需要占用建筑空间和面积，并需要专门人员管理，通风机还将产生噪声。

2.按通风系统的作用范围不同

按照系统作用范围大小分为局部通风和全面通风两类。局部通风包括局部送风系统和局部排风系统；全面通风包括全面送风系统和全面排风系统。

(1)局部通风系统

1)局部送风

在一些大型的车间中，尤其是有大量余热的高温车间，采用全面通风已经无法保证室内所有地方都达到适宜的温度。在这种情况下，可以向局部工作地点送风，造成对工作人员温度、湿度、清洁度合适的局部空气环境，这种通风方式叫作局部送风。局部送风的作用，是将新鲜空气或经过处理的空气送到车间的局部地区，以改善局部区域的空气环境。

局部送风系统一般用于高温车间内的局部工作地点的夏季降温，如图 5-3 所示。送风系统送出经过处理的冷空气，使工人操作地点保持良好的工作环境。

2)局部排风

局部排风，如图 5-4 所示，是直接从污染源处排除污染物的一种局部通风方式。当污染物集中于某处发生时，局部排风是最有效的治理污染物对环境危害的通风方式。如果这种场合采用全面通风方式，反而使污染物在室内扩散；当污染物发生量大时，所需的稀释通风量则过大，甚至在实际上难以实现。

图 5 - 3 局部送风

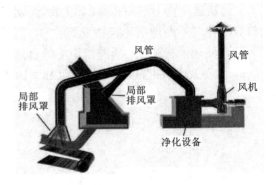

图 5 - 4 局部排风

（2）全面通风系统

全面通风是对整个车间或房间进行通风换气，以改变温度、湿度和稀释有害物质的浓度，从而使室内空气中污染物的浓度达到卫生标准的要求。

由于生产条件的限制，不能采用局部通风或采用局部通风后室内空气环境仍然不符合卫生和生产要求时，可以采用全面通风。全面通风适用于：有害物产生位置不固定的地方；面积较大或局部通风装置影响操作；有害物扩散不受限制的房间或一定的区段内。这就是允许有害物散入室内，同时引入室外新鲜空气稀释有害物浓度，使其降低到合乎卫生要求的允许浓度范围内，然后再从室内排出去。

1）全面机械排风、自然送风

图 5 - 5 是一种最简单的全面通风方式，装在外墙上的轴流风机把室内污浊空气排至室外，使室内造成负压（室内压力低于室外大气压力）。在负压作用下室外新鲜空气经窗孔流入室内，补充排风，稀释室内污浊空气。

采用这种通风方式，室内的有害物质不流入相邻房间，它适用于室内空气较为污浊的房间，如厨房、厕所等。

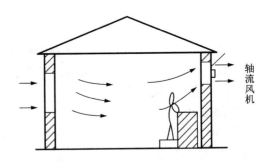

图 5 - 5 全面机械排风、自然送风

2）全面机械送风、自然排风

图 5 - 6 是利用离心风机把室外新鲜空气（或经过处理的空气）经风管和送风口直接送到指定地点，对整个房间进行换气，稀释室内污浊空气。由于空气的不断送入，室内空气压力升高，使室内压力高于室外大气压力（即室内保持正压）。在这个压力下，室内污浊空气经门、窗及其他缝隙排至室外。采用这种通风方式，周围相邻房间的空气不会流入室内，它适用于室内清洁度要求度较高的房间，如旅店的客房、医院的手术室等。

3）同时设有机械进风和机械排风的全面通风系统

图 5 - 7 是同时设有机械进风和机械排风的全面通风系统。室外空气根据需要进行过滤和加热等处理送入房间，室内污浊空气由风机排至室外，这种通风效果好。室内压力取决于

送排风机的风量大小。

　　全面通风系统适用于有害物质分布面积广以及有些不适合采用局部通风的场合,在公共及民用建筑广泛采用。全面通风系统需要风量大,设备较为庞大。当要求通风的房间面积较大时,会有局部通风不良的死角。

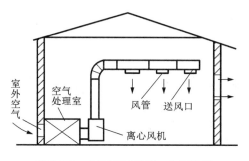

图 5 - 6　全面机械送风、自然排风

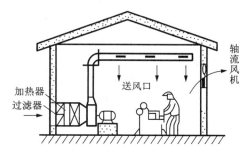

图 5 - 7　全面机械送风、机械排风

任务 2　民用建筑防、排烟系统的分类、组成及原理

5.2.1　建筑火灾烟气的特性

　　建筑火灾与其他火灾相比,具有火势蔓延迅速、扑救困难、容易造成人员伤亡事故和经济损失严重的特点。

1、建筑火灾烟气的成分

　　(1)建筑烟气:发生火灾时物质在燃烧和热分解作用下生成的产物与剩余空气的混合物。火灾的燃烧过程通常是一个不完全燃烧的过程。在不完全燃烧下,有悬浮的固体碳粒、液体碳粒和气体混合,其中悬浮固体碳粒和液体碳粒称为烟粒子,简称烟。

　　(2)烟粒子特点:在温度较低的初燃烧阶段主要是液体粒子,呈白色和灰白色,温度升高后,游离碳粒微粒产生,呈黑色。粒径一般为 0.01 ~ 10 μm。

　　(3)烟气的化学成分:一氧化碳、二氧化碳、水蒸气及其他气体(如氰化氢、氨、氯、氯化氢、光气等)。

2.建筑火灾烟气的特性

　　(1)烟气的毒害性

毒烟威力

　　烟气中的 CO、HCN、NH_3 等都是有毒性的气体;另外,大量的 CO_2 气体在燃烧后消耗了空气中大量氧气,会引起人体缺氧而窒息。烟粒子被人体的肺部吸入后,也会造成危害。

　　空气中氧含量 ≤6% 或 CO_2 浓度 ≥20% 或 CO 浓度 ≥1.3% 时,都会在短时间内致人死亡,有些气体有剧毒,小量即可致死。如光气,空气中浓度 ≥50 ppm 时。短时间能致人死亡。

　　(2)烟气的高温危害

　　燃烧产生热量,使烟气温度迅速升高。火灾初起(5 ~ 20 min)烟气温度可达 250℃ 而后由于空气不足，温度有所下降。当窗户爆裂，燃烧加剧。短时间内可达500℃。高温使火灾蔓延。使金属材料强度降低。导致房间倒塌、人员伤亡，高温还会使人晕厥，烧伤。

（3）烟气的遮光作用

光线通过烟气时，致使光强度减弱，能见距离缩短，称为遮光作用。能见距离缩短不利人员疏散。使人感恐怖，造成局部混乱。自救能力降低。同时影响救援工作。测试表明在火灾烟气中，一般发光型指示灯或窗户透入光的能见距离仅0.2~0.4 m，反光型指示灯仅0.07~0.16 m，不熟悉内部环境很难逃生。

3. 建筑火灾的特性

（1）火灾扑救困难。由于建筑物的面积较大，垂直高度较高，一旦着火，扑救难度较大。目前城市的消防力量是有限的，尤其是中小城市，消防的整体力量还难以满足大型建筑重大火灾的扑救。另外，消防设备的供水能力、登高工作高度也难以满足高层建筑的消防要求。

（2）火势蔓延迅速。由于烟气流的流动和风力的作用，建筑火灾的火势蔓延速度是非常快的。发生火灾时产生的大量烟和热会形成炽热的烟气流，烟气流的流动方向往往就是火势蔓延的方向，烟气流的流动速度往往就是火势蔓延速度。烟气的流动主要与火灾现场的发热量有关。发热量越大，烟气温度越高，流动的速度也就越快；发热量越小，烟气温度越低，流动的速度也就越慢；另外，烟气的流动还和建筑高度、建筑结构形式、周围温度、建筑内有无通风空调系统等因素有关。风也是助长火势蔓延的一个重要因素，风力越大，火势蔓延速度越快。同一建筑物的不同高度在同一时间内所受风力的大小是不相同的，离地面越高，所受风力越大。

（3）容易造成人员伤亡。事故建筑物一旦着火，火灾现场就会产生大量的烟尘和各种有毒有害的气体，这些烟尘和有毒有害的气体对人体危害很大，而且流动的速度很快，一旦充满安全出口，就会严重阻碍人们的疏散，进而造成人员伤亡事故。火灾案例表明，在火灾伤亡事故中，被烟气熏死的占死亡人数的半数左右，有时甚至可以高达70%~80%。

（4）经济损失严重。在各种火灾中，发生概率最高、损失最为严重的当属建筑火灾。建筑火灾所造成的损失不仅是建筑本身的价值，而且还包括建筑内各种物质的经济损失。

因此，火灾发生时应当及时对烟气进行控制，并在建筑物内创造无烟（或烟气含量极低）的水平和垂直的疏散通道或安全区，以保证建筑物内人员安全疏散或临时避难和消防人员及时到达火灾区扑救。

5.2.2 火灾烟气控制原则

排烟

烟气控制的主要目的是在建筑物内创造无烟或烟气含量极低的疏散通道或安全区，烟气控制的实质是控制烟气合理流动，也就是使烟气不流向疏散通道、安全区和非着火区，而向室外流动。主要方法有隔断或阻挡、排烟和防烟。

1. 隔断或阻挡

墙，楼板，门都是具有隔断烟气传播的作用。为防止火势蔓延和烟气传播。各国法规对建筑内部间隔作了明文规定，规定了建筑中必须划分防火分区和防烟分区。

防火分区：是指用防火墙、楼板、防火门或防火卷帘等分隔的区域，可以将火灾限制在一定局部区域内（在一定时间内），不使火势蔓延。同样也对烟气起隔断作用。

防烟分区：是指在设置排烟措施的过道、房间中用隔墙或其他措施（可以阻挡和限制烟气的流动)分隔的区域。防烟分区在防火分区中分隔。如图 5 – 8 所示。防烟分区分隔的方法除隔墙外,还有顶棚下凸不小于 500 mm 的梁、挡烟垂壁和吹吸式空气幕。

防火分区防烟分区的划分:见《建筑设计防火规范》(GB 50016—2014)(2018 年版)。

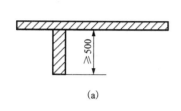

图 5 – 8(a)　下凸不小于 500 mm 的梁

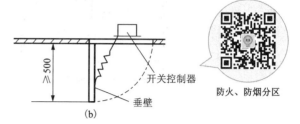

图 5 – 8(b)　可活动的挡烟垂壁

2. 排烟

(1)排烟位置

民用建筑的下列场所或部位应设置排烟设施:

1)设置在一、二、三层且房间建筑面积大于 100 m² 的歌舞娱乐放映游艺场所,设置在四层及以上楼层、地下或半地下的歌舞娱乐放映游艺场所;2)中庭;3)公共建筑内建筑面积大于 100 m² 且经常有人停留的地上房间;4)公共建筑内建筑面积大于 300 m² 且可燃物较多的地上房间;5)建筑内长度大于 20 m 的疏散走道。6)地下或半地下建筑(室)、地上建筑内的无窗房间,当总建筑面积大于 200 m² 或一个房间建筑面积大于 50 m²,且经常有人停留或可燃物较多时,应设置排烟设施。

(2)排烟方法

1)自然排烟

自然排烟是利用热烟气产生的浮力、热压或其他自然作用力使烟气排出室外。这种排烟方式设施简单,投资少,日常维护工作少,操作容易;但排烟效果受室外很多因素的影响与干扰,并不稳定,因此它的应用有一定限制,虽然如此,在符合条件时宜优先采用。

自然排烟有两种方式:一是利用外窗或专设的排烟口排烟;二是利用竖井排烟。图 5 – 9(a)是利用可开启的外窗进行排烟。如果外窗不能开启或无外窗,可以专设排烟口进行自然排烟,如图 5 – 9(b)所示。专设的排烟口也可以是外窗的一部分,但它在火灾时可以人工开启或自动开启。开启的方式也有多种,如可以绕一侧轴转动,或绕中轴转动等。图 5 – 9(c)是利用专设的竖井进行排烟,即相当于专设一个烟囱,各层房间设排烟风口与竖井相接,当某层起火有烟时,排烟风口自动或人工打开,热烟气即可通过竖井排到室外。自然排烟方式实质上是利用烟囱效应的原理。在竖井的排出口设避风风帽,还可以利用风压的作用。但是由于烟囱效应产生的热压很小,而排烟量又大,因此需要竖井的截面和排烟风口的面积都很大。

防烟分区内自然排烟窗(口)的面积、数量、位置应按标准计算确定,且防烟分区内任一点与最近的自然排烟窗(口)之间的水平距离不应大于 30 m。当工业建筑采用自然排烟方式时,其水平距离不应大于建筑内空间净高的 2.8 倍;当公共建筑空间净高大于或等于 6 m,且具有自然对流条件时,其水平距离不应大于 37.5 m。

且具有自然排烟窗(口)应设置在排烟区域的顶部或外墙,并应符合下列规定:

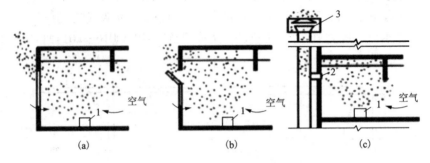

图5-9 自然排烟

(a)利用可开启外窗排烟；(b)利用专设排烟口排烟；(c)利用竖井排烟
1—火源；2—排烟风口；3—避风风帽

①当设置在外墙上时，自然排烟窗(口)应在储烟仓以内，但走道、室内空间净高不大于3 m的区域的自然排烟窗(口)可设置在室内净高度的1/2以上；

②自然排烟窗(口)的开启形式应有利于火灾烟气的排出；

③当房间面积不大于200 m² 时，自然排烟窗(口)的开启方向可不限；

④自然排烟窗(口)宜分散均匀布置，且每组的长度不宜大于3.0 m；

⑤设置在防火墙两侧的自然排烟窗(口)之间最近边缘的水平距离不应小于2.0 m。自然对流条件时，其水平距离不应大于37.5 m。

2)机械排烟

当火灾发生时，利用风机做动力向室外排烟的方法叫作机械排烟，机械排烟系统实质上就是一个排风系统。与自然排烟相比，机械排烟具有以下优缺点：

①机械排烟不受外界条件(如内外温差、风力、风向、建筑特点、着火区位置等)的影响，而能保证有稳定的排烟量。

②机械排烟的风道截面小，可以少占用有效建筑面积。

③机械排烟的设施费用高，需要经常保养维修，否则有可能在使用时因故障而无法启动。

④机械排烟需要有备用电源，防止火灾发生时正常供电系统被破坏而导致排烟系统不能运行。

机械排烟系统的组成，包括排烟口、排烟管道、防火排烟阀门、排烟风机和烟气排出口等。如图5-10所示。

a.排烟口：防烟分区内任一点与最近的排烟口之间的水平距离不应大于30 m，宜设置在顶棚或靠近顶棚的墙面上，排烟口的风速不宜大于10 m/s。

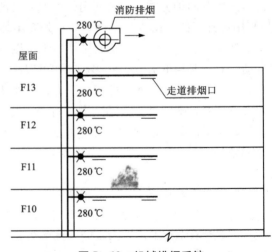

图5-10 机械排烟系统

b.排烟管道：机械排烟系统应采用管道排烟，且不应采用土建风道。排烟管道应采用不燃材料制作且内壁应光滑。当排烟管道内壁为金属时,管道设计风速不应大于 20 m/s;当排烟管道内壁为非金属时,管道设计风速不应大于 15 m/s;

c. 排烟防火阀:排烟管道下列部位应设置排烟防火阀:①垂直风管与每层水平风管交接处的水平管段上;②一个排烟系统负担多个防烟分区的排烟支管上;③排烟风机入口处;④穿越防火分区处。

d. 排烟风机:排烟风机应满足 280℃时连续工作 30 min 的要求,排烟风机应与风机入口处的排烟防火阀连锁,当该阀关闭时,排烟风机应能停止运转。

3. 防烟

(1)设置防烟设施的场所和位置

建筑高度大于 50 m 的公共建筑、工业建筑和建筑高度大于 100 m 的住宅建筑,其防烟楼梯间、独立前室、共用前室、合用前室及消防电梯前室应采用机械加压送风系统。

建筑高度小于或等于 50 m 的公共建筑、工业建筑和建筑高度小于或等于 100 m 的住宅建筑,其防烟楼梯间、独立前室、共用前室、合用前室(除共用前室与消防电梯前室合用外)及消防电梯前室应采用自然通风系统;当不能设置自然通风系统时,应采用机械加压送风系统。

防烟系统的选择,应符合下列规定:

1)当独立前室或合用前室满足下列条件之一时,楼梯间可不设置防烟系统:

a. 采用全敞开的阳台或凹廊;

b. 设有两个及以上不同朝向的可开启外窗,且独立前室两个外窗面积分别不小于 2.0 m²,合用前室两个外窗面积分别不小于 3.0 m²;

2)当独立前室、共用前室及合用前室的机械加压送风口设置在前室的顶部或正对前室入口的墙面时,楼梯间可采用自然通风系统;当机械加压送风口未设置在前室的顶部或正对前室入口的墙面时,楼梯间应采用机械加压送风系统。

3)当防烟楼梯间在裙房高度以上部分采用自然通风时,不具备自然通风条件的裙房的独立前室、共用前室及合用前室应采用机械加压送风系统,且独立前室、共用前室及合用前室送风口的设置方式应符合本条第 2)款的规定。

(2)自然排烟

1)采用自然通风方式的封闭楼梯间、防烟楼梯间,应在最高部位设置面积不小于 1.0 m² 的可开启外窗或开口;当建筑高度大于 10 m 时,应在楼梯间的外墙上每 5 层内设置总面积不小于 2.0 m² 的可开启外窗或开口,且布置间隔不大于 3 层。

2)前室采用自然通风方式时,独立前室、消防电梯前室可开启外窗或开口的面积不应小于 2.0 m²,共用前室、合用前室不应小于 3.0 m²。

3)采用自然通风方式的避难层(间)应设有不同朝向的可开启外窗,其有效面积不应小于该避难层(间)地面面积的 2%,且每个朝向的面积不应小于 2.0 m²。

(3)机械加压送风系统

机械加压送风送风系统的组成如图 5-11 所示。

1)加压送风机:机械加压送风风机宜采用轴流风机或中、低压离心风机,其设置应符合下列规定:

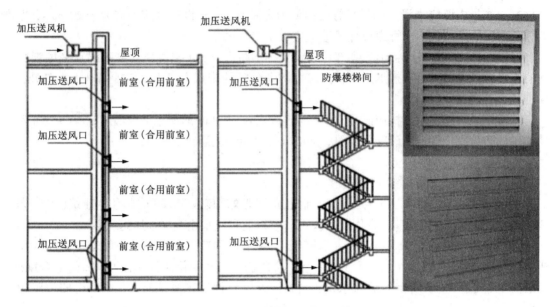

图 5-11　机械加压送风系统

a 送风机的进风口应直通室外，且应采取防止烟气被吸入的措施。

b 送风机的进风口宜设在机械加压送风系统的下部。

c 送风机的进风口不应与排烟风机的出风口设在同一面上。当确有困难时，送风机的进风口与排烟风机的出风口应分开布置，且竖向布置时，送风机的进风口应设置在排烟出口的下方，其两者边缘最小垂直距离不应小于 6.0 m；水平布置时，两者边缘最小水平距离不应小于 20.0 m。

2) 加压送风管道：机械加压送风系统应采用管道送风，且不应采用土建风道。送风管道应采用不燃材料制作且内壁应光滑。当送风管道内壁为金属时，设计风速不应大于 20 m/s；当送风管道内壁为非金属时，设计风速不应大于 15 m/s。

3) 加压送风口：加压送风口的设置应符合下列规定：

a 除直灌式加压送风方式外，楼梯间宜每隔 2~3 层设一个常开式百叶送风口；

b 前室应每层设一个常闭式加压送风口，并应设手动开启装置；

c 送风口的风速不宜大于 7 m/s；

d 送风口不宜设置在被门挡住的部位。

任务3　空调系统的分类、组成及原理

5.3.1　空调系统的分类

1.按空气处理设备的集中程度分类

（1）集中式系统

空气集中于机房内进行处理(冷却、去湿、加热、加湿等)，而房间内只有空气分配装置。目前常用的全空气系统中大部分是属于集中式系统；机组式系统中，如果采用 大型带制冷机的空调机,在机房内集中对空气进行冷却、去湿或加热,这也属于集中式系统。集中式系统需要在建筑物内占用一定机房面积,控制、管理比较方便。一般适用于面积较大的单个空调房间,或者室内空气设计状态相同、热湿比和使用时间大致相同,且不要求 单独调节的多个空调房间(如办公大楼、写字楼等)。

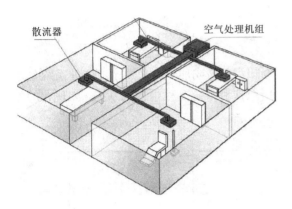

图 5 – 12　集中式空调系统

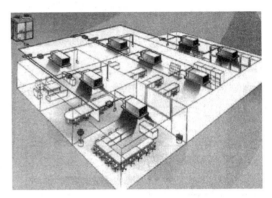

图 5 – 13　半集中式空调系统

(2)半集中式系统

对室内空气进行处理(加热或冷却、去湿)的设备分设在各个被调节和控制的房间内,而又集中部分处理设备,如冷冻水或热水集中制备或新风进行集中处理等,全水系统、空气 – 水系统、水环热泵系统、变制冷剂流量系统都属这类系统。半集中式系统在建筑中占用的机房少,可以容易满足各个房间各自的温湿度控制要求,但房间内设置空气处理设备后,管理维修不方便,如设备中有风机会给室内带来噪声。宾馆式建筑和高层多功能综合楼的客房部分、办公部分、餐厅或娱乐厅中贵宾房部分等,多采用此系统。

空调工作

(3)分散式系统

对室内进行热湿处理的设备全部分散于各房间内,如家庭中常用的房间空调器、电取暖器等都属于此类系统,这种系统在建筑内不需要机房,不需要进行空气分配的风道,但维修管理不便,分散的小机组能量效率一般比较低,其中制冷压缩机、风机会给室内带来噪声。

图 5 – 14　分散式空调

2.按承担室内热负荷、冷负荷和湿负荷的介质分类

(1)全空气系统

以空气为介质,向室内提供冷量或热量,由空气来全部承担房间的热负荷或冷负荷,如图 5 – 15(a)所示。

(2)全水系统

全部用水承担室内的热负荷和冷负荷。当为热水时,向室内提供热量,承担室内的热负荷;当为冷水(常称冷冻水)时,向室内提供制冷量,承担室内冷负荷和湿负荷,如图5-15(b)所示。

(3)空气-水系统

以空气和水为介质,共同承担室内的负荷。空气-水系统是空气系统水系统的综合应用,它既解决了全空气系统因风量大导致风管断面尺寸大而占据较多有效建筑空间的矛盾,也解决了全水系统空调房间的新鲜空气供应问题,如图5-15(c)所示。

(4)制冷剂系统

以制冷剂为介质,直接用于对室内空气进行冷却、去湿或加热。实质上,这种系统是用带制冷机的空调器(空调机)来处理室内的负荷,所以这种系统又称机组式系统,如现在的家用分体式空调器,如图5-15(d)所示。

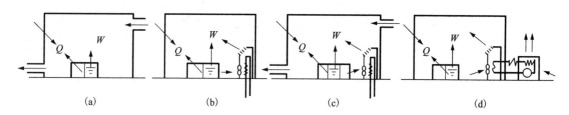

图5-15 按承担室内负荷的介质分类的空调系统

(a)全空气系统;(b)全水系统;(c)空气-水系统;(d)制冷剂系统

3. 根据集中式系统处理空气的来源分类

(1)封闭式系统

封闭式空调系统处理的空气全部取自空调房间本身,没有室外新鲜空气补充到系统中来,全部是室内的空气在系统中周而复始地循环。因此,空调房间与空气处理设备由风管连成了一个封闭的循环环路,如图5-16(a)所示。这种系统无论是夏季还是冬季冷热消耗量最省,但空调房间内的卫生条件差,人在其中生活、学习和工作易患空调病。因此,封闭式空调系统多用于战争时期的地下庇护所或指挥部等战备工程,以及很少有人进出的仓库等。

(2)直流式系统

直流式系统处理的空气全部取自室外,即室外的空气经过处理达到送风状态点后送入各空调房间,送入的空气在空调房间内吸热吸湿后全部排出室外,如图5-16(b)所示。与封闭式系统相比,这种系统消耗的冷(热)量最大,但空调房间内的卫生条件完全能够满足要求,因此这种系统用于不允许采用室内回风的场合,如放射性实验室和散发大量有害物质的车间等。

(3)混合式系统

因为封闭式系统没有新风,不能满足空调房间的卫生要求,而直流式系统消耗的能量太大,不经济,所以封闭式系统和直流式系统只能在特定的情况下才能使用。对大多数有一定卫生要求的场合,往往采用混合式系统。混合式系统综合了封闭式系统和直流式系统的优点,既能满足空调房间的卫生要求,又比较经济合理,故在工程实际中被广泛应用。图5-16(c)即为混合式系统。

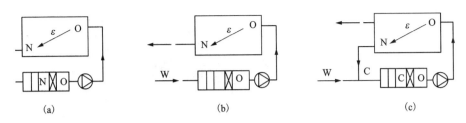

图 5 – 16　全空气空调系统的分类

(a)封闭式；(b)直流式；(c)混合式

N 表示室内空气；W 表示室外空气；C 表示混合空气；O 表示达到送风状态点的空气

4.按空调系统用途或服务对象不同分类

(1)舒适性空调系统

舒适性空调系统简称舒适空调，指为室内人员创造舒适健康环境的空调系统。舒适健康的环境令人精神愉快，精力充沛，工作、学习效率提高，有益于身心健康。办公楼、旅馆、商店、影剧院、图书馆、餐厅、体育馆、娱乐场所、候机或候车大厅等建筑中所用的空调都属于舒适空调。由于人的舒适感在一定的空气参数范围内，所以这类空调对温度和湿度波动的控制要求并不严格。

(2)工艺性空调系统

工艺性空调系统又称工业空调，指为生产工艺过程或设备运行创造必要环境条件的空调系统，工作人员的舒适要求有条件时可兼顾。由于工业生产类型不同，各种高精度设备的运行条件也不同，因此工艺性空调的功能、系统形式等差别很大。例如，半导体元器件生产对空气中含尘浓度极为敏感，要求有很高的空气净化程度；棉纺织布车间对相对湿度要求很严格，一般控制在 70% ~ 75% ；计量室要求全年基准温度为 20℃ ，波动 ± 10℃ ，高等级的长度计量室要求 20℃ +0.2℃ ，I 级坐标镗床要求环境温度为 20℃ +1℃ ；抗生素生产要求无菌条件。

5.3.2　空调系统的组成

一般来说，一套完整的空调系统应由冷热源、空气处理、空气输送和分配及调节系统等部分组成。如图 5 – 17 所示。

(1)冷热源

能够提供热量和冷量的设备，如锅炉和制冷机组。

(2)空气处理部分

集中式空调系统的空气处理部分是一个包括各种空气处理设备在内的空气

中央空调

处理室，如图 5 – 17 所示，其中主要有过滤器、一次加热器、二次加热器等。用这些空气处理设备对空气进行净化过滤和热湿处理，可将送入空调房间的空气处理到所需的送风状态点，各种空气处理设备都有现成的定型产品，这种定型产品称为空调机(或空调器)。

(3)空气输送部分

空气输送部分主要包括送风机、回风机(系统较小时不用设置)、风管系统和必要的风量调节装置。送风系统的作用是不断将空气处理设备处理好的空气有效地输送到各空调房间；

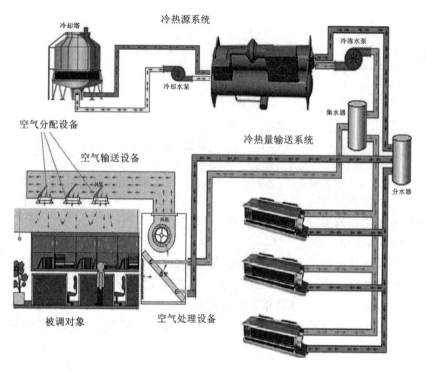

图5-17 空调系统组成

回风系统的作用是不断地排出室内回风,实现室内的通风换气,保证室内空气品质。

(4)空气分配部分

空气分配部分主要包括设置在不同位置的送风口和回风口,其作用是合理地组织空调房间的空气流动,保证空调房间内工作区(一般是2m以下的空间)的空气温度和相对湿度均匀一致,空气流速不致过大,以免对室内的工作人员和生产造成不良的影响。

(5)调节系统部分

空调系统是否能达到预期效果,空调能否满足房间的热湿控制要求,关键在于空气的处理调节。

小结

本项目主要讲授通风空调系统、防排烟系统的基本概念、特点;通风系统的分类;建筑火灾的烟气控制;空调系统的分类、组成;本章的重点是通风系统和建筑火灾烟气的控制。

思考与练习题

一、分析题

1.什么是室内通风和空气调节?如何区分通风和空气调节?

2.通风系统是如何分类的? 分为哪几类?

3.火灾烟气的控制目的是什么? 有哪些控制方法?

4.什么是加压防烟? 其原理是什么?

5.何为舒适性空调? 何为工艺性空调? 其主要区别在哪里?

二、填空题

1.通风系统按照通风动力不同,可以分为_____和_____两类。

2.通风系统按照通风作用范围不同,可以分为_____通风和_____通风两类。

3.自然通风是依靠室外风力造成的_____和室内空气温度差所造成的_____使空气流动的通风方式。

4.烟气控制的手段有_____、_____、_____。

5.空气调节可以对空气的_____、_____、_____和_____四个参数进行调节。

6.空调系统按照空气处理设备的设置情况,可以分为_____、_____和_____。

7.表面式换热器中通入热水或蒸汽,可以实现对空气的_____处理,通入冷水或制冷剂可以实现对空气的_____处理。

三、选择题

1.以下选项中,_____属于自然通风的特点;_____属于机械通风的特点。

(1)结构简单 　　　　　　　　　(2)不消耗机械动力

(3)不需要复杂装置和专人管理 　(4)作用压力比较小

(5)通风量难以控制 　　　　　　(6)通风效果不稳定

(7)作用范围大 　　　　　　　　(8)通风量和通风效果可以人为加以控制

(9)需要消耗能量 　　　　　　　(10)结构复杂

(11)前期投资和运行费用大

2.下列选项中,_____属于集中式空调系统的特点,_____属于半集中式空调系统的特点,_____属于分散式空调系统的特点。

(1)服务面积大、处理空气量多,技术上容易实现

(2)空气处理设备集中设置在一个空调机房内

(3)系统大,风管尺寸大,占用建筑面积和空间多

(4)系统灵活性差

(5)布置灵活,各房间可以改变房间温度

答案

项目6 通风与空调系统管材、管件和部件

项目描述

本项目主要讲授常用风管材料、规格及连接方式；常用风管管件的类型；通风与空调系统部件的种类及用途。

教学目标

知识目标	技能目标
(1)掌握风管的各种材料的特性、规格以及应用场合； (2)掌握风管的连接方式； (3)掌握风管的各种管件特点； (4)了解通风与空调系统部件的种类及用途。	(1)能够连接金属与非金属风管； (2)能够对通风相关部件的安装进行质量检查； (3)能做好土建施工与安装工程施工的配合； (4)能正确地将新规范、新标准应用到实际工程中。

思政元素

(1)以"工匠精神"掌握建筑通风系统中风管、相关管件、部件的基本知识；
(2)考取"设备工程师"，配合建筑施工、管理。

案例引入

针对于2016年国务院办公厅发布《关于大力发展装配式建筑的指导意见》(国办发[2016]71号文)后，全国各地政府非常重视，相关企业也在迅速做出方向调整，大力发展装配式建筑。建设面积也由2016年的1亿m^2再到2017年末的1.6亿m^2；到2018年末，更是到了惊人的2.9亿m^2，体量发展非常惊人。中国作为世界的人口第一大国，建筑需求量也是最大的。装配式建筑的通风空调系统中的风管材料、管件、部件的选择和风管的连接以及与建筑主体施工的关系和传统的建筑有差别吗？

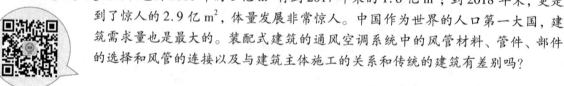

施工演示

任务1 常用风管材料、规格及连接方式

6.1.1 常用风管的材料

通风与空调工程的风管和部、配件所用材料，一般可分为金属材料和非金属材料两种。
金属材料主要有普通薄钢板(俗称黑铁皮)、镀锌薄钢板和型钢等黑色金属材料。当有特

殊要求(如防腐、防火等要求)时,可用铝板、不锈钢板等材料。

非金属材料有硬聚氯乙烯板(硬塑板)、玻璃钢等。

1.金属薄板

(1)普通薄钢板

普通薄钢板由碳素软钢经热轧或冷轧制成。热轧钢板表面为蓝色发光的氧化铁薄膜,性质较硬而脆,加工时易断裂。冷轧钢板表面平整光洁无光,性质较软,最适合空调工程。要求钢板表面平整、光滑,厚度均匀,允许有紧密的氧化铁薄膜,不能有结疤、裂纹等缺陷。

(2)镀锌薄钢板

镀锌薄钢板是用普通薄钢板表面镀锌制成,俗称"白铁皮"。常用的厚度为 0.5 ~ 1.5 mm,其规格尺寸与普通薄钢板相同。在引进工程中常用镀锌钢板卷材,对风管的制作甚为方便。由于表面镀锌层起防腐作用,故一般不刷油漆防腐,因而常用作输送不受酸雾作用的潮湿环境中的通风系统及空调系统的风管和配件。要求所有品级镀锌钢板表面光滑洁净,镀锌钢板的镀锌层厚度应符合设计或合同的规定。

(3)不锈钢板

耐大气腐蚀的镍铬钢叫不锈钢。不锈钢板按其化学成分来分,品种甚多:按其金相组织可分为铁素体钢(Crl3 型)和奥氏体钢(188 型)。188 型不锈钢中含碳 0.14% 以下,含铬(Cr) 18%,含镍(Ni)8%。8—8 型不锈钢在常温下无磁性,耐热性较好,能在较高温度下不起氧化皮和保持较高的强度。18—8 型不锈钢的缺点是加热至 1100℃ 以后缓慢冷却或在 450 ~ 850℃ 下长期加热时,铬的碳化物自固体中沿晶粒边界析出,从而使它的耐腐蚀性和机械性能大大降低。

2.非金属材料

(1)硬聚氯乙烯塑料板

硬聚氯乙烯塑料(硬 PVC)是由聚氯乙烯树脂加入稳定剂、增塑剂、填料、着色剂及润滑剂等压制(或压铸)而成。它具有表面平整光滑,耐酸碱腐蚀性强(对强氧化剂如浓硝酸、发烟硫酸和芳香族碳氢化合物以及氯化碳氢化合物是不稳定的),物理机械性能良好,易于二次加工成型等特点。

硬聚氯乙烯板表面应平整,无伤痕,不得含有气泡,厚薄均匀,无离层现象。

(2)玻璃钢(玻璃纤维增强塑料)

玻璃钢是以玻璃纤维制品(如玻璃布)为增强材料,以树脂为黏结剂,经过一定的成型工艺制作而成的一种轻质高强度的复合材料。它具有较好的耐腐蚀性、耐火性和成型工艺简单等优点。

由于玻璃钢质轻、强度高、耐热性及耐蚀性优良、电绝缘性好及加工成型方便,在纺织、印染、化工等行业常用于排除腐蚀性气体的通风系统中。

3.辅助材料

通风空调常用的辅助性材料有垫料、紧固件及其他材料等。

(1)垫料

垫料主要用于风管之间、风管与设备之间的连接,用以保证接口的密封性。

法兰垫料应为不招尘、不易老化和具有一定强度和弹性的材料,厚度为 5 ~ 8 mm 的垫料有橡胶板、石棉橡胶板、石棉绳、软聚氯乙烯板等。

（2）紧固件

紧固件是指螺栓、螺母、铆钉、垫圈等。

6.1.2 常用风管的规格

金属风管规格应以外径或外边长为准，非金属风管和风道规格应以内径或内边长为准。圆形风管规格宜符合表6-1的规定，矩形风管规格宜符合表6-2的规定。圆形风管应优先采用基本系列，非规则椭圆形风管应参照矩形风管，并应以平面边长及短径径长为准。

1.圆形风管规格

表6-1　圆形风管规格

风管直径 $D/$mm			
基本系列	辅助系列	基本系列	辅助系列
100	80	500	480
	90	560	530
120	110	630	600
140	130	700	670
160	150	800	750
180	170	900	850
200	190	1000	950
220	210	1120	1060
250	240	1250	1180
280	260	1400	1320
320	300	1600	1500
360	340	1800	1700
400	380	2000	1900
450	420	—	—

2.方形风管规格

表6-2　方形风管规格

风管边长/mm				
120	320	800	2000	4000
160	400	1000	2500	—
200	500	1250	3000	—
250	630	1600	3500	—

6.1.3　常用风管的连接方式

连接

1.金属法兰连接风管的制作

应符合下列规定：

（1）风管与配件的咬口缝应紧密、宽度应一致、折角应平直、圆弧应均匀，且两端面应平行。风管不应有明显的扭曲与翘角，表面应平整，凹凸不应大于10 mm。

（2）当风管的外径或外边长小于或等于300 mm时，其允许偏差不应大于2 mm；当风管的外径或外边长大于300 mm时，不应大于3 mm。管口平面度的允许偏差不应大于2 mm；矩形风管两条对角线长度之差不应大于3 mm，圆形法兰任意两直径之差不应大于3 mm。

（3）焊接风管的焊缝应饱满、平整，不应有凸瘤、穿透的夹渣和气孔、裂缝等其他缺陷。风管目测应平整，不应有凹凸大于10 mm的变形。

（4）风管法兰的焊缝应熔合良好、饱满，无假焊和孔洞。法兰外径或外边长及平面度的允许偏差不应大于2 mm。同一批量加工的相同规格法兰的螺孔排列应一致，并应具有互换性。

（5）风管与法兰采用铆接连接时，铆接应牢固，不应有脱铆和漏铆现象；翻边应平整、紧贴法兰，宽度应一致，且不应小于6 mm；咬缝与矩形风管的四角处不应有开裂与孔洞。

（6）风管与法兰采用焊接连接时，焊缝应低于法兰的端面。除尘系统风管宜采用内侧满焊，外侧间断焊形式。当风管与法兰采用点焊固定连接时，焊点应融合良好，间距不应大于100 mm；法兰与风管应紧贴，不应有穿透的缝隙与孔洞。

（7）镀锌钢板风管表面不得有10%以上的白花、锌层粉化等镀锌层严重损坏的现象。

2.金属无法兰连接风管的制作

应符合下列规定：

（1）圆形风管无法兰连接形式应符合表6-3的规定。

（2）矩形风管无法兰连接形式应符合表6-4的规定。

表6-3　圆形风管无法兰连接

无法兰连接形式		附件板厚/mm	接口要求	使用范围
承插连接	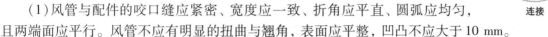	—	插入深度≥30 mm，有密封要求	直径<700 mm微压、低压风管
带加劲筋承插		—	插入深度≥20 mm，有密封要求	微压、低压、中压风管
角钢加固承插		—	插入深度≥20 mm，有密封要求	微压、低压、中压风管
芯管连接		≥管板厚	插入深度≥20 mm，有密封要求	微压、低压、中压风管

续表 6-3

无法兰连接形式		附件板厚/mm	接口要求	使用范围
立筋抱箍连接	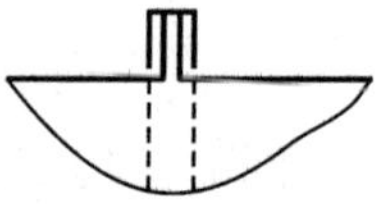	≥管板厚	扳边与楞筋匹配一致，紧固严密	微压、低压、中压风管
抱箍连接	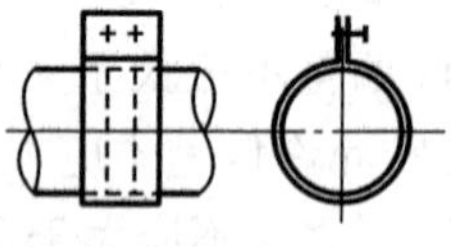	≥管板厚	对口尽量靠近不重叠，抱箍应居中，宽度≥100 mm	直径＜700 mm 微压、低压风管
内胀芯管连接	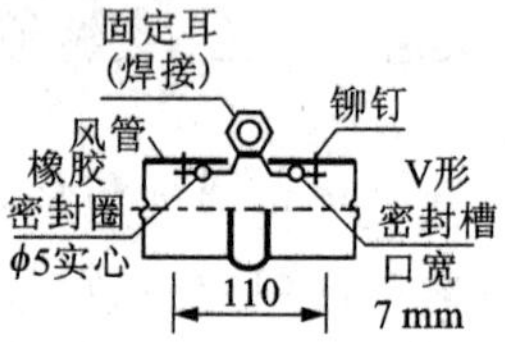	≥管板厚	橡胶密封垫固定应牢固	大口径螺旋风管

表 6-4 矩形风管无法兰连接

无法兰连接形式		附件板厚/mm	使用范围
S 形插条	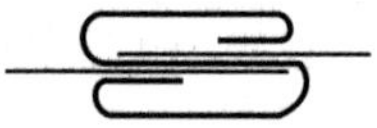	≥0.7	微压、低压风管，单独使用连接处必须有固定措施
C 形插条		≥0.7	微压、低压、中压风管
立咬口	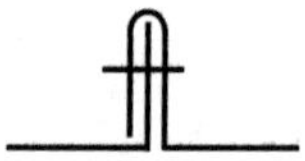	≥0.7	微压、低压、中压风管
包边立咬口		≥0.7	微压、低压、中压风管
薄钢板法兰插条		≥1.0	微压、低压、中压风管
薄钢板法兰弹簧夹		≥1.0	微压、低压、中压风管
直角型平插条	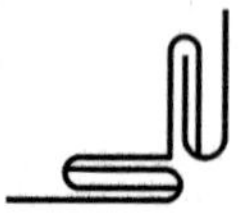	≥0.7	微压、低压风管

146

3.硬聚氯乙烯风管连接制作

应符合下列规定：

（1）采用承插连接的圆形风管，直径小于或等于 200 mm 时，插口深度宜为 40 ~ 80 mm，黏接处应严密牢固；

（2）采用套管连接时，套管厚度不应小于风管壁厚，长度宜为 150 ~ 250 mm；

（3）采用法兰连接时，垫片宜采用 3 ~ 5 mm 软聚氯乙烯板或耐酸橡胶板；

（4）采用焊接时，焊缝形式及适用范围应符合表 6 - 5 的规定。焊缝应饱满，排列应整齐，不应有焦黄断裂现象。

表 6 - 5　硬聚氯乙烯板焊缝形式及适用范围

焊缝形式	图示	焊缝高度/mm	板材厚度/mm	坡口角度 α/(°)	适用范围
V 形对接焊缝	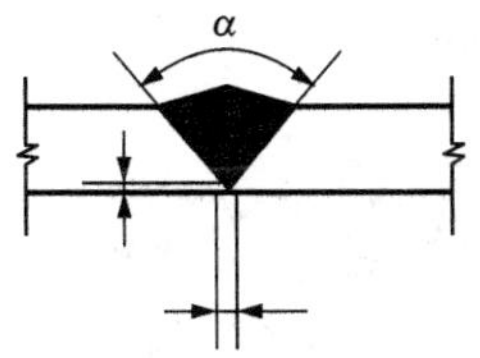	2 ~ 3	3 ~ 5	70 ~ 90	单面焊的风管
X 形对接焊缝	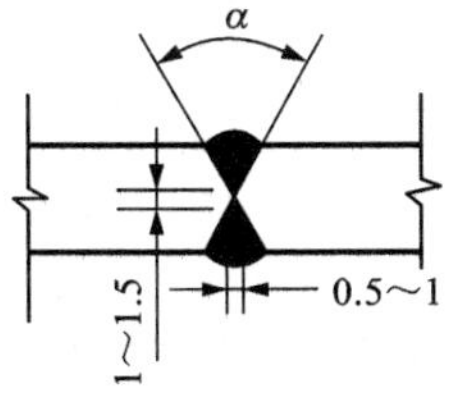	2 ~ 3	≥5	70 ~ 90	风管法兰及厚板的拼接
搭接焊缝	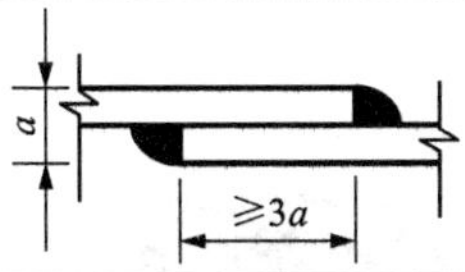	≥最小板厚	3 ~ 10	—	风管或配件的加固
角焊缝（无坡口）	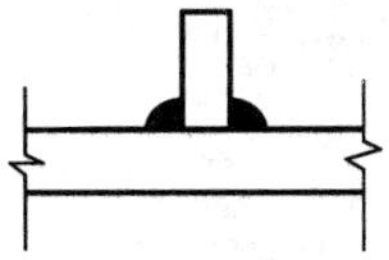	2 ~ 3	6 ~ 18	—	
	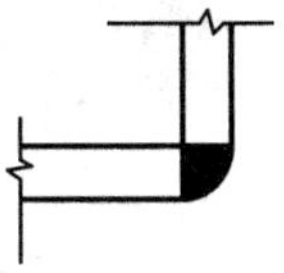	≥最小板厚	≥3	—	风管配件的角焊
V 形单面角焊缝	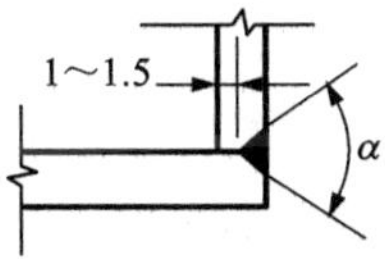	2 ~ 3	3 ~ 8	70 ~ 90	风管角部焊接
V 形双面角焊缝	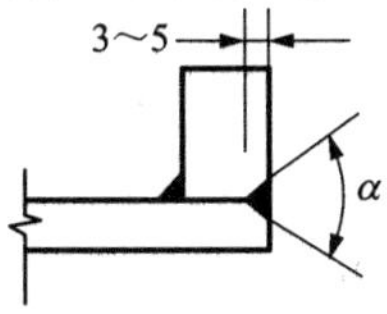	2 ~ 3	6 ~ 15	70 ~ 90	厚壁风管角部焊接

任务2 常用通风与空调系统部件的种类及用途

6.2.1 常用风管管件的类型

常用风管管件的类型有弯头，来回弯，三通，法兰盘，阀门，柔性短管等。

1. 弯头

弯头是用来改变通风管道方向的配件。根据其断面形状可分为圆形弯头和矩形弯头。

图6-1 圆形弯头

图6-2 矩形弯头

2. 来回弯

来回弯在通风管中用来跨越或让开其他管道及建筑构件，根据其断面形状可分为圆形来回弯和矩形来回弯。

图6-3 圆形来回弯

图6-4 矩形来回弯

3. 三通

三通是通风管道的分叉或汇集的配件。根据其断面形状可分为圆形三通和矩形三通。

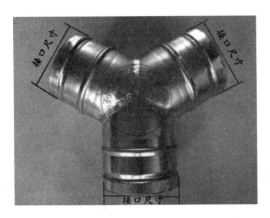

图6-5　圆形三通

图6-6　矩形三通

4. 法兰盘

法兰盘用于风管之间及风管与配件的延长连接，并可增加风管强度。按其断面形状可分为矩形法兰盘和圆形法兰盘。

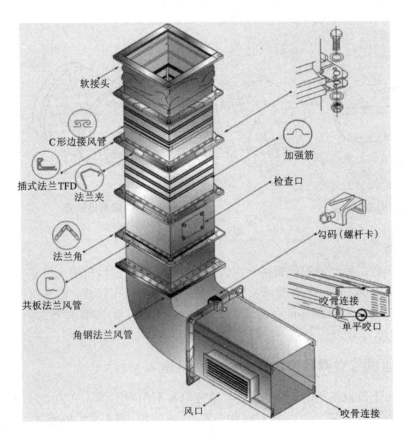

图6-7　风管的法兰连接

5. 阀门

通风系统中的阀门主要用于启动风机，关闭风道、风口，调节管道内空气量，平衡阻力等，如防火阀。阀门装于风机出口的风道、主下风道、分支风道或空气分布器之前等位置。常用的阀门有插板阀和蝶阀。

蝶阀的构造如图 6-8 所示，多用于风道分支处或空气分布器前端。转动阀板的角度即可改变空气流量。蝶阀使用较为方便，但严密性较差。

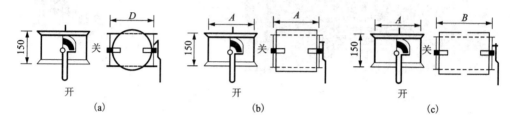

图 6-8 蝶阀构造示意图

(a)圆形；(b)方形；(c)矩形

插板阀的构造如图 6-9 所示，多用于风机出口或主干风道处用作开关。通过拉动手柄来调整插板的位置即可改变风道的空气流量。其调节效果好，但占用空间大。

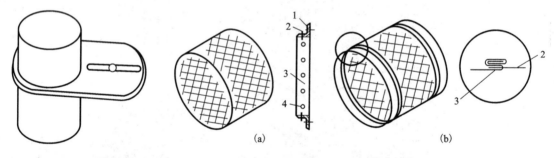

图 6-9 插板阀构造示意图   图 6-10 帆布连接管

6. 柔性短管

为了防止风机的振动通过风管传到室内引起噪声，常在通风机的入口和出口处装设柔性短管，长度 150~200 mm。一般通风系统的柔性短管都用帆布做成，输送腐蚀性气体的通风系统用耐酸橡皮或 0.8~1.0 mm 厚的聚氯乙烯塑料布制成，防排烟系统的柔性短管必须采用不燃材料。

6.2.2 通风与空调系统部件的种类及用途

通风系统由于设置场所的不同，其系统组成也各不相同。

进风系统由进风装置、空气过滤器(加热器)、通风机(离心式、轴流式、贯流式)、风管以及送风口等组成。

排风系统一般由排风口、风管、过滤器(除尘器、空气净化器)、风机、排气装置等组成。

1. 风管

断面形状：圆形 矩形。

材料：金属材料，如镀锌钢板；非金属材料，如玻璃钢板。

2. 风机

风机是输送气体的机械，常用的风机有离心风机和轴流风机两种类型。

离心风机的工作原理与离心水泵相同，主要借助于叶轮旋转时产生的离心力使气体获得压能和动能。

轴流风机是借助于叶轮的推力作用促使气流流动的，气流的方向与机轴平行。

轴流风机与离心风机在性能上最主要的差别，是前者产生的全压较小，后者产生的全压较大。因此轴流风机适合无需设置管道的场合以及管道阻力较小的系统，而离心风机则往往用于阻力较大的系统中。

图 6 – 11 离心风机

泵构造

风机

图 6 – 12 轴流风机

风机及风机箱的安装应符合下列规定：

(1)产品的性能、技术参数应符合设计要求，出口方向应正确。

(2)叶轮旋转应平稳，每次停转后不应停留在同一位置上。

(3)固定设备的地脚螺栓应紧固，并应采取防松动措施。

(4)落地安装时，应按设计要求设置减振装置，并应采取防止设备水平位移的措施。

(5)悬挂安装时，吊架及减振装置应符合设计及产品技术文件的要求。

3. 进、排风装置

进风装置是从室外采集洁净空气，即送风，或空调新风系统的新风口、进风塔、进风窗口。

排风装置是将排风系统汇集的污浊空气排至室外，如排风口(罩)、排风塔、排风帽等。

室外进风装置的位置应满足以下要求：

设在室外空气较为洁净的地点，在水平和垂直方向上都应远离污染源。室外进风口下缘距室外地坪的高度不宜小于 2 m，并须装设防尘网，以免吸入地面上的粉尘和污物，同时可避免雨雪的侵入。

用于降温的通风系统，其室外进风口宜设在背阴的外墙侧。

室外进风口的标高应低于周围的排风口，且宜设在排风口的上风侧，以防吸入排风口排出的污浊空气；具体地说，当进风口、排风口相距的水平间距小于20 m时，进风口应比排风口至少低6 m。

屋顶式进风口应高出屋面0.5~1.0 m，以免吸进屋面上的积灰或被积雪埋没。

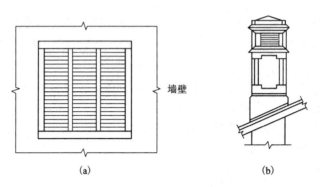

图6-13 墙壁式和屋顶式室外进风装置

(a)墙壁式；(b)屋顶式

室外排风装置的任务是将室内被污染的空气直接排到大气中去。当进、排风口都设于屋面时，其水平距离应大于10 m，并且进气口低于排气口；一般地，室外装置应设在屋面以上1 m的位置，出口处应设置风帽或百叶风格。

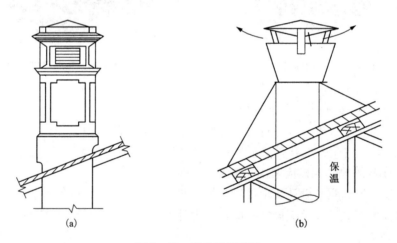

图6-14 室外排风装置

4. 室内送排风口

室内送、排风口是分别将一定量的空气，按照一定速度送到室内，或由室内把空气吸入排风管的构件。因而送、排风口，一般应具备下列要求：风口风量应能调节；阻力小；风口尺寸尽可能小。

常见的送风口一般有侧送风口、孔板送风口、喷口送风口、散流器等。

空调区的送风方式及送风口选型，应符合下列规定：

(1)宜采用百叶、条缝型等风口贴附侧送；当侧送气流有阻碍或单位面积送风量较大，且人员活动区的风速要求严格时，不应采用侧送；

图6-15　条缝送风口

图6-16　百叶送风口

（2）设有吊顶时，应根据空调区的高度及对气流的要求，采用散流器或孔板送风。当单位面积送风量较大，且人员活动区内的风速或区域温差要求较小时，应采用孔板送风；

图6-17　孔板送风口

图6-18　散流器送风口

（3）高大空间宜采用喷口送风、旋流风口送风或下部送风；

图6-19　喷口送风口

图6-20　旋流送风口

（4）变风量末端装置，应保证在风量改变时，气流组织满足空调区环境的基本要求；

（5）送风口表面温度应高于室内露点温度；低于室内露点温度时，应采用低温风口。

由于排风口的汇流场对房间气流组织影响比较小，因此它的形式也比较简单，有的只在孔口加一金属网格,也有装格栅和百叶的,通常要与建筑装饰相配合。排风口的形状和位置根据气流组织要求而定。若设在房间下部时,为避免灰尘和杂物被吸入,风口下缘离地面至少为0.15 m。排风口形式可以简单,但要求应有调节风量的装置。

小结

本项目主要讲授常用风管材料、规格及连接方式;常用风管管件的类型;通风与空调系统部件的种类及用途。

思考与练习题

一、分析题

1.通风与空调工程常用风管的材料有哪些?

2.常用风管的连接方式有哪些?

3.常用风管管件的类型是什么?

4.室内送风口类型有哪些以及布置原则是什么?

5.常用的风机有哪几种,各自特点是什么?

6.简述70℃防火阀的作用和原理。

二、填空题

1.通风系统中,常见送风口的形式有_____、_____、_____、_____。

2.风道的断面有_____和_____两种形状。

3.风机可以分为_____和_____两种类型。

4.风道的材料可以是_____、_____、_____、_____。

5.室内送、排风口的位置决定了通风房间的_____。

6._____是通风管道的分叉或汇集的配件。

三、选择题

1._____吸风速度的大小对室内气流组织的影响很小。

A.送风口   B.回风口

2.以下描述中,_____属于离心式风机的特点。

A.适用于管路阻力较大的场合

B.适用于不需要设置管道的场合

3._____是用来改变通风管道方向的配件。

A.弯头   B.来回弯   C.法兰   D.三通

4.高大空间宜采用_____送风。

A.侧   B.喷口   C.散流器   D.孔板

5.发生火灾时，＿＿＿＿＿＿可以自动关闭通风系统。

A.蝶阀　　　　　　B.插板阀　　　　　　C.70℃防火阀　　　　D.280℃防火阀

6.＿＿＿＿＿＿常用于排除腐蚀性气体的通风系统

A.普通薄钢板　　　B.镀锌薄钢板　　　　C.铜管　　　　　　　D.玻璃钢

答案

项目7　通风与空调系统设备

　　本项目主要讲授粉尘的性质，除尘装置的种类及除尘效率；空气的过滤与净化设备机理及特点；通风与空调系统热湿交换设备结构工作原理及特点；通风风机的分类及特点；通风与空调系统管道敷设与设备安装的方法。

教学目标

知识目标	技能目标
(1)了解粉尘的性质，掌握除尘装置的种类及除尘效率； (2)了解空调系统过滤净化设备机理及特点； (3)了解通风与空调热湿交换设备结构工作原理及特点； (4)掌握通风风机分类； (5)掌握通风与空调系统管道敷设与设备安装方法。	(1)熟练通风与空调系统管道敷设及设备安装； (2)熟练通风与空调系统管道敷设及设备安装方法及步骤； (3)能做好土建施工与安装工程施工的配合； (4)能正确地将新规范、新标准应用到实际工程中。

思政元素

　　(1)以"规范意识、全局意识"学习通风与空调系统管道敷设与设备安装方法；
　　(2)在通风与空调系统设备施工过程中遵循规范标准，精耕细作。

案例引入

　　无论是在酷暑炎热的南方，还是在千里冰封的北方，通风与空调系统设备都是建筑安装工程中不可或缺的一环，在现代建筑中扮演着越来越重要的角色。随着高新技术的发展、生活水平的提高、制造技术的进步、环境保护的诉求，都使得人们对宜居的环境提出愈来愈高的要求，这就要求我们在通风与空调系统设备安装中必须与时俱进，采用先进的技术与工艺。本项目通过讲授粉尘的性质，除尘装置的种类及除尘效率，空气的过滤与净化设备机理与特点，通风与空调系统热湿交换设备结构工作原理及特点，通风风机的分类及特点，通风与空调系统管道敷设与设备安装工艺及方法，由易到难，由理论到实践，让学生更好地掌握通风与空调系统设备特点、安装工艺及方法。

任务 1　通风系统除尘设备

粉尘物理性质

7.1.1　粉尘及其性质

粉尘是能够悬浮于空气中的固体小颗粒。块状的物料除了继续保持原有的主要物理化学性质外，还出现了许多新的特性，如爆炸性、带电性等等。实践证明，在通风除尘系统中，除尘设备选择和通风除尘系统的运行管理，都是和粉尘的许多性质密切相关，了解粉尘的性质，关系到除尘系统的安全性、经济性。

1. 粉尘的密度

粉尘的密度分为容积密度和真密度。

（1）容积密度：松散状态下单位体积颗粒物的质量，单位是 kg/m^3。

（2）真密度：在密实状态下单位体积颗粒物的质量，单位是 kg/m^3。

两种密度的应用场合不同，例如研究单个尘粒在空气中的运动时应用真密度，计算灰斗体积时则应用容积密度。

2. 粉尘的黏附性

粉尘的黏附性是粉尘与粉尘之间或粉尘与器壁之间的力的表现。这种力包括分子力、毛细黏附力及静电力等。黏附性与粉尘的形状、大小以及吸湿等状况有关。粒径细、吸湿性大的粉尘，其黏附性也强。尘粒间的黏附使尘粒增大，有利于提高除尘效率，而粉尘与器壁间的黏附则会使除尘器和管道堵塞及发生故障。

3. 粉尘的爆炸性

固体物料破碎后，总表面积大大增加，把单位质量的粉尘具有的表面积的总和叫做该粉尘的比表面积，单位是 m^2/kg，例如每边长为 1 cm 的立方体粉碎成每边长为 1um 的小粒子后，总表面积由 6 cm^2 增加到 6.0 m^2。由于表面积增加，粉尘的化学活泼性大为加强。某些在堆积状态下不易燃烧的物质，如糖、面粉、煤粉等，当它们以粉末状悬浮于空气中时，与空气中的氧有了充分的接触机会，在一定的浓度范围内以及高温、明火、剧烈摩擦等作用下可能发生爆炸。这一点在除尘系统设计和运行管理中要特别注意，不同粉尘的爆炸浓度范围也不同。

4. 粉尘的带电性

悬浮于空气中的粉尘由于相互之间的摩擦、碰撞、吸附、辐射等，都可能使尘粒带电荷。带电量的大小与尘粒的表面积和含湿量有关，在同一温度下，表面积大、含湿量小的尘粒带电量大；表面积小、含湿量大的尘粒带电量小。电除尘器就是利用人工设置高压静电场的方法电离空气，达到除尘的目的。粉尘的带电性是粉尘的重要特性之一，对电除尘器的运行有重大影响。

5. 粉尘的粒径分布

由于粉尘是由粒径不同的颗粒组成的，粉尘的粒径分布可用分散度表示。通常把各种不同粒径粉尘的质量占粉尘总量的百分比称为质量分散度简称分散度。不同尘源产生粉尘的分散度是不同的。

粉尘的分散度一般是根据测定得到的，但在测定时由于粉尘的粒径有无穷多个，无论用什么方法都无法把各粒径粉尘的质量测出来。因此,通常是把粉尘的粒径分成若干组,如 $0 \sim 5 \ \mu m$、$5 \sim 10 \ \mu m$、$10 \sim 20 \ \mu m$、$20 \sim 40 \ \mu m$、$40 \sim 60 \ \mu m$ 等等。测出的每一组质量与总质量的比值就是该组的分散度。

6. 粉尘的湿润性

粉尘能否与液体相互附着的性质称为粉尘的湿润性。一般根据粉尘被液体湿润的程度,将粉尘大致分为两类:容易被水湿润的亲水性粉尘和难以被水湿润的憎水性粉尘。亲水性粉尘被水湿润后会发生凝聚,质量力增大,有利于粉尘从空气中分离,亲水性粉尘可以考虑采用湿法除尘;憎水性粉尘不宜采用湿法除尘。

粒径对粉尘的湿润性有很大的影响,$5 \ \mu m$ 以下(特别是 $1 \ \mu m$)的粉尘因其表面吸附了一层气膜,即使是亲水性粉尘也难以被水湿润,只有当液体和粉尘之间具有较高相对速度时才能冲破气膜使其湿润。

7.1.2 除尘装置的种类及除尘效率

1. 除尘装置的种类

根据主要除尘机理的不同,目前常用的除尘器可分为:重力除尘,如重力沉降室;惯性除尘,如惯性除尘器;离心力除尘,如旋风除尘器;过滤除尘,如袋式除尘器、颗粒层除尘器、纤维过滤器、纸过滤器;洗涤除尘,如自激式除尘器、卧式旋风水膜除尘器;静电除尘,如电除尘器。

(1)重力除尘器

重力沉降室是通过重力使尘粒从气流中分离的,它的结构如图 7 - 1 所示。含尘气流进入重力沉降室后,流速迅速下降,在层流或接近层流的状态下运动,其中的尘粒在重力作用下缓慢向灰斗沉降。

沉降室用于净化密度大、颗粒粗的粉尘,特别是磨损性很强的粉尘。经过精心设计重力沉降室能有效地捕集 $50 \ \mu m$ 以上的尘粒。占地面积大、除尘效率低是沉降室的主要缺点。但其具有结构简单、投资少、维护管理容易及压力损失小(一般为 $50 \sim 150 \ Pa$)等优点。

(2)惯性除尘器

为了改善重力沉降室的除尘效果,可在其中设置各种形式的挡板,使气流方向发生急剧转变,利用尘粒的惯性或使其和挡板发生碰撞而捕集,这种除尘器称为惯性除尘器。惯性除尘器的结构形式分为碰撞式和回转式两类,如图 7 - 2 所示。气流在撞击或方向转变前速度愈高,方向转变的曲率半径愈小,则除尘效率愈高。

图 7 - 1 重力沉降室

与重力除尘器相比,惯性除尘器除尘效果有所改善,除尘效率有所提高,主要用于捕集 $20 \sim 30 \ \mu m$ 以上的粗大尘粒,常用作多级除尘中的第一级除尘。

(3)离心式除尘器

利用气流旋转过程中作用在尘粒上的惯性离心力,使尘粒从气流中分离出来的装置,称为离心式除尘器(也称旋风除尘器)。它结构简单,体积小,维修方便,除尘效率较高(对于 $10 \sim 20 \ \mu m$ 的尘粒,效率为90%左右)、阻力较大。它在通风工程中得到了广泛的应用,主要

除尘器类型

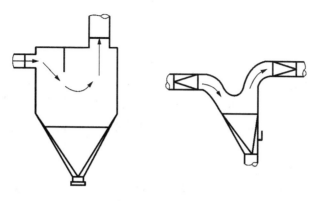

图 7-2 惯性除尘器

是用于粒径在 10 μm 以上的粉尘,是中小型燃煤锅炉的烟气净化中的主要除尘设备。

图 7-3 是旋风除尘器示意图,一般由筒体、椎体、排出管三部分组成,含尘气流由切线进口进入除尘器,沿外壁由上向下作螺旋形旋转运动,这股向下旋转的气流称为外涡旋。外涡旋到达锥体底部后,转而向上,沿轴心向上旋转,最后经排出管排出。这股向上旋转的气流称为内涡旋。向下的外涡旋和向上的内涡旋,两者的旋转方向是相同的。气流作旋转运动时,尘粒在惯性离心力的推动下,要向外壁移动。到达外壁的尘粒在气流和重力的共同作用下,沿壁面落入灰斗。

旋风除尘器中气流流动的情况是很复杂的,除切向和轴向运动外还有径向运动。

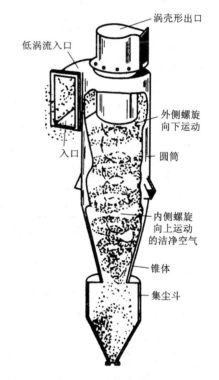

图 7-3 旋风除尘器示意图

①切向速度:切向速度是决定气流速度大小的主要速度分量,也是决定气流中质点离心力大小的主要因素。图 7-4 是旋风除尘器的速度、压力分布。从图上可以看出,外涡旋的切向速度 v_t 随半径的减少而增加,在外涡旋的交界面上达到最大值,内涡旋的切向速度 v_t 随半径的减少而减少。

②径向速度:旋风除尘器内的气流除了作切向运动外,还要做径向的运动。气流的切向分速度 v_t 和径向分速度 v_r 对尘粒的分离起着相反的影响,前者产生惯性离心力,使尘粒有向外的径向运动,后者则造成尘粒作向心的径向运动,把它推入内涡旋。

③轴向速度:外涡旋的轴向速度向下,内涡旋的轴向速度向上。在内涡旋,随气流逐渐上升,轴向速度不断增大,在排气管底部达到最大值。

④压力分布:从图 7-4 可以看出,静压和全压都是筒外壁向轴心越来越小,在轴心处最低。外涡旋基本为正值,而内涡旋压力为负值,所以除尘器的底部要密封,防止外界空气被

159

吸入,卷起已经被除下来的粉尘,形成返程,使除尘效率降低。

(4)过滤除尘器

使含尘气流通过纤维、织物、滤纸、碎石或者其他的矿物质等,将粉尘从含尘气流中分离出来设备称为过滤除尘器(或简称过滤器)。在通风除尘系统中应用最多的是袋式除尘器,对于 0.5 μm 的粉尘,过滤效率高达 98% ~99%。

近几年来,合成纤维(锦纶、涤纶等)及无机纤维(玻璃丝、陶瓷纤维等)生产的迅速发展,为袋式除尘器提供了许多耐高温、耐腐蚀的滤料,为过滤高温(300℃)气体提供了可能性,从而大大地扩大了袋式除尘器的应用范围。

图 7-5 是袋式除尘器结构示意图,含尘气体进入滤袋之内,在滤袋内表面将尘粉分离捕集,净化后的空气透过滤袋从排气筒排出。

袋式除尘器的原理:袋式除尘器捕集粉尘是筛滤、碰撞、重力沉降、静电等各种效应综合作用的结果。滤料表面的粉尘层厚度是不断变化的,新滤料上没有集尘、空隙较大,一般为 20 ~ 50 μm,表面起绒的滤料为 5 ~ 10 μm,因此过滤的效率并不高,但随着使用时间增长,粉尘在滤料表面将形成粉尘层,粉尘填补了滤料的孔隙,时间越长,粉尘层越厚,滤料的空隙越小,过滤效率越高。同时气体通过的阻力也增大。当粉尘厚度达到一定程度,就要采取各种措施清灰,把灰尘除掉。

因此袋式除尘器必须设置清灰装置,定期清灰。性能良好的清灰装置,由于清灰及时,即使在采用较大的过滤风速时,阻力也不会很高。

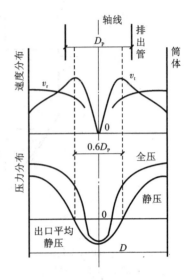

图 7-4 旋风除尘器速度、压力分布

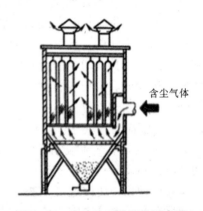

图 7-5 袋式除尘器结构示意图

(5)湿式除尘器

含尘气体与液滴、液膜、气泡等相接触,将粉尘粒从气体中捕集下来的装置称为湿式除尘器或洗涤式除尘器。它的优点:结构简单、投资低、占地面积小、除尘效率高,能同时进行污染气体的净化;适宜处理爆炸危险或同时含有多种污染物的气体。它的缺点:有用物料不能干法回收,泥浆处理比较困难,在北方还要考虑防冻问题。

湿式除尘器种类很多,主要有水浴除尘器、冲击式除尘器、卧式旋风水浴除尘器、文丘里除尘器等。

卧式旋风水浴除尘器结构形式如图 7-6,它由横卧的外筒和内筒构成,内外筒之间设有导流叶片。含尘气体由一端沿切线方向进入,沿导流片做旋转运动。在气流带动下液体在外壁形成一层水膜,同时还产生大量水滴。尘粒在惯性离心力作用下向外壁移动,到达壁面后

160

被水膜捕集。部分尘粒与液滴发生碰撞而被捕集。气体连续流经几个螺旋形通道，便得到多次净化，使绝大部分尘粒分离下来。

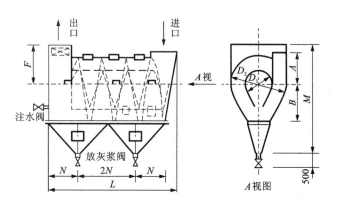

图7-6　卧式旋风水浴除尘器

该除尘器处理风量大，工作性能稳定，除尘效率高，达95%～99%，压力损失为800～1200 Pa。但结构复杂，体积庞大，金属耗量多，金属易腐蚀。

（6）电除尘器

电除尘器是利用静电场产生的电力使尘粒从气流中分离的设备，因此，又称为静电除尘器。电除尘器是一种干法高效除尘器。

静电除尘器

电除尘装置由除尘本体和高压供电设备两部分组成。除尘本体包括电极装置、气流分布装置、振打清灰装置、外壳及灰斗等。高压供电设备包括高压变压器、整流器、控制装置。

电除尘器具有效率高，能清除1～2 μm的尘粉，适用于高温（在350℃以下）、高湿和腐蚀性气体，阻力小（仅为100～200 Pa）等优点，但也存在着构造较为复杂、耗用钢材多、一次性投资大等不足之处。所以过去一般仅作为回收价值较高的细小粉料的回收装置，如水泥厂、有色金属冶炼厂等。近年来可控制整流器逐渐普及，为电除尘器提供了廉价的直流电源，从而为其使用创造了条件。

2. 除尘效率

除尘效率是指除尘器从含尘气流中捕捉粉尘的能力，是评价除尘器性能的重要指标之一。

（1）全效率

含尘气体通过除尘器时所捕集的颗粒物量占进入除尘器的颗粒物总量的百分数称为除尘器全效率，以 η 表示。

$$\eta = \frac{G_3}{G_1} \times 100\% = \frac{G_1 - G_2}{G_1} \times 100\% \qquad (7-1)$$

式中：G_1——进入除尘器的粉尘总量（g/s）；

　　　G_2——除尘器排出的粉尘量（g/s）；

　　　G_3——除尘器捕捉的粉尘量（g/s）。

G_1、G_2 可用称重的方法求得，称为质量法，用此方法测得的结果准确，主要用于实验室。

在工程现场测定除尘器效率时,通常测出除尘器前后的空气含尘浓度再按照式(7-2)计算全效率,此方法称为浓度法。

$$\eta = \frac{Ly_1 - Ly_2}{Ly_1} \times 100\% = \frac{y_1 - y_2}{y_1} \times 100\% \qquad (7-2)$$

式中:L——除尘器处理的空气量(m^3/s);

$\quad Y_1$——除尘器进口空气中粉尘的质量浓度(g/m^3);

$\quad Y_2$——除尘器出口空气中粉尘的质量浓度(g/m^3)。

(2)分级效率

工程中常常碰到这样一种情况,即同一除尘器当用来捕集粒径不同的粉尘时所表现出来的全效率亦不相同。如旋风除尘器,当用来除掉较大颗粒的粉尘时效率就高,用来除掉较小颗粒的粉尘时全效率就低。这说明除尘器的全效率是与粉尘分散度密切相关的,故为进一步说明除尘器的特性,通常采用分级效率来标定除尘器的性能,已知除尘器的分级效率后,即可用空气中粉尘的分组百分比来计算除尘器或过滤器的全效率。例如 CLP/A 型 旋风除尘器对某种石英粉尘的分级效率见表 7-1。

表7-1   CLP/A 型旋风除尘器分级效率

粉尘粒径/μm	0~5	5~10	10~20	20~40	40~60	>60
分散度/%	10.4	14.0	19.6	22.4	14.0	19.6
分级效率/%	27.75	86.75	95.85	97	97.75	100

注:按分组效率计算的全效率为88.9%。

任务2   空调系统过滤净化设备

通风与空调系统中,为了满足室内洁净度的要求,需要对送入的空气进行过滤及净化,给人们创造良好的室内环境。

7.2.1   空气过滤器

空气过滤器

空气净化所用的空气过滤器主要按其过滤(捕集)效率的高低来分类,目前常用的分类如下:

1.初效过滤器

初效过滤器又称粗效过滤器,如图 7-7。滤材多采用玻璃纤维、人造纤维、金属丝网及粗孔聚氨酯泡沫塑料等,也有用铁屑及瓷环作为填充滤料的。金属丝网、铁屑及瓷环等类的滤料可以浸油后使用,以便提高过滤效率并防止金属表面锈蚀。初效过滤器大多做成 500 mm × 500 mm × 50 mm 扁块形,初效过滤器适用于一般的空调

图7-7   初效过滤器

系统，对尘粒较大的灰尘（>5 μm）可以有效过滤。在空气净化系统中，一般作为更高级过滤器的预滤，起到一定的保护作用。以大气尘计重法进行测定，其效率小于60%。

2. 中效过滤器

中效过滤器的主要滤料是玻璃纤维（比粗效过滤器用玻璃纤维直径小，约为10 μm）、人造纤维（涤纶、丙纶、腈纶等）合成的无纺布及中细孔聚乙烯泡沫塑料等。该种过滤器一般可做成袋式（图7-8）和抽屉式（图7-9）。中效过滤器用泡沫塑料和无纺布为滤料时，可以洗净后再用，玻璃纤维过滤器则需要更换。中效过滤器一般对大于1 μm的粒子能有效过滤。

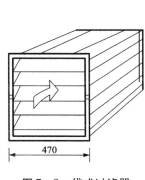

图7-8　袋式过滤器

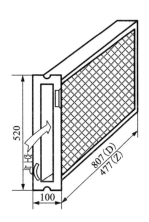

图7-9　抽屉式过滤器

以大气尘计重法进行测定，其效率为60%~90%。大多数情况下，用于高效过滤器的前级保护，少数用于清洁度要求较高的空调系统。

3. 高效过滤器

高效过滤器可分为亚高效、高效及超高效过滤器。一般滤料均为超细玻璃纤维或合成纤维，加工成纸状，称为滤纸。高效过滤器效率为99.91%，亚高效过滤器效率为90%~99.9%。

空气过滤器的选用，应主要根据空调房间的净化要求和室外空气的污染情况而定，以温度、湿度要求为主的一般净化要求的空调系统，通常只设一级初效过滤器，在新风、回风混合之后或新风入口处采用初效过滤器即可。对有较高净化要求的空调系统，应设初效和中效两级过滤器，在风机之后增加中效过滤器，其中第二级中效过滤器应集中设在系统的正压段（即风机的出口段）。有高度净化要求的空调系统，一般用初效和中效两级过滤器作预过滤，再根据要求洁净度级别的高低使用亚高效过滤器或高效过滤器进行第三级过滤。亚高效过滤器和高效过滤器尽量靠近送风口安装。

7.2.2　空气的净化

空气的净化处理，主要是除去空气中的悬浮尘埃，此外在某些场合还有除臭、增加空气离子等要求。

洁净室环境是微电子工业、精密加工技术、医药工业、食品加工等行业必备的生产条件。随着科学技术日新月异的发展，对洁净室的要求已经从洁净室环境中的温、湿度和悬浮微粒污染物的控制扩展到了对洁净室环境中的气(汽)态污染物、细菌和微生物的控制。洁净室受控环境微粒的粒径从过去的 0.5 μm 缩小到 0.25 μm 等。由此可见,洁净室环境在高新技术研究领域中起着至关重要的作用。

根据洁净室气流组织流型,主要有三类洁净室(图 7 – 10):

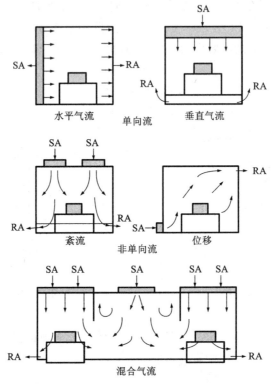

图 7 – 10   洁净室的三种气流流型示意图
SA—送风;RA—回风

1. 单向流洁净室

单向流洁净室也叫层流洁净室,其气流是从室内送风一侧平行、直线、平稳地流向相对应的回风侧,它是将室内污染源的污染物在未向室内扩散之前就被洁净空气压出房间,送入的清洁空气对污染源起隔离作用,分为水平流动洁净室和垂直流动洁净室。

单向流洁净室能够保证室内达到严格的洁净度要求,但换气次数高达 200~600 次/h,是非单向洁净室的 10~20 倍,它的造价和运行费用远高于非单向流洁净室。

2. 非单向流洁净室

此洁净室要求改进围护结构,使之不易产生灰尘且又不易积尘。但是,由于送风产生的诱导作用,使室内尘埃跟随运动,停滞在地板角落等处的灰尘也被卷起,产生涡流,这对高度洁净是不适合的,但造价较低。

3. 混合流洁净室

混合流洁净室是上述两种气流组合的气流,适用于在某些实际洁净室工程中只是部分区域有严格的洁净度要求的洁净室,因造价较低,效果比非单向流好,这种形式的洁净室应推广使用。

任务 3　通风与空调系统热、湿交换设备

在通风与空调工程中，为了实现不同的空气处理过程，需要使用不同的空气热、湿处理设备。

7.3.1　空气的加热

目前广泛使用的加热设备有表面式空气加热器和电加热器两种类型，前者用于集中式空调系统的空气处理室和半集中式空调系统的末端装置中，后者主要用在各空调房间的送风支管上作为精密设备以及用于空调机组中。

空气热湿、净化处理

1. 表面式加热器

表面式加热器又称表面式换热器，是以热水或蒸汽做热媒对空气进行加热的一种换热设备。

图 7-11 是表面式加热器结构图，不同型号的加热器，其肋管（管道及肋片）的材料和构造形式多种多样，为了增强传热效果，表面式换热器通常采用肋片管制作。用表面式换热器处理空气时，对空气进行热湿交换的工作介质不与被处理的空气直接接触，而是通过换热器的金属表面与空气进行热湿交换，在表面式加热器中通入热水或蒸汽，可以实现空气的等湿加热过程；

用于半集中式空调系统末端装置中的加热器，通常称为"二次盘管"，有的专为加热空气用，也有的属于冷、热两用型，即冬季作为加热器，夏季作为冷却器。其构造原理与上述大型的加热器相同，只是容量小、体积小，并使用有色金属来制作（如铜管铝肋片等）。

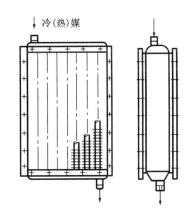

图 7-11　表面式加热器

按空气流动方向来说，表面式加热器可以并联，也可以串联，或者既有并联又有串联。到底采用什么样的组合方式，应按通过空气量的多少和需要的换热量大小来决定。一般是通过空气量多时采用并联，需要空气温升大时采用串联。

为了便于使用和维修，冷、热媒管路上应设阀门、压力表和温度计。在蒸汽加热器的管路上还应设蒸汽压力调节阀和疏水器。为了保证加热器正常工作，在水系统最高点应设排空气装置，而在最低点应设泄水和排污阀门。如果表面式加热器冷热两用，则热媒以用 65℃ 以下的热水为宜，以免因管内壁积水垢过多而影响表面式加热器的出力。

表面式加热器具有结构紧凑，水系统简单，水质无卫生要求，用水量少，水系统阻力小，体积小，使用灵活等优点，因而在机房面积较小或者无机房的舒适性空调中得到了广泛的应用。

2. 电加热器

电加热器是让电流通过电阻丝发热而加热空气的设备。其作用原理与表面式换热器装置有所不同。它有结构紧凑、加热均匀、热量稳定、控制方便等优点。但是由于电加热器利用的是高品位能源，所以只宜在一部分空调机组和小型空调系统中采用。在恒温精度要求较高

的大型空调系统中，也常用电加热器控制局部加热或做末级加热器使用。

电加热器有裸线式和管式两种基本形式。

裸线式电加热器由裸露在气流中的电阻丝构成。它的优点是热惰性小，加热迅速且结构简单，缺点是电阻丝容易烧断，安全性差，所以使用时必须有可靠的接地装置，并应与风机连锁运行，以免发生安全事故。

管式电加热器如图7－12所示，由管状电热元件组成，管状电热元件是将电阻丝装在特制的金属套管中，中间填充导热性好如结晶氧化镁等的电绝缘材料，外形做成各种不同形状。它的优点是加热均匀、热量稳定，使用安全，缺点是热惰性大，结构复杂。

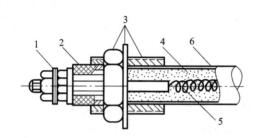

图7－12　管状电热元件

1—接线端子；2—瓷绝缘子；3—紧固装置；4—绝缘材料；5—电阻丝；6—金属套管

在选用电加热器时，先要根据使用要求确定其类型，然后再根据加热量大小和控制精度要求对电加热器进行分级，最后再根据每级电加热器负担的加热量确定其功率。确定电加热器功率时同样应考虑一定的安全系数。

7.3.2　空气冷却

对空气进行冷却处理时，常用的设备有表面式冷却器和喷水室。

1. 表面式冷却器

表面式冷却器简称表冷器，是由铜管上缠绕的金属翼片所组成排管状或盘管状的冷却设备，表面式冷却器分为水冷式和直接蒸发式两种。水冷式表面冷却器构造和表面式加热器基本相同，只是将肋片管内的热媒换成利用冷冻机产生的冷冻水为冷媒，直接蒸发式表冷器是以制冷剂作冷媒，靠制冷剂的蒸发吸收外部空气的热量，从而冷却空气。

表冷器的管内通入冷冻水或者其他冷媒，空气从表冷器管表面与表冷器管内冷冻水或者其他冷媒进行热交换得到冷却，当冷表面温度高于或者等于空气的露点温度时，空气中的水不会凝结，含湿量不变，但空气的温度会降低，表冷器对空气进行等湿冷却过程；当冷表面温度低于空气的露点温度时，空气中的水会凝结析出，空气的温度会降低，表冷器对空气进行冷却减湿（或干燥冷却）过程。

表冷器在空调系统被广泛使用，其结构简单，运行安全可靠，操作方便，但必须提供冷冻水源或者冷媒，不能对空气进行加湿处理。

2. 喷水室

喷水室又称喷雾室，是空调系统多年来采用的一种主要空气处理设备，喷水室处理空气，是用喷嘴将不同温度的水喷成雾滴，使空气与水进行热湿交换，从而达到特定的处理效果。喷水室的主要优点是能够实现多种空气处理过程(如等焓加湿、减湿冷却)、具有一定的净化空气的能力,与过滤净化相比,喷水室净化空气的费用较低,并且不存在使用寿命问题,对提高室内空气品质具有积极作用。但喷水室存在着对水质的卫生要求较高、占地面积大、水系统复杂、耗电量较大等缺点,所以,目前在一般建筑中已不常使用或仅作为加湿设备使用。但是,在以调节湿度为主要目的纺织厂、卷烟厂等工程中仍大量使用。

喷水室由挡水板、喷嘴、喷嘴排管、补水装置、回水过滤器、溢水器、喷水室外壳等组成,如图 7-13 所示。

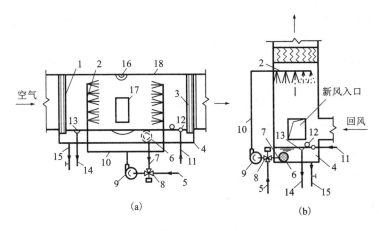

图 7-13　喷水室的构造

1—前挡水板；2—喷嘴与排管；3—后挡水板；4—底池；5—冷水管；6—滤水器；7—循环水管；
8—三通混合阀；9—水泵；10—供水管；11—补水管；12—浮球阀；13—溢流器；14—溢流管；
15—泄水管, 16—防水灯；17—检查门；18—外壳

喷水室工作过程:被处理的空气以一定的速度经过前挡水板 1 进入喷水空间,在此空气与喷嘴喷出的雾状水滴直接接触,由于水和空气的温度不同,它们之间进行着复杂的热湿交换。由喷水室出来的空气经后挡水板,分离出所携带的水滴,再经其他处理后,由风机送入空调房间。

底池 4 用于收集喷淋水,池中的滤水器 6 和循环管 7 以及三通阀 8 组成了循环水系统。

底池与多种管道相接。在冬季,采用循环水喷淋空气时,为补充蒸发掉的水分和维持底池的水位,设置由补水管 11、浮球阀 12 组成的自动补水装置；夏季对空气作冷却减湿处理时,为排出空气中析出的多余凝结水,设有溢水器 13 和溢流管 14。此外,为便于检修,冲洗底池和防冻需要,设有泄水管 15,为观察喷水情况设有防水照明灯 16 和供检修用的检查门 17。

喷嘴是喷水室的"心脏",其作用是将水喷成小的水滴和雾滴,喷嘴性能决定着喷水室空气的热湿处理效果。

喷水室可以用砖砌或用混凝土浇制及预制,也可以用钢板加工制作成定型的形式。喷水室的侧墙、室顶需做隔热层,水池施工时应做防水层,要求密闭、不漏风、不渗水。

喷水室有卧式和立式,单级和双级,低速和高速之分。此外,在工程上还使用带旁通和带填料层的喷水室。

立式喷水室的特点是占地面积小，空气流动自下而上，喷水由上而下，因此空气与水的热湿交换效果更好，一般是在处理风量小或空调机房层高允许的地方采用。

双级喷水室能够使水重复使用，因而水的温升大、水量小，在使空气得到较大焓降的同时节省了水量。因此，它更宜用在使用自然界冷水或空气焓降要求大的地方。双级喷水室的缺点是占地面积大，水系统复杂。

一般低速喷水室内空气流速为 $2 \sim 3$ m/s，而高速喷水室内空气流速更高。

带旁通的喷水室是在喷水室的上面或侧面增加一个旁通风道，它可使一部分空气不经过喷水处理而与经过喷水处理的空气混合，得到要求处理的空气参数。

带填料层的喷水室，是由分层布置的玻璃丝盒组成。这种喷水室对空气的净化作用更好，它适用于空气加湿或者蒸发式冷却，也可作为水的冷却装置。

喷水室除了能改变空气的热、湿状态参数，还可用来净化空调新风中的有害气体，去除颗粒杂质，对室内空气品质具有重要作用。喷水处理法可用于任何空调系统，特别是在有条件利用地下水或山涧水等天然冷源的场合，宜采用这种方法。此外，当空调房间的生产工艺要求严格控制空气的相对湿度（如化纤厂）或要求空气具有较高的相对湿度（如纺织厂）时，用喷水室处理空气的优点尤为突出。

7.3.3 空气的加湿、减湿

1. 空气加湿

在冬季和过渡季节，室外空气含湿量一般比室内空气含湿量低，为了保证相对湿度的要求，有时需要向空气加湿。在空调系统中，空气的加湿可以在两个地方进行：在空气处理室或者送风管道内对空气集中加湿，或在空调房间内部对空气进行局部补充加湿。

空气的加湿方法很多，有喷水室喷水加湿、喷蒸汽加湿、电加湿等。

（1）喷水室喷水加湿

用循环水喷淋空气，使之加湿，是空调工程中常用的处理方法。喷水室不仅能对空气进行冷却减湿还能对空气进行加湿，在喷水室中，当喷水温度高于空气的干球温度时，加湿过程中显热交换量大于潜热交换量，处理后的空气状态点的空气温度高于处理前的空气温度，表现为加热加湿。在喷水室中，如喷水温度低于空气的湿球温度，但又高于空气的露点温度，当空气与水接触时，空气便失去部分显热，其干球温度下降；同时，由于部分水蒸发，使处理后空气的含湿量大于处理前空气的含湿量，但其比焓值有所降低故表现为减焓加湿。

加湿效率因喷水室的喷水形式不同而有差异。一排顺喷平均效率在60%左右，一排逆喷为75%；两排顺喷为84%，两排对喷为90%，两排逆喷为95%左右。

（2）喷蒸汽加湿

喷蒸汽加湿是用普通喷管（多孔管）或专用的蒸汽加湿器，将来自锅炉房的水蒸气直接喷射入风管和流动空气中去，例如夏季使用表面式冷却器处理空气的集中式空调系统，冬季就可以采用这种加湿的方式。这种加湿方法简单而经济，对工业空调可采用这种方法加湿。但因在加湿过程中会产生异味或凝结水滴，对风道有锈蚀作用，不适于一般舒适性空调系统。

（3）电加湿

电加湿器是直接用电能产生蒸汽，蒸汽不经过管道输送直接混合到空气中去的设备。根据工作原理不同，电加湿器可分为电热式加湿器和电极式加湿器两种如图 7-14。

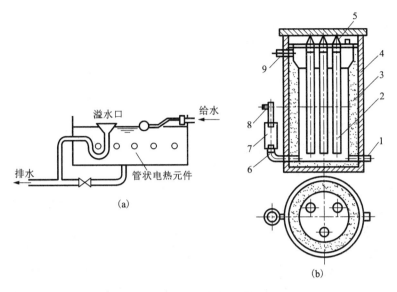

图 7-14 电加湿器

(a)电热式加湿器；(b)电极式加湿器

1—进水管；2—电极；3—保温层；4—外壳；5—接线柱；6—溢水管；7—橡皮短管；8—溢水嘴；9—蒸汽出口

电热式加湿器是电流通过放在水容器中的电阻丝，将水加热至沸腾而产生蒸汽；补水靠浮球阀自动控制，以免发生断水烧现象。此种电热式加湿器的加湿量大小取决于水温和水表面积。电热式加热器具有安全可靠、寿命长、易于控制等优点。

电极式加湿器是利用铜棒或不锈钢棒插入盛水的容器中作电极，电极通电后，电流从水中流过，水被加热蒸发成蒸汽。电极式加湿器产生蒸汽量的多少可以用水位来控制，电极式加湿器结构紧凑，加湿量容易控制，所以应用较多。它的缺点是耗电量较大，电极上易结垢和腐蚀，因而在加湿量需求不大的小型空调系统中使用。

2. 空气减湿

空气的减湿处理对于某些相对湿度要求低的生产工艺和产品储存有非常大的意义，例如，在我国南方比较潮湿的地区或者地下建筑、仪表加工、档案室及各种仓库等场合，均需要对空气进行减湿。

湿膜加湿机

目前空调系统常用的减湿方法很多，下面介绍两种减湿方法。

(1)加热通风法减湿

空气的加热过程是等湿升温、相对湿度降低的过程。

实践证明，在含湿量一定时，空气温度每升高1℃，相对湿度约降低5%。如果室外空气含湿量低于室内空气的含湿量，就可以将经过加热的室外空气送入室内，同时从房间内排出同样数量的潮湿空气，从而达到减湿的目的。该方法是经济易行，设备简单，投资少、运行费用低，但受到季节影响的缺点，在自然条件允许的条件下优先采用。

(2)冷冻除湿机减湿

冷冻除湿

冷冻减湿就是利用制冷设备，将被处理的空气降低到它的露点温度以下，除掉空气中析出的水分，再将空气温度升高，达到除湿的目的。常用于对湿度要求低的生产工艺、产品贮存以及产湿量大的地下建筑等场所的除湿。

图 7-15 是冷冻除湿机工作原理图，制冷剂经压缩—冷凝—节流—压缩反复循环而连续制冷，制冷系统的蒸发器表面温度低于空气的露点温度，空气中的水蒸气在此被凝结出来，含湿量降低，温度降低，达到除湿的目的。被除湿降温的空气，经过冷凝器时，待空气获得热力，温度升高，由风机送入室内使用。

除湿机的产品种类很多，有的做成小型立柜式，有的做成固定或移动式整体机组，不同型号除湿机的除湿量从每小时几千克到几十千克不等。

冷冻除湿机性能稳定，运行可靠，不需要水源，管理方便，能连续除湿。但初投资比较大，冷却减湿机适合使用在既需减湿，又需再热的场合，如地下建筑等。但在低温下运行性能很差，不适宜于空气露点温度低于 4℃ 的场所。

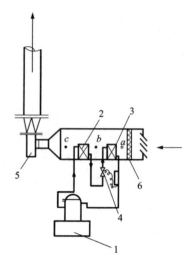

图 7-15　除湿机原理图

1—压缩机；2—冷凝器；3—蒸发器；
4—膨胀阀；5—风机；6—空气过滤器

任务4　通风机

通风机是依靠输入的机械能，提高气体压力并排送气体的机械，它是一种从动的流体机械。根据作用原理的不同，通风机可分为离心式通风机，轴流式通风机；根据通风机的用途可以分为一般用途通风机、排尘通风机、防爆通风机、防腐通风机、消防用排烟通风机等。

7.4.1　离心式通风机

通风机

离心式通风机主要由叶轮、进口及蜗壳等组成，其构造如图 7-16 所示，与离心式水泵类似，叶轮上有一定数量的叶片。叶轮转动时，叶道（叶片构成的流道）内的空气，受离心力作用而向外运动，在叶轮中央产生负压，因而从进风口轴向吸入空气。吸入的空气，在叶轮入口处折转 90° 后，进入叶道，在叶片作用下获得动能和压能。从叶道甩出的气流进入蜗壳，经集中导流后，从排出口排出。当叶轮中的空气被压出后，叶轮中心处形成负压，此时室外空气在大气压力作用下由吸风口被吸入叶轮，再次获得能量后被压出，形成连续的空气流动。

离心式风机具有产生风压大，流量小，噪声小，体积大，单位能耗高等特点。

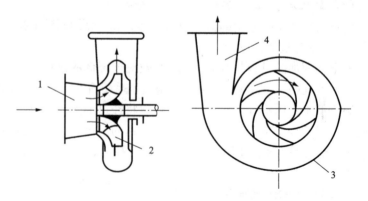

图 7-16　离心式风机结构示意图

1—吸入口；2—叶轮；3—机壳；4—排出口

170

7.4.2　轴流式通风机

在离心风机中，气流在叶轮内的流动是径向的，而在轴流风机中，气流在叶轮内是沿轴向流动的。

轴流风机由整流罩、叶轮、导叶、整流体、集风器及扩散筒等组成如图 7 - 17 所示，其中叶轮是会转的，称为转子，其他部分则是固定的。工作时气流从集风器进入，通过叶轮使气流获得能量，然后流入导叶，使气流转为轴向；最后气流通过扩散筒，将部分轴向气流的动能转变为静压能，气流从扩散筒排出。

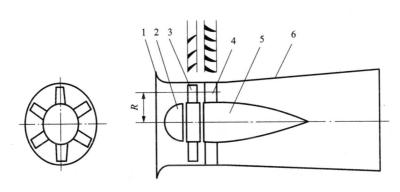

图 7 - 17　轴流式通风机结构示意图
1—进风口；2—整流罩；3—叶轮；4—导叶；5—整流体；6—扩散筒

轴流式通风机的叶片有板型、机翼型多种，叶片根部到梢常是扭曲的，有些叶片的安装角是可以调整的，调整安装角度能改变通风机的性能。

轴流式风机的类型很多。一些大型的轴流式风机在叶轮下游侧设有固定的导叶以消除气流在增压后的旋转。其后还可设置流线型尾罩，有助于气流的扩散。大型轴流风机常用电动机通过皮带或三角皮带来驱动叶轮。

轴流风机与离心风机相比较，在性能上最主要的差别是：轴流风机产生风压较小，单级轴流风机的风压一般低于 300 Pa；轴流风机自身体积小、占地少，可以在低压下输送大流量空气，噪声大，允许调节范围很小等。轴流风机一般多用于无须设置管道以及风道阻力较小的通风系统。

一般用途通风机只适宜输送温度低于 80℃，含尘浓度小于 150 mg/m^2 的清洁空气；排尘风机适用于输送含尘气体；防爆等级低的通风机，叶轮用铝板制作，机壳用钢板制作；防爆等级高的通风机，叶轮、机壳则均用铝板制作，并在机壳和轴之间增设密封装置。防腐风机采用不锈钢制作；消防用排烟风机供建筑物消防排烟使用，具有耐高温的显著特点，一般在温度大于 280℃的情况下可连续运行 30 min，目前在高层建筑的防排烟通风系统中广泛应用。

任务 5　通风与空调系统管道敷设与设备安装

通风与空调系统的设备有空气处理室、表面式换热器、除尘器、过滤器、净化设备、风机盘管等。

安装

7.5.1　空气处理室的安装

验收规范(上)

空气处理室分为金属空气处理室和非金属空气处理室。

1. 金属空气处理室

金属空气处理室由各段体组成，其安装要求：产品的性能、技术参数和接口方向应符合设计要求；机组外表面应无明显损伤、锈斑和压痕，表面光洁，喷涂层均匀、颜色一致，无流痕、气泡和剥落；机组的检查门应严密、灵活、安全；室外机组箱体应有防渗雨、防冻措施；按设计要求设置减振支座或支、吊架，承重量应符合设计及产品技术文件的要求。

验收规范(下)

金属空气处理室的安装按下列步骤进行：

（1）设备就位前，应按施工图和有关建筑物的轴线或边缘线及标高线，划定安装的基准线。

（2）互相有连接、衔接或排列关系的设备，应划定共同的安装基准线。

（3）设备找正、调平的定位基准面、线或点确定后，应在给定的测量位置上进行检验；复检时不得改变原来测量的位置。

（4）安装时，应先检查空气处理室各段体与设计图纸是否相符，各段体内所安装的设备、部件是否完整无损，安装配件应齐全。

（5）分段组装的组合式空调机组安装时，因各段连接部位螺栓孔大小、位置均相同，故需注意段体的排列顺序必须与图纸相符，安装前对各功能段进行编号，各段不得排错位置，空气处理室分左和右式，判断方法为顺气流方向观察或按厂商说明书确定。

（6）组装时应从设备的一端开始，逐一将各段体抬上基座校正位置后加衬垫，将相邻的两段用螺栓连接严密牢固，每连接一段须将其内部清理干净后方可继续安装。

（7）与供、回水管的连接应按产品技术说明进行。无说明时，应保证空气与水流的逆流。

（8）检查门及门框应平正、牢固，无滴漏，开关灵活，凝结水的引流管（槽）畅通，冷凝水排放管，应有水封，与外管路连接应正确。

（9）安装完毕后，机组应清理干净，箱体内应无杂物。

2. 非金属空气处理室

规范全文

非金属空气处理室在现场用钢筋混凝土或砖砌成的，外壳由于是混凝土或砖，一般由土建施工单位完成，安装工人按照设计的要求在内部安装过滤器、加热器、表冷器、加湿器、喷淋水管、分风板、挡水板等设备和部件。

7.5.2　表面式热交换器的安装

技术交底

常用的表面式热交换器有空气加热器和表面式冷却器两类。空气加热器是以热和水或蒸汽为热媒；而空气冷却器则以冷水或制冷剂为冷媒，前者称为水冷式表面冷却器，后者称为直接蒸发式表面冷却器。

（1）空气加热器的安装

空气加热器可根据空调机房的具体情况，水平安装或垂直安装。当加热器的热媒确定之后，在一定的空气状态下，加热器的加热量是一定的。因此，可根据需要的加热量大小与空气所需要的温升情况，将加热器并联或者串联。蒸汽管路与加热器只能采用并联，热水管路与加热器既可并联也可串联，当被处理的空气量较大时可采用并联组合。图 7-18 是一组两台串联,两台又并联的组合方案。

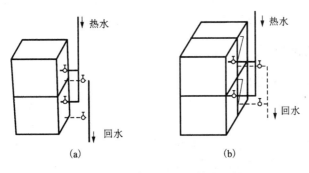

热水 热水
回水 回水
(a) (b)

图7-18 空气加热器的管路连接

蒸汽加热器蒸汽管入口处应安装压力表和调节阀,在凝结水管路上应设疏水阀、截止阀、和旁通阀,以利于运行中的检修。

热水加热器的供、回水管路上应安装调节阀和温度计,并在管路的最高点设放气阀,最低点设泄水阀。当热水加热器水平安装时,为便于排除凝结水,应考虑1/100的坡度。

(2)表面式冷却器安装

表面式换热器可以垂直安装,也可以水平安装或倾斜安装。垂直安装的表面式冷却器必须使肋片处于垂直位置,否则将因肋片上部积水而增加空气阻力。

由于表面式冷却器工作时,表面上常有凝结水产生,所以在它们下部应装接水盘和排水管(图7-19)。

按空气流动方向来说,表面式换热器可以并联,也可以串联,或者既有并联又有串联。到底采用什么样的组合方式,应按通过空气量的多少和需要的换热量大小来决定。一般是通过空气量多时采用并联,需要空气温升(或温降)大时采用串联。

表面式换热器的冷、热媒管路也有并联与串联之分,不过使用蒸汽做热媒时,各台换热器的蒸汽管只能并联,而用水做热媒或冷媒时各台换热器的水管串联、并联均可。通常的做法是相对于空气来说并联的换热器其冷、热媒管路也应并联,串联的换热器其冷、热媒管路也应串联。管路串联可以增加水流速,有利于水力工况的稳定和提高传热系数,但是系统阻力有所增加。为了使冷、热媒与空气之

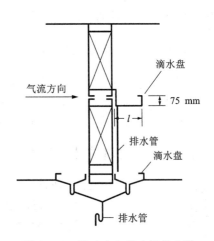

气流方向 → 滴水盘
75 mm
排水管
滴水盘

排水管

图7-19 滴水盘与排水管的安装

间有较大温差,最好让空气与冷、热媒之间按逆交叉流型流动,即进水管路与空气出口应位于同一侧。

同空气加热器一样,表面式冷却器最高点应设排气阀,最低点应设泄水阀,冷水管上应安装温度计、调节阀。

表面式热交换器凡具有合格证明,并在技术文件规定的期限内,外壳无损伤,安装前可

不做水压试验，否则应做水压试验。其试验压力等于系统最高压力的 1.5 倍，同时不得小于 0.4 MPa，水压试验的观察时间为 2 ~ 3 min，压力不得下降，并做出试验记录。

表面式热交换器与围护结构的间隙以及表面式热交换器之间的间隙应用耐热材料堵严。

7.5.3 除尘器的安装

除尘器种类繁多，其安装的共同要求如下：

各类除尘器安装均必须严密不漏，加法兰连接处，湿式除尘器的水管连接处和存水部位，除尘器的排灰阀、卸料阀、排泥阀的安装等均必须严密，否则会影响除尘器的除尘效率。例如旋风除尘器，由外壁向中心静压是逐渐下降的，据测定，有的旋风除尘器当进口处静压为 900 Pa 时，除尘器下部直到灰斗处静压为 −300 Pa，如果除尘器下部不保持严密，渗入外部空气会将已分离的粉尘重新卷入内涡旋而将粉尘带走，严重影响除尘效率。据资料介绍，灰斗漏风 1%，净化效率降低 5% ~ 10%；漏风 5%，净化效率降低 30%；漏风 15%，净化效率将趋于零。因此，保持除尘器的严密性就是保证其除尘效率的关键问题。

安装除尘器时，首先弄清方向，除尘器有时设计在风机的负压端，有时布置在正压端，不得装反；安装除尘器要求位置正确，保持垂直、牢固和平稳，平面位移允许偏差 10 mm，安装标高允许偏差 10 mm，垂直度允许偏差每米不应大 2 mm，垂直度总偏差不应大于 10 mm。

除尘器安装时，其转动或活动件应灵活可靠，湿式除尘器的排水管道应畅通。

脉冲袋式除尘器安装分整体式和组装式两种。整体式脉冲袋式除尘器安装时，应对外观及各部件进行检查，有无松动、破损等缺陷，整体完好时才可安装。组装式脉冲袋式除尘器安装时，应弄清其装配形式，按设计要求正确安装，现场组装的布袋除尘器还应符合下列规定：各部件连接处必须严密；布袋应松紧适当，连接牢固；脉冲除尘器喷吹管的孔眼应对准文氏管的中心，同轴的允许偏差应不大于 2 mm；振打式脉冲吹刷系统应正常可靠。

7.5.4 静电过滤器的安装

静电过滤器一般均采用整体安装，安装要平稳，接地要可靠，接地电阻应在 4 Ω 以下。当与通风机或风管连接时，连接部位应装柔性短管。为便于定期进行清洗积尘，还应安装进水管和排水管，进入压力为 20 ~ 60 kPa。

7.5.5 空气过滤器的安装

安装步骤

1. 浸油金属网格过滤器的安装

浸油金属网格过滤器安装方式可以采用水平、垂直、倾斜或人字形等。

2. 网状过滤器的安装

安装时先按图纸的数量，做好角钢框、底架和油槽。过滤器可以从安装框中取下。把安装框和角钢框及底架用铆钉加以固定，并用 3 mm 厚的石棉橡胶板或毛毡做衬垫，垫在安装框之间，以保证严密性。角钢框架在空气处理室内，可以焊接在预埋铁件上，或用水螺钉固定在预埋的水砖上，也可用膨胀螺栓固定。角钢框架与洞口背面接触处，要用浸过铅油的麻丝、腻子或砂浆填塞严密。网状过滤器安装完后交工前，将铁锈及杂物清除干净后。放在 70% 的热碱水中清洗，经清水冲净、晾干后浸 12 号或 20 号机油，淋去过多的油后，再装入安装框内使用。

174

3. 自动浸油过滤器的安装

固定好过滤器，仔细擦净油槽，并检查轴和搅拌器的旋转情况。把金属滤网放在煤油中用钢丝刷洗刷两遍，用布擦干。然后把滤网卷起，用绳捆住，抬到过滤网上面，解开绳索，慢慢转动网卷，把滤网挂在轴上，同时纳入导槽。把搭在外侧的网板下放到解开绳索，慢慢转动网卷，把滤网挂在轴上，同时纳入导槽。把搭在外侧的网板下放到 1～1.2 m，固定在构架上面。轴里侧的网板绕过下轴后，向上绕到与上网衔接处。取下网端对接处的销钉，把网板两端接在一起，成为连续网带。

装好网板后，检查网边在导槽里的位置是否合适，再用拉紧螺丝将网板拉紧。开动电动机检查网板应自上向下移动，否则可能增加带出油量。在油槽内加满机油，将过滤器开动 1 h，再停车 0.5 h，使余油流下，随后将油加满到规定油位。过滤器用螺栓固定在预埋的角钢框上。连接要紧密，可衬入 10 mm 厚的耐油橡胶或毛毡做衬垫。角钢框和墙的漏风处，用浸过铅油的麻丝、腻子和砂浆填塞。

3. 自动卷绕式空气过滤器的安装

根据过滤器框架的安装要求，在洞口墙面和支承过滤器的混凝土底座上，做好预埋角钢和铁件。安装时，首先把框架与预埋件用螺栓连接牢固，框架与预埋件之间要垫入 10 mm 厚的橡皮（或耐油橡胶）、毛毡做衬垫。框架安装应平整，上下卷自动卷绕式空气过滤器安装好后。应检查转动是否灵活，控制部分是否灵敏，滤料松紧要适当。

7.5.6 净化空调设备的安装

净化空调设备与洁净室维护结构相连的接缝必须密封，风机过滤器单元应在清洁的现场进行外观检查，目测不得有变形、锈蚀、漆膜脱落、拼接板破损等现象；在系统试运转时，必须在进风口处加装临时中效过滤器作为保护。

7.5.7 消声器的安装

（1）大量使用的消声器、消声弯头、消声风管和消声静压箱应采用专业生产厂的产品，如需现场制作时，可按设计要求或相关标准图集进行。消声组件的排列、方向与位置应符合设计要求，其单个消声器组件的固定应牢固。当有 2 个或 2 个以上消声元件组成消声组件时，其连接应紧密，不得松动，连接处表面过渡应圆滑顺气流。

（2）消声器在安装前应检查支、吊架等固定件的位置是否正确，预埋件或膨胀螺栓是否安装牢靠。消声器、消声弯头，应单独设置支、吊架，固定应牢固，不应由风管支撑。支吊架应根据消声器的型号、规格及建筑物的结构情况，按照国标或设计图纸的规定选取，支吊架必须保证所承载的有效荷载，消声片单体安装时固定端必须牢固，片距均匀。

（3）消声器支、吊架的吊杆位置应较消声器宽 40～50 mm。吊杆端部可加工成 50～80 mm 的长丝扣，以便找平，并用双螺杆固定。

（4）消声器与金属风管连接时，法兰应匹配。

（5）消声器的气流方向必须正确，与风管或阀部件法兰连接应保证严密、牢固。

（6）合理配置消声器。在同一系统中，选用相同类型和数量的消声器时，由于配置的部位和方式不同，会使整个系统的噪声衰减有很大的差别。

（6）消声器安装后，可用拉线法或吊线法进行检查，不符合安装要求的应进行调整。

消声减振总结

7.5.8 空调机组的安装

1.装配(组装)式空调机组安装

目前，工程中使用的装配式空调机组多由供货商负责安装，施工人员主要是配合协调好连接口位置、尺寸、做法即可。

(1)安装前仔细阅读说明书。各功能段的组装顺序及左式、右式应符合设计要求，各功能段之间的连接应严密，整体应平直。组装完毕后应做漏风量检测，空调机组静压为700 Pa时，漏风率不大于3%，空气净化系统机组，静压为1000 Pa，室内洁净度不大于100级时，漏风率不应大于2%，洁净度大于等于1000级时，漏风率不应大于1%。

(2)机组下部冷凝水管安装要注意水封高。应符合设计要求，防止漏风，如图7-20所示。机组设有喷淋时，前后挡水板不可搞错。如图7-21所示。

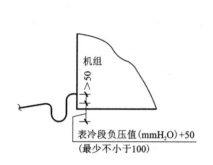

图7-20 机组下部冷凝水管安装示意图

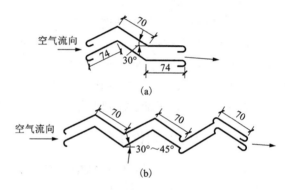

图7-21 前后挡水板
(a)前挡水板；(b)后挡水板

(3)喷水段的本体及检查门不得漏水，喷水管和喷嘴排列及规格符合设计要求，蒸汽加湿器的喷口不可朝下。

(4)表面式换热器应清洁、完好，换热器与维护结构的缝隙以及换热器之间的缝隙，应封堵严密。加热段与相邻之间的密封垫片应为耐热材料。

(5)新风机组在进风温度低于0℃时，应考虑盘管冻裂的措施。机组内应设必要的测温和测压点。

2.吊顶式空调机组的安装

吊顶式空调机组如图7-22所示，安装位置通常距办公区较近，机组与送回风管及水管均应采用柔性连接，且宜采用弹簧减振吊架安装。对噪声控严格的场所，机组外表面应采用30 mm橡塑保温材料进行保温、吸声处理。

3.风机盘管机组的安装

(1)风机盘管结构如图7-23所示，有立式、卧式、吊顶式等多种形式，可明装，可暗装。

(2)风机盘管水系统水平管段和盘管接管的最高点应设排气装置，最低点应设排污泄水阀，凝结水盘的排水支管坡度不宜小于0.01。

图 7 - 22　吊顶式空调机组

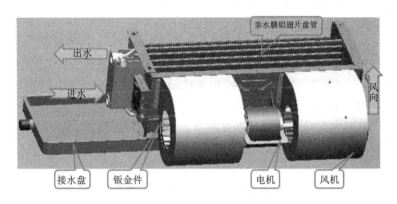

图 7 - 23　风机盘管结构图

（3）机组安装前宜进行单机三速试运转及水压检漏试验。试验压力为系统工作压力的 1.5 倍，试验观察时间为 2 min，不渗不漏为合格。机组应设单独支、吊架，吊杆与设备连接处应使用双螺母紧固找平，找正，使四个吊点均匀受力。也可采用橡胶减振吊架，机组与风管回风箱或风口的连接要严密可靠。

（4）机组供、回水配管必须采用弹性连接，多用金属软管和非金属软管。橡胶软管只可用于水压较低并且是只供热的场合。

（5）暗装卧式风机盘管的下部吊顶应留有活动检查口，便于机组整体拆卸和维修。

4. 诱导器的安装

诱导器如图 7 - 24 所示，根据诱导器的外形，安装方式有立式和卧式两种。卧式（水平悬吊式）挂于天花板下；立式（窗台式）装于窗台下；按诱导风能否进行局部处理分为简易诱导器和冷热诱导器两类。

诱导器安装前须逐台进行质量检查，检查的项目如下：

（1）各连接部位不能松动、变形和产生破裂等。

图 7 - 24　诱导器

（2）喷嘴不能脱落和堵塞，静压箱封头处的鲑隙密封材料不能有裂痕和脱落。

（3）一次风量调节阀必须灵活可靠，并调到全开位置，以便安装后的系统调试。诱导器经检查符合质量要求后即可进行安装，其安装要求如下：

①暗装卧式诱导器应由支、吊架固定，并便于拆卸和维修。

②诱导器与一次风管连接处应密闭，以防漏风。

③诱导器与水管连接处宜用软管，接管应平直不漏。

④诱导器水管接头方向和回风面朝向应符合设计要求。立式双回风诱导器应将靠墙一面留 50 mm 的空间，以利回风；卧式双回风诱导器要保证靠楼一面留有足够的空间。

⑤诱导器与风管、回风室及风口的连接处应严密；诱导器的出风口和回风口的百叶格栅有效通风面积不能小于 80%。

⑥诱导器的进出水管接头和排水管接头应严密不漏。排水坡度应正确，凝结水应畅通地流到指定位置。进出水管必须保温，以防产生凝结水。

通风机安装施工方法

5. 风机的安装

风机的安装是通风、空调系统施工中的一项重要分部工程，其安装质量的好坏，将直接影响到系统的使用效果。常用风机有离心式风机和轴流式风机。

（1）离心式风机的安装

离心式风机安装的基本程序是：风机的开箱检查、基础的准备或支架的安装、风机机组的吊装与校正、二次浇灌或支架的紧固、复测安装的同心度和水平度以及机组的试运转。

离心式风机可安装在基础上、支架上、也可以安装在减振器上。

分体式风机的安装方法和步骤如下：

1）先按图样和风机实物，对土建施工的基础进行检查核对。

2）将基础及地脚螺栓孔清理干净，在基础上画出风机安装定位的纵、横中心线。

3）在风机机座上穿上地脚螺栓，把机壳机座调到基础上使之就位，调整风机中心位置，使之对准基础的安装中心线。

4）吊装轴承箱和带轮的组合体，并插入轴承箱的地脚螺栓。

5）将叶轮装入机壳内的轮轴上。

6）风机的找平、找正。

7）风机外壳的找正。

8）将电动机吊装到基础上。

9）轴承箱组合体进行找平、找正。

10）电动机找平、找正后，可进行地脚螺丝孔的二次浇灌。

风机安装结束后，应安装传动带安全罩或联轴保护罩。进气口如不与风管或其他设备连接时，应安装网孔为 20～25 mm 的入口保护网。如进气口和出风口与风管连接时，风管的重量不应加在机壳上，其间应安装柔性短管。

（2）轴流风机的安装

轴流风机多安装在墙上、柱子上或混凝土楼板下，也可安装在砖墙内。

轴流式风机在墙内安装的形式，可分为有支座和无支座固定式。不同安装形式的风机，在安装前均应配合土建施工进行墙洞的预留，并预埋好挡板框和支座。

风机安装前应检查预留墙洞的位置、标高、尺寸及挡板框和风机支座的预埋是否符合设计要求。风机安装时,先用碎砖挤紧使之初步就位,然后进行校正,并使其形状平齐、无变形。有支座安装时,支座也必须找平、找正,拧紧固定螺栓。最后再用水泥砂浆填塞机壳与墙洞间的间隙,并抹平、压光。风机安装完成后,应安设45°防雨百叶。

安装在墙上、柱子上或楼板下的轴流式风机,必须设置风机支架。在风管中间安装轴流式风机时,风机可安装在用角钢制成的支架上。

(3)风机的试运行

安装完成后,应对其运转性能进行检测,以检查其安装的质量是否符合设计风机要求。

风机起动前的检查 检查机组各部分是否有松动;机壳内吸风口附近有无杂物,防止杂物吸入卡住叶轮,损坏设备;检查轴承油量是否充足适当;盘动风机转子,检查有无卡住及摩擦现象;检查电动机与风机的转向是否一致。

风机的起动 离心式风机起动时,应关闭出口处的调节阀,以减小启动时电动机的负荷。轴流风机应打开调节风门和进口百叶窗后,再开车起动。

风机的运行 风机运行过程中,应经常检查机组运转情况,添加润滑油。当机身发生剧烈振动,轴承或电动机温度过高及其他不正常现象时,应采取措施,预防事故发生。

风机机组试运转的连续运转时间应不少于2 h,若无运转异常现象,则安装合格。

6.减振器的安装

通风与空调系统减振安装方法有:橡胶减振垫减振、橡胶剪切减振器减振和弹簧减振器减振等。橡胶剪切减振器有 JG、JJQ 型两种型号。弹簧减振器的结构包括由弹簧钢丝制成的弹簧和护罩两部分。

机电安装工程的消声减振

安装前,应先检查减振器的规格型号与数量以及位置尺寸是否符合设计要求,安装时要使各组减振器承受负荷均匀,不得偏倚或相差悬殊。如果减振器受力不均,主要是由于减振器布置不当造成,应按设计要求选择和布置;如果各减振器仍出现压缩量或受力不均,应根据实际情况移动到适当的位置。安装减振器的地面应平整,不能使减振器发生位移。减振器安装后应采取保护措施,防止损坏。

小结

本项目主要讲授粉尘的性质,除尘装置的种类及除尘效率;空气的过滤与净化设备机理及特点;通风与空调系统热湿交换设备结构工作原理及特点;通风风机的分类及特点;通风与空调系统管道敷设与设备安装的方法。

优质项目的机电减震及安装工程

本项目的重点是除尘器及通风风机的分类,通风与空调系统管道敷设与设备安装的方法。

思考与练习题

暖通空调安装

一、分析题

1.粉尘的基本性质有哪些?

2.根据除尘机理的不同,除尘器种类有哪些?

3. 什么是除尘器的除尘全效率？

4. 空气过滤器的种类有哪些？

5. 空气加热方式有哪些？空气减湿方式有哪些？

6. 通风机种类有哪些？

7. 离心式风机安装的技术要求有哪些？

二、单选题

1. 文丘里除尘器是一种(　　)。

A. 旋风除尘器　　　B. 袋式除尘器　　　C. 湿式除尘器　　　D. 静电除尘器

2. 风机机组试运行的连续运转时间应不少于(　　)小时。

A. 1　　　　　　　B. 2　　　　　　　C. 3　　　　　　　D. 4

3. 电除尘器可以捕集(　　)的粉尘。

A. 5 μm　　　　　B. 4 μm　　　　　C. 3 μm　　　　　D. 1 μm

4. 表面式换热器通入蒸气或者热水，可以实现对空气进行(　　)处理。

A. 等湿加热　　　　B. 等湿冷却　　　　C. 等焓加湿　　　　D. 冷却减湿

5. 通风与空调设备安装中，空气设备与管道连接时，应设置(　　)。

A. 法兰连接　　　　B. 焊接连接　　　　C. 咬口连接　　　　D. 软连接(柔性连接)

6. 风机盘管安装好后应进行水压检漏试验，试验压力应为系统工作压力的(　　)倍。

A. 1.5　　　　　　B. 2　　　　　　　C. 1　　　　　　　D. 4

三、多选题

1. 下列设备中(　　)属于空气处理设备。

A. 空气过滤器　　　B. 风机　　　　　　C. 冷却塔　　　　　D. 风机盘管

2. 喷水室能对空气进行(　　)过程。

A. 等湿加热　　　　B. 等湿冷却　　　　C. 等焓加湿　　　　D. 冷却减湿

答案

项目 8 空调制冷系统

项目描述

本项目主要讲授蒸气压缩式制冷及吸收式制冷系统的组成及工作原理；制冷剂、载冷剂的作用及特点；制冷机组的组成；制冷系统的水系统的作用；制冷剂管道及制冷设备的安装方法；制冷系统水系统管道敷设与设备安装方法。

教学目标

知识目标	技能目标
（1）了解蒸气压缩式制冷及吸收式制冷系统的组成及工作原理； （2）掌握常用制冷剂与载冷剂性质； （3）了解常用制冷机组及其工作原理； （4）了解空调水系统形式； （5）掌握制冷管道及设备安装工艺及施工方法； （6）掌握制冷水系统管道及设备安装工艺及施工方法。	（1）正确选择施工方法及施工机具的能力； （2）熟练制冷管道、水系统管道及设备安装方法； （3）能正确地将新工艺应用到实际工程中； （4）具有发现问题解决问题的能力； （5）具有通过学习获取新技术自我更新的能力

思政元素

（1）"绿色、环保"理念下正确选取制冷；
（2）空调制冷设备运行、使用过程中的节能。

案例引入

2020 年新冠肺炎疫情已经影响全球的严峻形势下，对于我国空调制冷行业而言，变危为机，加大创新力度，空调制冷技术总体朝着高效节能，采用低 GWP 制冷剂，一体化模块机组、冷热源机房，空气净化和新风处理技术趋势发展。

本章以"制冷"为主线，主要讲授蒸气压缩式制冷及吸收式制冷系统的组成及工作原理；制冷剂、载冷剂的作用及特点；制冷机组的组成；制冷系统的水系统的作用；制冷剂管道及制冷设备的安装方法；制冷系统水系统管道敷设与设备安装方法，由理论到实践，让学生更好地掌握空调制冷系统设备安装新工艺及方法。

任务 1 空调制冷系统的组成与原理

空调用制冷系统中有蒸气压缩式制冷系统、溴化锂吸收式制冷系统和蒸气喷射式制冷系统，其中蒸气压缩式制冷系统应用最为广泛。

8.1.1 蒸气压缩式制冷系统

1.蒸气压缩式制冷系统工作原理

蒸气压缩式制冷系统主要由压缩机(包括原动机，如电机等)、冷凝器、膨胀(节流)阀(或其他节流膨胀装置)、蒸发器等四大部件及其连接管路组成，如图8-1所示。

其系统内充注制冷剂(即在制冷系统中，完成制冷循环的工作物质)。其工作原理是压缩机将从蒸发器来的低压制冷剂蒸气进行压缩，变成高温、高压蒸气后进入冷凝器，受到冷却剂空气或水的冷却放出热量并凝结成高压液体，再经膨胀阀节流后变成低压、低温的气液两相，进入蒸发器吸收被冷却物体的热量，这样被冷却物体(如空气、水等)便得到冷却，吸热汽化后的低压制冷剂再进入压缩机，继续进行下一个制冷循环。因此，制冷剂在压缩机、冷凝器、膨胀阀和蒸发器等热力设备中进行压缩、放热冷凝、节流、吸热蒸发四个主要热力过程，从而完成制冷循环，达到制冷目的。

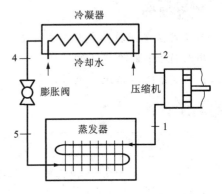

图8-1 蒸气压缩式制冷系统

2.蒸气压缩式制冷系统及其组成

在实际的制冷装置中，为了提高运行的经济性和保证操作管理的安全可靠，除了主要设备外，还增加了许多其他辅助设备，如油分离器、贮液器、气液分离器、干燥器、过滤器、集油器、空气分离器等。此外还有压力表、温度计、截止阀、浮球阀、安全阀、液位计和一些自动化控制仪器仪表等。把这些设备和仪器仪表组合起来，就构成一个完整的制冷装置。制冷装置是为不同工艺、不同温度需要服务的，所以其系统组成及效能，就必须适应不同工艺和不同温度的需要以及由不同的制冷剂的种类来确定。

蒸气压缩式制冷系统根据所采用的制冷剂不同可分为氟利昂制冷剂系统和氨制冷剂系统两大类。

(1)氟利昂制冷系统

氟利昂制冷系统图8-2所示。

氟利昂低压蒸气被压缩机1吸入并压缩后，成为高温高压气体，经油分离器2将油分出后进入冷凝器3被冷却水(也有用风冷的)冷凝为液体。氟利昂液体从冷凝器3出来，经干燥过滤器4将所含的水分和杂质除掉，再经电磁阀5进入气液热交换器6中与从蒸发器9出来的低温低压气体进行热交换，使氟液过冷，过冷的液体经热力膨胀阀7节流降压，将低温低压液体送入蒸发器9，在蒸发器内，氟利昂液体吸收空调用冷冻水热量，使其气化成为低温低压气体，此气体经气液热交换器后，又重新被压缩机吸入，如此往复循环，以实现制冷。

(2)氨制冷系统

氨制冷系统如图8-3所示。

低压氨气进入压缩机1，被压缩为高压过热氨气；由于来自制冷压缩机的氨气中带有润

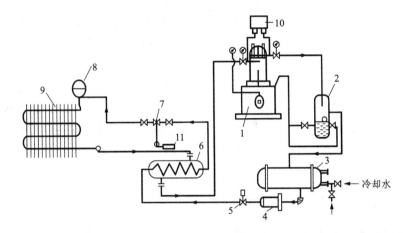

图 8 – 2 氟利昂制冷系统

1—压缩机；2—油分离器；3—冷凝贮液管；4—过滤干燥器；5—电磁阀；6—气液换热器；
7—热力膨胀阀；8—液体分配器；9—蒸发器；10—高低压力继电器；11—感温包

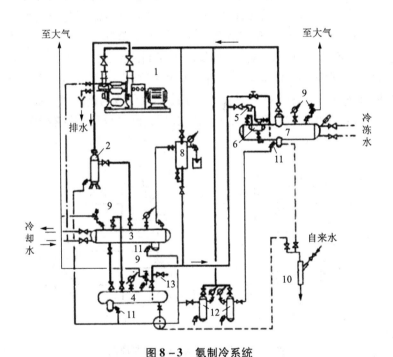

图 8 – 3 氨制冷系统

1—压缩机；2—油分离器；3—卧式壳管冷凝器；4—高压贮液器；5—过滤器；6—膨胀阀；7—蒸发器；
8—不凝性气体分离器；9—安全阀；10—紧急泄氨器；11—放油阀；12—集油器；13—充液阀

滑油，故高压氨气首先进入油分离器 2，将润滑油分离出来，再进入冷凝器 3；冷凝后的高压氨液贮存在高压贮液器 4 内，通过液管将其送至过滤器 5、膨胀阀 6，减压后供入蒸发器 7；低压氨液在蒸发器内吸热气化，低压氨气被制冷压缩机吸入，不断进行循环。

为了保证制冷系统的正常运行，系统中还装设有不凝性气体分离器 8，以便从系统中放出不凝性气体(如空气)。安全阀9的放气管直接通至室外。当系统内的压力超过允许值时，安全阀自动开启，将氨气排出，降低系统内的压力。同时，还设置紧急泄氨器10，一旦需要(如发生火灾)，可将高压贮液器以及蒸发器中的氨液分两路通至紧急泄氨器，在其中与自来水混合排入氨水池以免发生严重的爆炸事故。

被氨气从压缩机带出的润滑油，一部分在油分离器中被分离下来，但还会有部分润滑油被带入冷凝器、高压贮液器以及蒸发器。由于润滑油基本不溶于氨液，而且，润滑油的密度大于氨液的密度，所以，这些设备的下部积聚有润滑油。为了避免这些设备存油过多，影响系统的正常工作，在这三个设备的下部装有放油阀11，并用管道分两路分别接至高、低压集油器12，以便定期放油。

8.1.2　溴化锂吸收式制冷系统

1.溴化锂吸收式制冷系统的工作原理

吸收式制冷是液体汽化制冷的另外一种形式，它和蒸气压缩式制冷一样，利用液体制冷剂在低温下汽化达到制冷目的。

溴化锂吸收式制冷系统工作原理如图8－4所示，主要是由四个热交换设备组成，即发生器、冷凝器、蒸发器和吸收器，它们组成两个循环环路：制冷循环与吸收循环。右半部为吸收剂循环，主要由吸收器、发生器和溶液泵组成，相当于蒸气压缩式制冷的压缩机。在吸收器中，用液体吸收剂不断吸收蒸发器产生的低压气体制冷剂，以达到维持蒸发器内低压的目的。吸收剂吸收制冷剂蒸气而形成的制冷剂－吸收剂溶液，经溶液泵升压后进入发生器，在发生器中该溶液被加热、沸腾。其中沸点低的制冷剂汽化成为高压气态制冷剂，与吸收剂分离进入冷凝器，浓缩后的吸收剂经降压后返回吸收器，再次吸收蒸发器中产生的低压气体制冷剂。

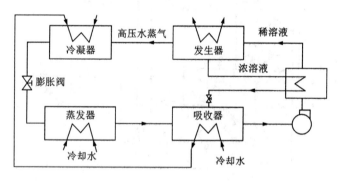

图8－4　溴化锂吸收式制冷原理图

左半部分为制冷剂循环，发生器中产生的高压气态制冷剂在冷凝器中向冷却介质放热、冷凝为液态后，经节流装置减压降温进入蒸发器；在蒸发器内该液态被汽化为低压气体，同时吸取被冷却介质的热量产生制冷效应。

溴化锂制冷系统内的工质是两种沸点相差较大的物质(溴化锂和水)组成的二元溶液，其中沸点低的物质(水)为制冷剂，沸点高的物质(溴化锂)为吸收剂。

2.溴化锂吸收式制冷系统

溴化锂吸收式制冷系统根据制冷循环分为单效溴化锂吸收式制冷和双效溴化锂吸收式制冷。

溴化锂吸收式制冷机组

（1）单效型溴化锂吸收式制冷系统　单效型溴化锂吸收式制冷系统是溴化锂吸收式制冷系统的基本形式，这种制冷系统可采用低位热能，通常采用 0.03 ～ 0.15 MPa（表压）的饱和蒸汽、85℃～140℃的热水或其他低位热源。利用余热、废热、生产工艺过程中产生的排热等为能源，特别在热、电、冷联供中配套使用，有着明显的节能效果。

（2）双效型溴化锂吸收式制冷系统　由于溶液结晶条件的限制，单效型溴化锂吸收式制冷机的热源温度不能很高。当有较高温度的热源时，应采用双效型溴化锂吸收式制冷系统。它有高、低压两级发生器，高、低压两级溶液热交换器。如图 8－5 为双效型溴化锂吸收式制冷系统的流程图。

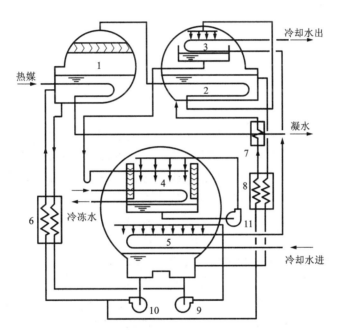

图 8－5　双效型溴化锂制冷系统

1—高压发生器；2—低压发生器；3—冷凝器；4—蒸发器；5—吸收器；6—高温热交换器；
7—凝水回热器；8—低温热交换器；9—吸收器泵；10—发生器泵；11—蒸发器泵

从吸收器 5 引出的稀溶液经发生器泵 10 升压后分成两路：一路经高温热交换器 6，进入高压发生器 1，在高压发生器中被高温蒸气加热沸腾，产生高温水蒸气。浓溶液在高温热交换器 6 内放热后与吸收器中的部分稀溶液以及来自低温发生器的浓溶液混合，经吸收器泵 9 输送至吸收器的喷淋系统。另一路稀溶液在低温热交换器 8 和凝水回热器 7 中吸热后进入低压发生器 2，在低压发生器中被来自高压发生器的水蒸气加热，产生水蒸气及浓溶液。此溶液在低温热交换器中放热后，与吸收器中的部分稀溶液及来自高温发生器的浓溶液混合后，输送至吸收器的喷淋系统。

任务2　制冷剂与载冷剂

制冷剂是在制冷系统中完成制冷循环的工作物质(也称制冷工质),制冷剂在制冷系统循环流动,在蒸发器内吸取被冷却物体或空间的热量而蒸发,在冷凝器内将热量传递给周围介质而被冷凝成液体,制冷系统借助于制冷剂状态的变化,从而实现制冷的目的。

载冷剂是间接制冷系统中用以传递制冷、蓄冷装置冷量的中间介质。载冷剂在蒸发器中被制冷剂冷却后送到冷却设备或蓄冷装置中,吸收被冷却物体或空间的热量,再返回蒸发器,重新被冷却,如此循环不止,以实现冷量的传递。

本节主要介绍常见制冷剂、载冷剂及其性质。

常用制冷剂的特性

8.2.1　制冷剂

1.制冷剂的分类

(1)按制冷剂化学成分分类

无机化合物　无机化合物的制冷剂有水、空气、氨、二氧化碳、二氧化硫等。对于各种无机化合物为"R7××"系列编号,该系列编号的最后两位数为该化合物的分子量。例如氨(NH_3)分子量为17,故编号为R717。

饱和碳氢化合物　饱和碳氢化合物制冷剂中主要有甲烷、乙烷、丙烷、丁烷和环状有机化合物等。国际规定用"R"作为这类制冷剂的代号。如R50、R170、R290等。

饱和碳氢化合物的衍生物氟利昂是饱和碳氢化合物中全部或部分氢元素(CL)、氟(F)和溴(Br)代替后衍生物的总称。国际规定用"R"作为这类制冷剂的代号,如R22。

不饱和碳氢化合物　这类制冷剂中主要是乙烯(C_2H_4)、丙烯(C_3H_6)和它们的卤族元素衍生物,它们的R后的数字多为"1",如R113、R1150等。

共沸混合制冷剂　这类制冷剂是由两种以上不同制冷剂以一定比例混合而成的共沸混合物,在一定压力下能保持一定的蒸发温度,其气相或液相始终保持组成比例不变,但它们的热力性质却不同于混合前的物质,利用共沸混合物可以改善制冷剂的特性,共沸混合制冷剂可以由组成制冷剂的编号和质量百分比来表示。如R22/R12(75/25)是由R22与R12按质量百分比75%:25%混合的共沸混合制冷剂。

对于已经成熟的商品化的共沸混合制冷剂,则给予新的编号,从500序号开始。目前已有R500,R501,R502,…,R509。

非共沸混合制冷剂　非共沸混合物制冷剂是由两种或两种以上的制冷剂按一定比例混合而成的制冷剂,在一定压力下液相和气相的组分不同,且沸点不恒定。非共沸混合制冷剂与共沸混合制冷剂一样,用组成的制冷剂编号和质量百分比来表示。例如R22/R152a/R124(53/13/34)是由R22、R152a、R124三种制冷剂按质量百分比53%:13%:34%混合而成。

(2)按标准沸点高低分类

高温制冷剂　标准沸点大于0℃,由于其在常温下的饱和压力低,故也称为低压制冷剂;常用的制冷剂有R123,R718。

中温制冷剂　标准沸点不低于-60℃且不高于0℃,也称为中压制冷剂,常用的制冷剂有R717,R134a等。

低温制冷剂 标准沸点低于 −60℃ 的制冷剂，也称为高压制冷剂。常用的制冷剂有 R744，R13 等。

制冷剂的种类很多，但目前在冷藏、空调、低温试验箱等的制冷系统中采用的制冷剂也就是 R11、R12、R22、R13、R134a、R123、R142、R502、R717 等十几种。

2.常用制冷剂的性质

(1)氟利昂

氟利昂是应用较广的一类制冷剂，主要有甲烷族、乙烷族和丙烷族三组，其中氢、氟、氯的原子数对其性质影响很大。氢原子数减少，可燃性也减少；氟原子数增加，对人体越无害，对金属腐蚀性越小；氯原子数越多，可提高制冷剂的沸点，但是氯原子越多对大气臭氧层破坏越严重。

大多数氟利昂本身无毒、无臭、不燃，与空气混合遇火也不爆炸，因此，适用于中小型活塞式、螺杆式、离心式制冷压缩机、低温制冷装置及有特殊要求的制冷装置中。

R22 属于中温制冷剂，标准蒸发温度为 −40.8℃，凝固点为 −160℃；R22 不燃烧、不爆炸，毒性很小，水在 R22 中的溶解度很小，而且随着温度的降低，溶解度越小。R22 广泛用于冷藏、空调、低温设备中，在活塞式、离心式压缩机系统中均采用。由于其分子组成中仍有氯的存在，所以对臭氧层仍有一定的破坏，对环境不友好，按国际法规定，在我国 R22 可使用到 2040 年，R22 属过渡性制冷剂。

R123 的标准蒸发温度为 27.9℃，凝固温度为 −107℃，属于高温制冷剂。广泛应用于离心式冷水机组中，具有一定毒性，因此在使用 R123 冷水机组的机房设计中，应按有关规定加强通风和安全保护措施，设置制冷剂泄漏传感器和事故报警点等。它具有优良的大气环境特性，是目前替代 R11 的理想制冷剂之一。

R134a 的标准蒸发温度为 −26.16℃，凝固温度为 −96.6℃，属于中温制冷剂。R134a 的导热系数明显高于 R12，低毒不燃制冷剂，它与矿物油不相溶但吸水性极强系统内有水分，在润滑油的作用下会产生酸，对金属发生腐蚀和镀铜现象，一般 R134a 系统中的最大含水量不应超过 20×10^{-6}。因此，R134a 对系统的干燥及清洁度的要求比 R12、R22 都高。

R32 的标准蒸发温度为 −51.80℃，凝固温度为 −136℃，属于中温制冷剂。其单位质量制冷量较大，约为 R22 的 1.57 倍，无毒，具有优良的大气环境特性，虽然具有轻微的可燃性，但其综合的优良性质，仍被业内认为是中、小容量空调制冷设备的制冷剂 R22 的一个重要替代品。

(2)碳氢化合物

R290 就是丙烷，是一种可以从液化气中直接获得的天然制冷剂，R290 与 R22 的标准沸点、凝固点、临界点等基本物理性质非常接近，且与铜、钢、铸铁、润滑油等具有良好的相容性，具备替代 R22 的基本条件。在饱和液态时，R290 的密度比 R22 小，因此相同容积下 R290 的充注量更小，另外，R290 的汽化潜热大约是 R22 的 2 倍左右，故采用 R290 的制冷系统制冷剂循环更小。

R290 具有上述优势，但其"易燃易爆"的缺点是限制其推广应用的最大阻碍。R290 与空气混合能形成爆炸性混合物，遇热源和明火有燃烧爆炸的危险。提高 R290 制冷系统安全性的重要手段包括减小充注量、隔绝火源、防止制冷剂泄漏及提高泄漏后的安全防控能力。

R410A空调制冷剂

（3）氨（R717）

氨的标准蒸发温度为33.4℃，凝固温度为－77.7℃，属于中温制冷剂。氨的蒸发压力和冷凝压力适中，单位容积制冷量大，制冷效率高，流动阻力小，热导率大，对大气臭氧层无破坏作用。氨的主要缺点是毒性较大、易燃、易爆、有强烈的刺激性臭味，对人体有危害。但是氨价格低廉，在冷藏行业广泛应用。

氨与水可以互溶，形成氨水溶液，在低温时水不会从溶液中析出而造成冰塞的危险。但水分的存在会导致制冷系统的蒸发温度提高，也会加剧对金属的腐蚀，所以氨中的含水量不超过0.12%。

氨几乎不溶于润滑油，油进入系统后，会在换热器的传热表面上形成油膜，影响传热效果，因此在氨制冷系统中要设有油分离器，氨液的密度比润滑油小，运行中油会逐渐积存在贮液器、蒸发器等容器的底部，可以较方便地从容器底部定期放出。

（4）水（R718）

水属于无机物类制冷剂，是所有制冷剂中来源最广、最为安全而便宜的工质。水的标准蒸发温度为100℃，冰点0℃，适用于制取0℃以上的温度。水无毒、无味、不燃、不爆，但水蒸气的比热容大，蒸发压力低，使系统处于高真空状态。由于这两个特点，水常在空调用的吸收式和蒸气喷射式制冷机中作制冷剂。

8.2.2 载冷剂

空调工程、工业生产和科学试验中，常常采用制冷装置间接冷却被冷却物，或者将制冷装置生产的冷量远距离输送，需要载冷剂起到运载冷量的作用。常用的载冷剂有水、空气、盐水以及有机化合物及其水溶液等。

1. 空气和水

空气或水无毒，化学稳定性好，对设备和管道的腐蚀性小，比热大，输送一定冷量时所需流量小，温度变化不大，导热系数大，来源充裕，价格低廉，水虽有比热大的优点，但水的冰点高，所以水仅能适用于载冷温度在0℃以上的场合，如空气调节设备等。0℃以下应采用盐水作载冷剂。

2. 盐水溶液

盐水溶液是盐和水的溶液，常用的有氯化钠和氯化钙水溶液，其性质取决于溶液中盐的浓度，如图8-6所示，图中曲线为不同浓度盐水溶液的凝固温度线。溶液中盐的浓度低时，凝固温度随浓度的增加而降低，当浓度高于一定值以后，凝固温度随浓度的增加反而升高，此转折点为冰盐合晶点。曲线将图分为四区，即溶液区、冰—盐水溶液区、盐—盐水溶液区和固态区，各区盐水状态不同。

盐水虽具有原料充沛、成本低、凝固点可调等优点，但由于盐水的浓度对盐水溶液的性质具有很大影响，故盐水作为载冷剂时应注意以下问题：

（1）要合理地选择盐水的浓度。盐水的浓度增高，虽可降低凝固点，但使盐水密度加大、比热减小。而盐水密度加大与比热减小，都会使输液泵的功率消耗增大。因此，不应选择过高的盐水浓度，而应根据使盐水的凝固点低于载冷剂系统中可能出现的最低温度为原则来选择盐水的浓度。目前一般在选择盐水浓度时，使其凝固温度比制冷剂的蒸发温度低5~8℃为宜。

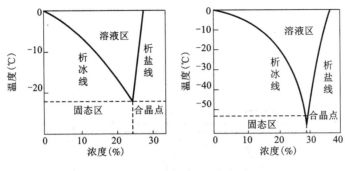

图 8-6 盐水凝固曲线

(2)注意盐水对设备及管道的腐蚀问题。盐水对金属的腐蚀随溶液中含氧量的减少而变慢。为此,最好采用闭式盐水系统,以减少盐水与空气接触机会,从而,从含氧量与腐蚀性来要求,盐水浓度不可太低。此外,为了减轻盐水的腐蚀性,还应在盐水中加入一定量的防腐剂并使其具有合适的酸碱性。

(3)盐水载冷剂在使用过程中,会因吸收空气中的水分而使其浓度降低。为了防止盐水的浓度降低,引起凝固点温度升高,必须定期检测盐水的比重。若浓度降低,应适当补充盐量,以保持在适当的浓度。

3.有机化合物水溶液

由于盐水溶液对金属有强烈腐蚀作用,目前有些场合采用腐蚀性小的有机化合物,乙二醇、丙二醇、乙醇、甲醇、丙三醇等水溶液均可作为载冷剂。乙烯乙二醇、丙二醇溶液在工业制冷和冰蓄冷系统中应用较广泛。丙二醇是极稳定的化合物,其水溶液无腐性,无毒性,可与食品直接接触,是良好的载冷剂;但丙二醇的价格及黏度较乙烯乙二醇高。乙烯乙二醇水溶液特性与丙二醇相似,它是无色、无味的液体,挥发性弱,腐蚀性低,容易与水和其他许多有机化合物混合使用;虽略带毒性,但无危害,其价格和黏度均低于丙二醇。

任务 3 制冷机组

制冷机组是将制冷系统中的部分或全部设备配套组装为一个整体的制冷装置。这种机组结构紧凑、使用灵活、管理方便、安装简单,其中有些机组只需连接水源和电源即可使用,为制冷空调工程设计和施工提供了便利条件。制冷机组有压缩—冷凝机组、冷(热)水机组和空气调节机组等。

8.3.1 离心式冷水机组

冷水机组则是将压缩机、冷凝器、节流装置、蒸发器、辅助设备以及自动控制元件等组装成一个整体,专门为空调系统或其他工艺过程提供不同温度的冷水。冷水机组根据压缩机工作原理不同可为容积式和离心式制冷水机组。

冷水机组

图 8-7 为单级离心式冷水机组的系统示意图。电动机通过增速器带动压缩机的叶轮将来自蒸发器的低压气态制冷剂压缩成为高压蒸气,送入冷凝器,被冷凝后的液态制冷剂经浮

球式膨胀阀节流后送到蒸发器中吸热，冷却冷冻水。离心式冷水机组目前大多采用 R123 和 R134a 制冷剂。

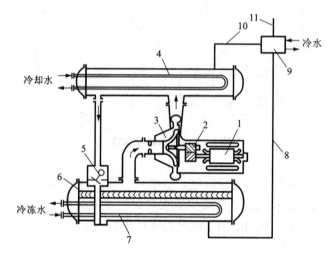

图 8-7　离心式冷水机组

1—电动机；2—增速器；3—压缩机；4—冷凝器；5—浮球式膨胀阀；6—挡液板；
7—蒸发器；8—制冷剂回收管；9—制冷剂回收装置；10—抽气管；11—放空管

8.3.2　空气调节机组

空气调节机组是由制冷压缩机、冷凝器、节流装置直接蒸发式空气冷却器以及通风机、空气过滤器等设备所组成，向空调房间输送经过处理的空气。空气调节机组的种类很多，主要有房间空调器、多联式空调机组、单元式空调机组和冷冻除湿机组、新风机组等。

1. 房间空调器

近年来，房间空调主要在以变频技术为核心的节能技术、永磁电动机、以无风感出风为代表的舒适性技术、改善室内空气品质的健康技术等。

房间空调器根据结构形式可分为整体式（窗式空调器）和分体式。

图 8-8 为窗式空调器示意图，图的上半部（室外侧）为全封闭压缩机和风冷式冷凝器，与室外相通，使冷凝器向外通风散热；图的下半部（室内侧）为离心式送风机和直接蒸发式空气冷却器，向房间内供给冷风。此外，机组上还设有与室外空气相通的进风门，可向室内补入一定量的新鲜空气。窗式空调器结构紧凑，价格便宜，但是噪声大。

图 8-9 为最常用的分体式挂壁空调器的结构示意图，它是将压缩机、冷凝器和冷凝器风机

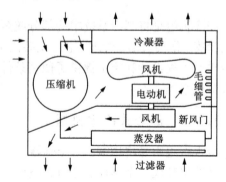

图 8-8　窗式空调器示意图

等部件组装在室外机内，将蒸发器和风机置于室内机中，室外机和室内机用制冷剂管道连接。这种空调器由于压缩机放置在室外，而室内风机采用贯流风机，所以噪音较小。

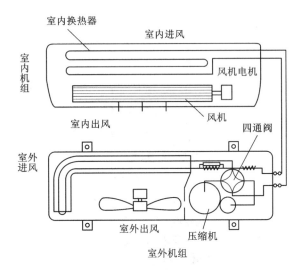

图 8-9 分体式空调器结构示意图

目前室内机常采用流线型壳体，使分体式挂壁空调器成为小巧美观、集功能与装饰于一体的空气调节装置。

2. 多联机空调机组

多联式空调机组（简称多联机）如图 8-10 所示，它是由一台或多台室外机与多台室内机组成，依靠制冷剂流动进行能量转换与输送，室外机由制冷压缩机、室外热交换器和其他辅助设备组成，类似于分体式空调器的室外机；室内机由直接蒸发式空气冷却器和风机组成，与分体式空调器的室内机相似。采用变速或变容等方式和电子膨胀阀分别控制制冷压缩机的制冷剂循环量和进入室内换热器的制冷剂流量，适时地满足室内空调负荷的要求。通过四通阀换向，可以实现制冷和制热模式的转换。

多联式空调机组具有节能、舒适、运行平稳，制冷剂液管和气管占用空间小等优点，且室

多联机中央空调

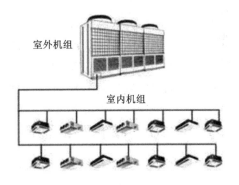

图 8-10 多联机空调机组

内机可以独立调节，满足不同房间的需求，容易实现行为节能。但系统需要有良好的控制功能，而且制作工艺和施工要求严格，故初投资较高。

3. 单元式空调机组

单元式空调机组的制冷量较大，通常在 7 kW 以上。它的形式和种类也较多，根据冷凝器的冷却方式不同，有水冷式和风冷式两种；根据供热方式不同，有单冷型、电热型和热泵型；根据有无湿度控制，有带湿度控制（恒温恒湿型）和不带湿度控制两类。图 8-11 为恒温恒湿型单元式空调机组的示意图。机组下部是压缩机和水冷式冷凝器，上部为蒸发器、风机、电加湿器和电加热器等，组成一个柜形整体设备。

安装标准图文说明

由于空调机组中装有加湿器和加热器，因此可在全年内保证房间达到一定程度的恒温与恒湿要求，但能耗大。

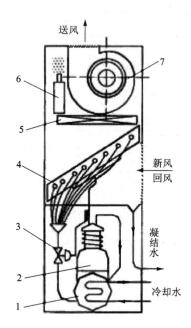

图 8 - 11　恒温恒湿型单元式空调机组
1—水冷式冷凝器；2—压缩机；3—热力膨胀阀；4—蒸发器；5—电加热器；6—电加湿器；7—风机

冷冻除湿原理

5. 冷冻除湿机

冷冻除湿机组是利用蒸气压缩式制冷机降低空气含湿量的设备，它包括制冷压缩机、冷凝器、直接蒸发式空气冷却器和通风机等主要设备，冷冻除湿机组的工作流程见图 8 - 12。需要除湿的空气经空气过滤器被风机吸入，首先经直接蒸发式空气冷却器（蒸发器）冷却，随着温度降低，部分水蒸气被凝结成水滴，空气被除湿；然后经过风冷式冷凝器进行再热，以降低其相对湿度。

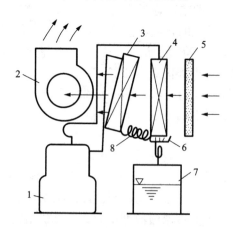

图 8 - 12　除湿机组的工作流程
1—压缩机；2—风机；3—冷凝器；4—蒸发器；5—空气过滤器；6—凝结水盘；7—凝水罐；8—毛细管

空调水系统

任务 4　制冷系统的水系统

制冷系统的水系统是空调系统重要组成部分,水系统由冷冻水系统和冷却水系统两大部分组成。

组成与介绍

8.4.1　冷冻水系统

冷冻水系统是将冷(热)水机组产生的冷量或者热量由水泵提升压力、通过管道送至所需供冷(热)的房间,通过末端设备供冷或供热。冷冻水系统将制冷机组制取的冷冻水输配给各个空调用户末端,根据不同应用情况可以分为不同的冷冻水系统形式。

1.开式与闭式系统

冷冻水系统均为循环水系统,有闭式系统(图 8-13)和开式系统(图 8-14)之分。在开式系统中,循环水存在有与空气接触的自由液面,而闭式系统中的循环水对外封闭而不与空气接触(不参与循环的定压面除外)。

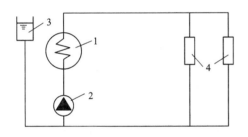

图 8-13　闭式系统

1—制冷机组;2—水泵;3—定压水箱;4—用户

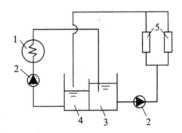

图 8-13　开式系统

1—制冷机组;2—水泵;3—冷冻水箱;4—回水箱;5—用户

2.直连系统与间连系统

根据用户水系统与制冷机组的连接方式不同,冷冻水系统可以分为直连系统和间连系统。如图 8-14 和图 8-15 所示。

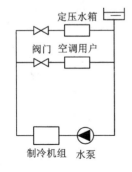

图 8-14　直连系统

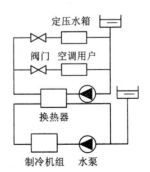

图 8-15　间连系统

直连系统为用户侧水路和制冷机组直接连通的水系统。当系统规模较小，用户比较集中，且高差也比较小时，采用直连系统可以减少中间换热环节，降低设备投资，而且运行效率较高。

间连系统是采用换热器将全部或部分用户侧水路与制冷机组水路分隔的水系统。当系统规模较大，用户比较分散，采用间连系统便于系统调节，减少各部分之间的相互影响，各部分都可以保持较高的运行效率。

3. 异程系统和同程系统

根据每个空调末端水的流程是否相同，冷冻水系统可分为异程系统(图 8 - 16)和同程系统(图 8 - 17)。每个用户的冷冻水流经管道的长度相同的系统为同程系统，反之则为异程。

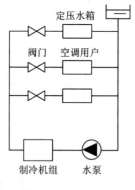

图 8 - 16 异程系统

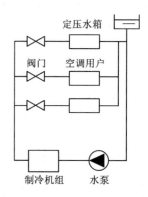

图 8 - 17 同程系统

4. 定流量和变流量系统

从用户侧(而不是单个末端装置)的冷冻水流量是否实时变化以适应空调负何需求特征上，可将冷冻水系统分为定流量系统和变流量系统两种形式，分别如图 8 - 18 和图 8 - 19 所示。

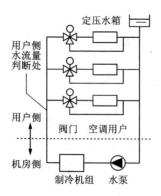

图 8 - 18 定流量系统

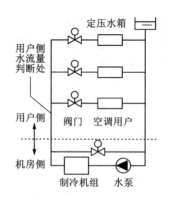

图 8 - 19 变流量系统

在定流量系统中，总的用户侧水流量不实时变化而相对恒定，可通过改变冷冻水供、回水温差或调节末端风机转速等方式来适应空调房间的冷负荷变化；而变水量系统则通过改变用户侧水流量来适应冷负荷变化。

8.4.2 冷却水系统

冷却水系统承担着将空调系统的冷负荷与制冷机组能耗散发到室外环境的功能，也是整个建筑空调系统中必不可少的环节。为了保证制冷机组的冷凝温度不超过制冷压缩机的允许工作条件，冷却水进水温度一般应不高于32℃。

按使用的冷却水分类，空调系统的冷却水系统可分为三种基本类型：直流式系统、混合式系统和循环式系统；按冷却水的蒸发冷却装置(冷却塔)有自然通风冷却循环和机械通风冷却循环，蒸发式冷却装置中冷却水与空气的接触充分，水通过该装置后，其温度就可降至比空气的湿球温度高3℃~6℃。

1. 直流式冷却水系统

直流式冷却水系统属于一次用水系统，是最简单的冷却水系统。冷却水经设备使用后直接排掉，不再重复使用。由于冷却水使用后的温升不大，一般在3℃~8℃，因此这种系统的耗水量很大，适宜用在有充足水源的地方，如江河附近、湖畔、水库旁。直流式冷却水系统一般不宜采用自来水作水源。

2. 混合式冷却水系统

混合式冷却水系统如图8-20所示。经冷凝器使用后的冷却水部分排掉，部分与供水混合后循环使用。这种系统用于冷却水温度较低的场合，如使用井水。采用这种系统后，可提高冷凝器的出水温度，增大冷却水的温升，从而减少冷却水的耗量，井水是宝贵的水资源，大量的汲取使用，还会使地面下沉。因此，即使这种系统可减少冷却水的耗量，也不宜在大型系统中采用。

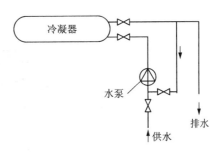

图8-20 混合式冷却水系统

3. 循环式冷却水系统

在水源水量不充裕的地区，为了减少冷却水的用量，除采用蒸发式冷凝器或空冷式冷凝器外，也可采用循环式冷却水系统，此种系统就是将来自冷凝器的冷却回水先通入蒸发式冷却装置，使之冷却降温，然后再用水泵送回冷凝器循环使用，这样只需补充少量新鲜水即可。

4. 自然通风循环系统

图8-21是自然通风冷却循环系统示意图。采用水泵将流出冷凝器的冷却水从喷水池上的喷嘴喷出，增加水与空气的接触面积，以促进水被蒸发冷却的效果。这种喷水冷却池构造简单，但是占地面积大，当喷水压力为0.5 bar(表压)时，每平方米冷却池可冷却的水量只有0.3~1.2 m³/h。它只适用于空气温度较低、相对湿度较小地区的小型制冷系统。当然，有时也可与绿化水景相结合，用于公共建筑的空调系统。

5. 机械通风循环系统

机械通风冷却循环系统(图8-22)主要由制冷机组冷凝器、冷却水泵、冷却塔、循环水管、补水装置及水质处理装置等组成。流出制冷机组冷凝器的冷却水由上部进入冷却塔，喷淋在塔内填充层上，以增大水与空气的接触面积，被冷却后的水从填充层流至下部水盘内，通过水泵再送入制冷机组冷凝器中循环使用。冷却塔顶部装有通风机，使室外空气以一定流速自下通过填充层，以加强冷却效果。这种冷却塔的冷却效率较高，结构紧凑，适用范围广，

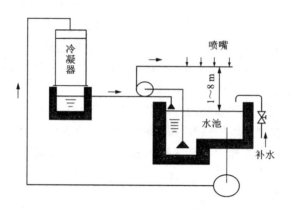

图 8 – 21 自然通风冷却循环系统

有定型产品可供选用。在机械通风冷却循环系统中，冷却塔根据不同应用情况，可以放置在地面或屋面上，可以配置或不配置冷却水池。

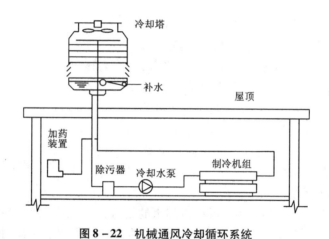

图 8 – 22 机械通风冷却循环系统

施工及验收规范

任务5 制冷系统设备安装及管道敷设

制冷系统安装质量的好坏直接关系到制冷系统的正常运转，甚至影响制冷压缩机的使用寿命。安装制冷设备不同于安装其他机械设备，它有自身的特殊性，充分重视制冷设备安装的特殊要求是保证制冷系统正常运转的关键。那么，制冷设备安装的特殊要求是什么呢？最主要的是各部件间的管路连接要有可靠的严密性，这是因为制冷系统是与大气相隔绝的密闭式系统，不论它是否运转，系统内部都充满着制冷剂，其压力不是比大气压力高几倍或十几倍（如冷凝压力），就是低于大气压力（如低温箱的吸气压力）。若系统不严密，不是制冷剂从系统中漏出（如 R22 的渗透能力很强，能穿过极微细的缝隙），就是外界空气渗入到系统内部，造成制冷机不能正常运转。另一特殊要求是在安装时应注意保持系统内部清洁。对于氟利昂制冷系统，不能有水分和潮气侵入，否则，会影响制冷机的正常运转和制冷机的工作寿

196

命。因此，安装制冷系统时，必须注意施工的各个环节，严格按照有关规范及产品说明书中的技术要求施工，确保工程质量。

8.5.1 制冷设备的安装

制冷设备安装，是一项复杂的技术工作。为了使这项工作能顺利地完成、应按要求做好各项准备工作。安装前准备工作除了解本工程的特点以外，还要做好技术资料准备、施工机具准备、常用材料准备，并做好设备开箱检查工作。在施工准备阶段除应完成上述准备工作外，还应明确设备安装的工期、环保等要求，明确设备订货情况及到现场的时间。

组装安装

1. 安装前的准备工作

（1）技术资料准备

制冷设备在安装前，必须对其有关的技术资料进行认真的准备和审定。技术资料包括施工图纸、施工方案、技术措施、施工进度计划以及制冷设备相关的资料。

（2）施工机具及量具准备

为提高制冷设备安装的机械化程度，除有必要的钳工设备、焊接设备以外，还应准备吊装机具和常用量具。

（3）制冷设备的开箱检查

制冷设备的开箱检查，是安装前的一个重要工作环节，关系到设备的安装能否顺利进行及工程验收。检查的目的是查明设备的技术状况、数量、有无质量缺陷、有无缺少附件及工具现象、有无影响安装的因素等。

（4）设备基础的检查验收

设备基础主要承受机器设备自重的静荷载和机器运转的动荷载，并且应吸收机器运转产生的振动，不允许产生共振，耐润滑油的侵蚀等，在设备安装前要对基础进行检查。设备基础应有足够的强度、刚度、稳定性。设备基础的位置、几何尺寸和质量，应符合相关施工规范。

2. 制冷压缩机安装

（1）设备就位

在制冷压缩机就位前，设备基础应验收合格，并已经将设备基础清理干净。然后将制冷压缩机在开箱后由箱的底排移到设备基础上，可根据现场实际条件及制冷压缩机的吨位选择就位方法。对于小型的压缩机，可由 2~4 人抬起放到机座上；对于中型压缩机，利用冷冻站内的桥式起重机，将制冷压缩机直接吊装到基础上。此方法应注意安全，在就位时钢丝绳与设备的接触处应垫木方等物，以免损坏设备。

对于大中型压缩机，利用人字桅杆就位。即制冷压缩机运至基础上，再将人字桅杆上挂上倒链，将制冷压缩机吊起，抽去底排，将制冷压缩机安放到基础上。此方法也应注意钢丝绳与设备接触处要垫上木板，以免损坏制冷压缩机加工面及防腐漆，而且机组要保持水平状态。

（2）制冷压缩机找平

将制冷压缩机的纵横中心线与设备基础纵横中心线对正。可用线锤进行测量，如果没有对正，可用撬杆轻轻撬动制冷压缩机进行调整，直到符合表 8-1。

表 8-1　制冷设备与制冷附属设备安装允许偏差

序号	项目	允许偏差（mm）	序号	项目	允许偏差（mm）
1	平面位移	10	2	标高	±10

（3）制冷压缩机的初平

将制冷压缩机就位找正后，调整制冷压缩机的水平度，使其水平度接近要求（纵横水平度允许偏差为 1/1000 或按制冷压缩机的技术文件确定）。

（4）制冷压缩机的精平

精平是制冷压缩机安装的重要工序，它是在制冷压缩机初平后进行的。精平后，水平度应达到规范要求或制冷压缩机技术文件要求。精平的目的是保持设备运转中的设备稳定及重力的平衡，以减少振动防止变形；减少磨损及能耗，延长设备使用寿命。

精平的方法，根据制冷压缩机的形式不同而不同，如立式和 W 型的压缩机可采用框式水平仪在气缸端面或压缩机进排气口处测量；V 型和 s 型压缩机可采用角度水平仪在气缸端测量，如果无角度水平仪，也可在压缩机的进排气口和安全阀法兰端面测量。如果测量水平度不符合要求，应通过调整垫铁的方法进行调平。

（5）基础抹面

在制冷压缩机精平后，应将制冷压缩机机座与基础间的空隙灌满混凝土，并将垫铁埋入其中，用于制冷压缩机运行时将负荷传递到基础上。

灌混凝土之前，应在基础外边缘放置模板，如制冷压缩机底部不需全部灌浆，且灌浆层需承受设备负荷时，设内模板。内模板到制冷压缩机机座边缘的距离不应小于 100 mm 或底座肋面宽度。灌浆层厚度不应小于 25 mm，灌浆层应有向外的坡度，以防止油、水等流入压缩机底座。在混凝土凝固前应用水泥砂浆抹面，抹面应压密实。

3. 冷凝器安装

冷凝器的形式有多种，这里只对水冷式冷凝器安装作简单介绍，水冷冷凝器有立式和卧式两种。在安装时，立式冷凝器的垂直度和卧式冷凝器的水平度允许偏差为 1/1000；冷凝器的安装可根据安装现场条件，选用合适的吊装方式，可采用倒链、提升机或绞车等工具。安装完毕后，应对系统进行气密性实验。

（1）立式冷凝器的安装

立式冷凝器通常安装在室外冷却水池的槽钢或不完全封顶的钢筋混凝土水池盖上。

安装在现浇混凝土的水池池顶时，应在水池顶部预埋地脚螺栓或预留地脚螺栓孔，将冷凝器吊放至池顶部，找正、找平后拧紧螺母，如果地脚螺栓孔需二次灌浆，也在找平、找正后进行。

安装在工字钢或槽钢上，首先将工字钢或槽钢按安装的要求放置在水池上并固定，然后将冷凝器吊装其上，用螺栓加以固定。注意工字钢或槽钢应避让冷却水管。

安装于池顶上，在池顶预埋钢板，钢板与池顶钢筋焊一起，安装时，先按冷凝器的地脚螺栓孔位置放工字钢或槽钢于钢板上，将冷凝器吊装到工字钢或槽钢上，待冷凝器找平，找正后，将工字钢或槽钢与预埋钢板焊牢。这种安装方法冷凝器的安装位置可调整，便于校正，比较灵活。

（2）卧式冷凝器安装

卧式冷凝器一般装于室内，为了节省设备间的面积，卧式冷凝器经常安装在贮液器上方，但二者高差应满足设计文件要求。卧式冷凝器可安装于型钢支架上，也可以安装在位置高于贮液器的混凝土基础上。当卧式冷凝器安装于贮液器上方时，如图 8－23 所示。

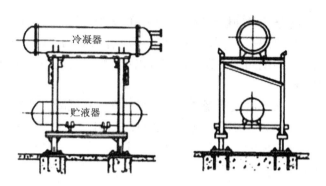

图 8－23 卧式冷凝器与贮液器的安装

用于安装冷凝器的钢架，应横平竖直，冷凝器的安装精度取决于钢架的水平度。在焊制钢架时，应测量其垂直度和水平度，测量水平度时，应选取多处测量，避免误差，取其平均值，作为水平度。

如果卧式冷凝器的集油器处于中间位置或无集油器，应控制水平度在 1/1000 以内；当集油器在一端时，应有 1/1000 的坡度并坡向集油器。

卧式冷凝器上的接口较多，有进气管、出液管、压力表、安全阀、均压管等接口，安装时应注意。

4.蒸发器安装

（1）立式蒸发器的安装

立式蒸发器在安装前，应对此箱进行渗漏实验，将水箱装满水保持 8～12 小时不渗不漏为合格。立式蒸发器应安装在保温基础上，四周保温处理（如果需要），如图 8－24 所示。

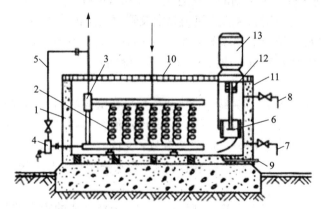

图 8－24 立式蒸发器安装

1—蒸发水箱；2—蒸发管组；3—气液分离器；4—集油罐；5—平衡管；6—搅拌器叶轮；7—出水口；
8—溢水口；9—泄水口；10—盖板；11—保温层；12—刚性联轴器；13—电动机

先将基础表面清理干净、平整，然后做保温层，同时放防腐枕木，并以 1/1000 的坡度坡向泄水口，最后用热沥青封面。做完保温后，即可安装水箱。将水箱吊至基础上(应采取防止水箱变形的措施)，就位后，将各排蒸发管组吊入水箱内，用集气管和供液管连成大组，然后固定。要求每组管组间距相等，并以 1/100 的坡度坡向集油器。组装完毕后，试压合格，方可保温。

安装搅拌器时，应先分开联轴器，清除内孔中的铁锈及污物。清除干净后，再用刚性联轴器将搅拌器与电动机连接起来，转动时搅拌器不应有明显的摆动，然后调整电动机位置，使搅拌器叶轮外圆和导流筒的间隙一致。调整好以后，将电动机固定在蒸发器上。

(2)卧式蒸发器安装

卧式蒸发器的安装方法和卧式冷凝器一样，都是安装在混凝土基础上或型钢焊制的支架上，并用螺栓固定。蒸发器支座与基础或钢架之间，应垫以 50~100 mm 厚防腐枕木，枕木的面积不应小于蒸发器底座的面积，并应保持水平，其水平度允许偏差为 1/1000。经气密性实验合格后，可进行保温。

5. 油分离器安装

油分离器一般安装于混凝土基础上，用地脚螺栓固定。固定前应调整其垂直度不大于 1/1000，如果不符合要求，可用垫铁进行调整。对于洗涤式油分离器，要注意其安装高度与冷凝器的安装高度，应满足设计要求，如设计无要求时，洗涤式油分离器的进液口应比冷凝器的出液口低 200~250 mm。

6. 集油器安装

集油器安装于混凝土基础上，它的安装高度应低于系统中各设备，以便收集润滑油，安装方法与油分离器相同。

其他辅助设备的安装，这里不做阐述，但应注意：必须按设计图纸要求进行；平直牢固，位置准确；低温容器应增设垫木，减少"冷桥"现象。

8.5.2 制冷剂管道及阀件安装

1.制冷剂管道安装

制冷系统中常用的管材有钢管和铜管两种。在选择管材时，应考虑管道的强度、管道的耐腐蚀性、使用温度及管道内壁的光滑度。目前氨制冷系统普遍采用无缝钢管，氟利昂系统及低温系统普遍采用铜管，为节约有色金属、降低造价，当氟利昂系统所需管径较大(大于 25 mm)时，也可采用无缝钢管。

(1)管道清洗

制冷管道在安装前必须进行除锈、清洗和干燥，管壁应清洁且不含水分。因为铁锈、污物等进入系统内，造成压缩机的活塞、气缸、阀片及油泵等损坏，或系统阀门、滤网将被堵塞，使压缩机无法正常工作，甚至造成严重事故；又因氨易溶于水，氨含有水分时会降低纯度，影响制冷工作正常进行，而氟利昂不溶于水，含水分时易引起系统的"冰塞"。

(2)管道切割

在管道施工过程中，可以根据施工现场的条件，选择合适的管道切割方法。通常使用的管道切割方法有锯割、刀割、磨切、氧—乙炔焰切制等。

附属件及管道安装方法

（3）管道连接

制冷系统管道连接可采用焊接、法兰连接、螺纹连接、扩口连接，经常使用的是焊接、法兰连接、螺纹连接。

1）焊接

焊接适用介质的压力和温度的范围广泛，并有很高的强度和严密性，多采用手工电弧焊和气焊。手工电弧焊适用于焊接管径 50 mm 以上的管道，气焊适用于小管径和薄壁的钢管及有色金属管。电弧焊的焊缝性能优于手工气焊。

管道的坡口 为了防止管道的根部出现未熔化和未焊透的现象，钢管焊接前应加工 Y 形坡口。坡口形式，见图 8－25。

当管道横向敷设对接施焊时，坡口形状应是对称的，如果对竖向敷设的管道对接施焊时，坡口应加工成如图 8－26 的不对称形式坡口。

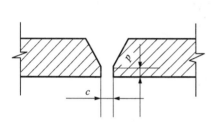

图 8－25 管道 Y 形坡口形式

C—间缝；P—钝边

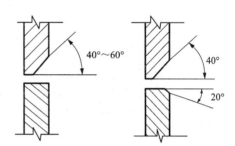

图 8－26 横焊缝的管道坡口形式

管道焊接时，其质量应符合《工业金属管道工程施工规范》（GB 50235—2010）和《现场设备、工业管道焊接工程施工规范》（GB 50236—2011）的规定。

2）法兰连接

法兰连接用于管道与设备、附件或带有法兰的阀门连接。DN＞32 mm 的管道与设备和阀门采用凸凹法兰连接。法兰之间的垫圈采用 2～3 mm 厚的高、中压耐油石棉橡胶板，橡胶板厚薄应均匀，表面平整光洁，安装时两面涂石墨与机油调和料。氟利昂系统也可采用 0.5～1 mm 厚的紫铜片或铝片。管端在法兰的插入深度，应使管端平面至法兰密封面有 1.3～1.5 倍管壁厚的距离。管子与法兰双面满焊，内口焊缝不得凸出法兰密封面。焊接法兰与管轴线的垂直度，当 DN＜300 mm 时，允许偏差为 1 mm；当 DN＞300 mm 时，允许偏差为 2 mm。法兰连接螺栓长度应一致，螺母应在同侧均匀拧紧。拧紧螺母后螺栓露出螺母的长度应为螺栓直径的 1/2～1/3。

3）螺纹连接

螺纹连接是通过内、外螺纹的啮合，达到管子与管件或与设备连接的目的。为使接头严密不漏，在内、外螺纹间应加密封填料。螺纹连接内、外螺纹的配合形式有：圆锥外螺纹与圆锥内螺纹、圆锥外螺纹与圆柱内螺纹、圆柱外螺纹与圆柱内螺纹三种。前两种形式为短丝连接，用于内螺纹阀门及内螺纹管件，拧紧后外露 1～2 扣，为严密性连接。后一种用于代替活接头，作为可拆的连接件，为非严密性连接。螺纹间的密封填料应根据输送介质及温度选用。用得较多的是橡胶型密封胶和聚四氟乙烯生料带。

4）管道支架

管道架空敷设时，应设置专用支架，并应尽量沿墙、柱、梁布置，经过人行通道时安装高度不应低于2.5 m。制冷压缩机的吸、排气管道可以单独敷设，也可以布置在同一支架上，当布置在同一支架上下敷设时，吸气管应放在排气管的下部，如设计无要求时，其上下间净距离应不小于200 mm，并不影响管道安装及保温操作，见图8-27。如果吸排气管平行敷设时，水平管间净距不应小于250 mm。

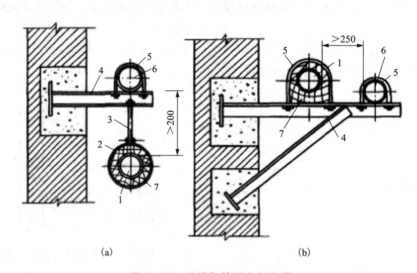

图8-27 吸排气管同支架安装

（a）吸排气管上下敷设；（b）吸排气管水平敷设

1—吸气管；2—扁钢；3—吊架；4—支架；5—圆钢；6—排气管；7—木衬瓦

管道地下敷设时，可采用通行地沟敷设、半通行地沟敷设、不通行地沟敷设。通行地沟净高应不小于1.8 m，与其他管道共用地沟时，低温管道应放下部，并远离其他管道；半通行地沟净高一般为1.2 m，冷热管道不能采用同沟敷设；不通行地沟通常采用活动的地沟盖板，制冷剂管道宜单独敷设。

制冷管道安装时应注意：

①为防止吸气管路与支架接触处产生"冷桥"现象，在管道与支架之间应垫以油浸处理过的木块；

②制冷管道上的三通接口，不允许使用"T"形三通，应做成顺流三通；

③制冷管道穿墙应放保护套管，套管与管道应有10 mm的间隙，管道接口及法兰不能置于套管内；

④弯管半径不应小于管子外径的3.5倍，不允许使用机制弯头和焊接弯管；

⑤安装时注意工质的流向；

⑥支架安装形式、结构要合理，并适合温度变化，避免冷热管道对制冷压缩机及附属设备产生拉力或推力。

2. 阀门及仪表安装

制冷阀门安装前，应首先检查其型号、材质及工作压力是否符合设计要求，出厂合格证、质量证明书是否齐备。对进、出口封闭性能良好并在保证期限内的阀门,可只清洗密封面。不符合上述条件的阀门(安全阀除外)必须逐个拆卸清洗,除去油污及铁锈。在拆卸过程中,应检查阀瓣和阀座的密封情况是否良好。拆卸、清洗阀门时,应按要求更换填料和垫片。阀门组装后,应将阀门开闭几次,看手柄转动是否灵活,然后关闭,灌入煤油,两小时不渗漏为合格。

在拆卸清洗阀门后,应对每个阀门做单体气密性试验及强度试验。

安全阀安装前除应检查出厂合格证、质量证明书等,还应检查铅封是否完好,并不要随意拆卸。安全阀平时应铅封呈开启状态,不得关闭。浮球阀、膨胀阀、电磁阀等安装前应进行单体动作灵活性试验,并检验其密封性。

安装阀门时阀门手柄严禁朝下或朝向不便操作的方向;安装高度应便于维修和操作;节流阀应尽量靠近蒸发器,以减少冷量损失;对有安装方向的阀门(如截止阀、安全阀、膨胀阀),介质流动方向应与阀门箭头方向相同;膨胀阀的感温包安装位置要适当并与气管紧密接触不受外界干扰。

在制冷系统中使用的仪表应是专用仪表,在安装前应进行校验,校验合格方可使用。其安装质量应参照《自动化仪表工程施工质量验收规范》(GB 50131—2007)评定。

任务6 制冷系统水系统管道敷设与设备安装

施工安装全过程

8.6.1 施工准备

(1)熟悉技术资料安装前,应事先熟悉有关施工图纸、规范、规程、标准图集及其他技术资料,以便全面掌握工程概况、特点和技术要求。

(2)图纸会审安装前,应会同设计单位和监理单位(建设单位),进行图纸会审。

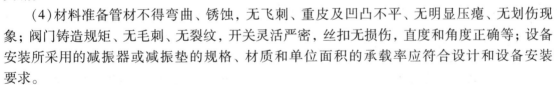

施工工艺

(3)技术交底安装前,应由专业技术负责人或工长向施工人员进行技术交底。

(4)材料准备管材不得弯曲、锈蚀,无飞刺、重皮及凹凸不平、无明显压瘪、无划伤现象;阀门铸造规矩、无毛刺、无裂纹,开关灵活严密,丝扣无损伤,直度和角度正确等;设备安装所采用的减振器或减振垫的规格、材质和单位面积的承载率应符合设计和设备安装要求。

(5)准备好施工机具和测量工具。

8.6.2 设备的安装

1.水泵安装

(1)施工前,应对土建施工的基础进行复查验收,特别是基础尺寸、标高、轴线、预留孔洞等应符合设计要求。基础表面平整、混凝土强度达到设备安装要求。

(2)水泵安装前,检查水泵的名称、规格型号,核对水泵铭牌的技术参数是否符合设计要求:水泵外观应完好,无锈蚀和损坏;根据设备装箱清单,核对随机所带的零部件是否齐全,有无缺损和锈蚀。

（3）对水泵进行手动盘车，盘车应灵活，没有卡涩和异常声音等现象。

（4）水泵吊装时，吊钩、索具、钢丝绳应挂在底座或泵体和电机的吊环上；不允许挂在水泵或电机的轴、轴承座或泵的进出口法兰上。

（5）水泵就位在基础上，装上地脚螺栓，用平垫铁和斜垫铁对水泵进行找平找正，并拧上地脚螺栓的螺母。

（6）地脚螺栓的二次灌浆时，应保持螺栓处于垂直状态，混凝土的强度应比基础高 1～2 级，且不低于 C25，并做好对地脚螺栓的保护工作。

（7）用水平仪和线坠在水泵进出口法兰和底座加工面上测量，对水泵进行精平工作，使整体安装的水泵纵向水平度偏差不应大于 0.1/1000，横向水平度偏差不应大于 0.2/1000；解体安装的水泵纵、横向水平度偏差均不应大于 0.05/1000。

（8）水泵与电机采用联轴器连接时，用百分表在联轴器的轴向和径向进行测量和调整，使两轴心的允许偏差：轴向倾斜不应大于 0.2/1000，径向位移不应大于 0.05 mm。

（9）有隔振要求的水泵安装，其橡胶减振垫或减振器的规格型号和安装位置应符合设计要求。

2．冷却塔安装

冷却塔的安装

（1）安装前应对支腿基础进行检查，冷却塔的支腿基础标高应位于同一水平面上，高度允许误差为±20 mm。分角中心距误差为±2 mm。

（2）塔体立柱腿与基础预埋钢板和地脚螺栓连接时，应找平找正，连接稳定牢固。冷却塔的各部位的连接件应采用热镀锌或不锈钢螺栓。

（3）收水器安装后片体不得有变形，集水盘的拼接缝处应严密不渗漏。

（4）冷却塔的出水口及喷嘴的方向和位置应正确。

（5）风筒组装时应保证风筒的圆度，尤其是喉部尺寸。

（6）风机安装应严格按照风机安装的标准进行，安装后风机的叶片角度应一致，叶片端部与风筒壁的间隙应均匀。

（7）冷却塔的填料安装应疏密适中、间距均匀，四周要与冷却塔内壁紧贴，块体之间无空隙。

（8）单台冷却塔安装水平度和垂直度允许偏差均为 2/1000。同一冷却水系统的多台冷却塔安装时，各台冷却塔的水面高度应一致，高度差不应大于 30 mm。

3．水处理设备安装

（1）水处理设备的基础尺寸，地脚螺栓或预埋钢板的埋设应满足设备安装的要求，基础表面应平整。

（2）水处理设备的吊装应注意保护设备的仪表和玻璃观察孔的部位。设备就位找平后拧紧地脚螺栓进行固定。

（3）与水处理设备连接的管道，应在试压、冲洗完毕后再连接。

（4）冬季安装应将设备内的水放空，防止冻坏设备。

8.6.3 管道的安装

1．套管制作

（1）套管管径应比穿墙板的干管、立管管径大 1～2 号。保温管道的套管应留出保温层间隙。

（2）管的长度：过墙套管的长度＝墙厚十墙两面抹灰厚度。过楼板套管的长度＝楼板厚度十楼板底抹灰厚度＋地面抹灰厚度＋20 mm（卫生间 30 mm）。

（3）位于混凝土墙、板内的套管应在钢筋绑扎时放入，可点焊或绑扎在钢筋上。套管内应填以松散材料，防止混凝土浇筑时堵塞套管。对有防水要求的套管应增加止水环。穿砖砌体的套管应配合土建及时放入。套管应安装牢固、位置正确、无歪斜。

（4）穿楼板的套管应把套管与管子之间的空隙用油麻和防水油膏填实封闭，穿墙套管可用石棉绳填实。

2. 管道预制

（1）下料：要用经比对的尺测量，并注意减去管段中管件所占的长度，注意加上拧进管件内螺纹尺寸，让出切断刀口值。

（2）套丝：用机械套扣之前，先用所属管件试扣。

（3）调直：调直前，先将有关的管件上好，再进行调直。

（4）清除麻（石棉绳）丝：将丝扣接头处的麻丝头用断锯条切断，再用布条等将其除净。

（5）编号、捆扎：将预制件逐一与加工草图进行核对、编号并妥善保管。

3. 管道支架制作安装

（1）下料：支架下料一般宜用砂轮切割机进行切割，较大型钢可采用氧乙炔切割。切割后应将氧化皮及毛刺等清除干净。

（2）开孔：开孔应采用电钻加工，不得采用氧乙炔割孔。钻出的孔径应比所穿管卡直径大 2 mm 左右。

（3）螺纹加工：吊杆、管卡等部件的螺纹可用车床加工，也可用圆板牙进行手工扳丝。

（4）组对、点焊：组对应按加工详图进行，且应边组对边矫形、边点焊边连接，直至成型。

（5）校核、焊接：经点焊成型的支、吊架应用标准样板进行校核，确认无误方可进行正式焊接。

（6）矫形：宜采用大锤、手锤等在平台或钢圈上进行，然后以标准样板检验是否合格。

（7）防腐处理：制作好的支、吊架应按照设计要求及时作好除锈防腐处理。

4. 管道安装

（1）干管安装

①干管若为吊卡固定时。在安装管子前，必须先把地沟或顶棚内吊卡按坡向顺序依次穿在型钢上，安装管路时先把吊卡按卡距套在管子上，把吊卡子抬起将吊卡长度按坡度调整好，再穿上螺栓螺母，将管安装好。

②托架上安管时，把管先架在托架上，上管前先把第一节管带上 U 形卡，然后安装第二节管，各节管段照此进行。

③管道安装应从进户处或分支点开始，安装前要检查管内有无杂物。丝接管在接头处抹上铅油缠好麻丝；一人在末端找平管子，一人在接口处把第一节管相对固定，对准丝口依丝扣自然锥度，慢慢转动入口；到用手转不动时，再用管钳咬住管件，用另一管钳子上管，松紧度适宜，外露 2～3 扣为好；最后清除麻头。

④焊接连接管道的安装程序与丝接管道相同，从第一节管开始，把管扶正找平，调直后

先点焊，然后正式施焊。

⑤遇有方形补偿器，应在安装前按规定做好预拉伸，用钢管支撑，点焊固定，按位置把补偿器摆好，中心加支吊架，按管道坡向用水平尺逐点找好坡度，再把两边接口对正、找直、点焊。待管道调整完，固定卡焊牢后，方可把补偿器的支撑管拆掉。

⑥按设计图纸或标准图中的规定位置、标高，安装阀门、集气罐等。

⑦管道安装完。首先检查坐标、标高、坡度、变径、三通的位置等是否正确。用水平尺核对、复核调整坡度，合格后将管道固定牢固。

⑧要装好楼板上钢套管，摆正后使套管上端高出地面面层 20 mm（卫生间 30 mm），下端与顶棚抹灰相平。水平穿墙套管与墙的抹灰面相平。

（2）立管安装

①首先检查和复核各层预留孔洞、套管是否在同一垂直线上。

②安装前，按编号从第一节管开始安装，由上向下，一般两人操作为宜，先进行预安装，确认支管三通的标高、位置无误后，卸下管道抹油缠麻，将立管对准接口的丝扣扶正角度慢慢转动入扣。直至手拧不动为止，用管钳咬住管件，用另一把管钳上管，松紧适宜，外露 2～3 扣为宜。

③检查立管的每个预留口的标高、角度是否准确、平正。确认后将管子放入立管管卡内紧固，然后填塞套管缝隙或预留孔洞。预留管口暂不施工时，应做好保护措施。

（3）支管安装

①核对各设备的安装位置及立管预留口的标高、位置是否准确，作好记录。风机盘管、诱导器应采用柔性连接，柔性短管自带活套连接时，可不采用活接头，否则应增加活接头。

②安装活接头时，子口一头安装在来水方向，母口一头安装在去水方向。

④用钢尺、水平尺、线坠校核支管的坡度和距墙尺寸。复查立管及设备有无移动。合格后固定管道和堵抹墙洞缝隙。

5. 阀门安装

常用阀门一般采用螺纹连接或法兰连接的方式与管道相连。安装前应对阀门进行外观检查强度和严密性试验。

水平管道上的阀门阀杆宜垂直向上或向左右偏 45°，可水平安装，但不宜向下；垂直管道上的阀门阀杆，必须顺着操作巡回线方向安装。阀门安装时应保持关闭状态，并注意阀门的特性及介质流动方向。阀门与管道连接时，不得强行拧紧其法兰上的连接螺栓；对螺纹连接的阀门，其螺纹应完整无缺，拧紧时宜用扳手卡住阀门一端的六角体。安装螺纹连接阀门时，一般应在阀门的出口端加设一个活接头。对带操作机构和传动装置的阀门，应在阀门安装好后，再安装操作机构和传动装置。且在安装前先对它们进行清洗，安装完后还应进行调整，使其动作灵活、指示准确。

6. 水压试验

（1）根据试压方案连接试压管路。

（2）灌水前的检查

检查试压系统中的管道、设备、阀件、固定支架等是否按照施工图纸和设计变更内容全部施工完毕，并符合有关规范要求。对于不能参与试验的系统、设备、仪表及管道附件是否已采取安全可靠的隔离措施。试压用的压力表是否已经校验，其精度等级不得低于 1.5 级，表盘的最大刻度值应符合试验要求。水压试验前的安全措施是否已经全部落实到位。

(3)系统试压

打开水压试验管路中的阀门,开始向系统注水。开启系统上各高处的排气阀,使管道内的空气排尽。待灌满水后,关闭排气阀和进水阀,停止向系统注水。打开连接加压泵的阀门,用电动或手动试压泵通过管路向系统加压,同时拧开压力表上的旋塞阀,观察压力表升高情况。一般分 2 ~ 3 次升至试验压力。在此过程中,每加压至一定数值时,应停下来对管道进行全面检查,无异常现象方可再继续加压。

系统试压达到合格验收标准后,放掉管道内的全部存水,填写试验记录。

(4)系统冲洗

冲洗前应将系统内的仪表加以保护,并将孔板、喷嘴、滤网、节流阀及止回阀的阀芯等拆除,妥善保管。待冲洗合格后复位。对不允许冲洗的设备及管道应进行隔离。

水冲洗的排放管应接入排水井或沟中,并保证排水畅通和安全,排放管的截面积不应小于被冲洗管道截面积的 60% 。

水冲洗应以管内可能达到的最大流量或不小于 1.5 m/s 的流速进行。

水冲洗以出口水色和透明度与入口处目测一致为合格。

蒸汽系统宜采用蒸汽吹扫,也可以采用压缩空气进行。采用蒸汽吹扫时,应先进行暖管恒温 1 h 后方可进行吹扫,然后自然降温至环境温度,再升温暖管,恒温进行吹扫,如此反复一般不少于 3 次。

对于一般蒸气管道,可用刨光木板置于排气口处检查,板上无铁锈、无污物为合格。

任务 7　通风与空调工程施工图

8.7.1　通风与空调工程施工图的构成

通风空调工程施工图通常由两大部分组成:文字部分与图纸部分。

文字部分包括图纸文字部分、图纸目录、设计施工说明、设备及主要材料表。

图纸部分包括两大部分:基本图和详图。基本图包括空调通风系统的平面图、剖面图、轴测图、原理图等。详图包括系统中某局部或部件的放大图、加工图、施工图等。如果详图中用了标准图或其他工程图纸,那么在图纸目录中必须附有说明。

下面对施工图的各组成部分进行详细说明。

1.文字说明部分

(1)图纸目录

图纸目录包括在该工程中使用的标准图纸、其他工程图纸目录以及该工程的设计图纸目录。在图纸目录中必须完整地列出该工程设计图纸名称、图号、工程号、图幅大小、备注等。表 8 - 2 是某工程图纸目录的范例。

表 8-2　图纸目录范例

| ×××设计院 | 工程名称 | ××创业大厦 | | 设计号 B 19—28 | |
| | 项目 | 主楼 | | 共 1 页第 1 页 | |

序号	图别图号	图纸名称	采用标准图或重复使用图		图副大小	备注
			图集编号或工程编号	图别图号		
1	暖施 1	施工说明			1#	
2	暖施 2	设备材料表			1#	
3	暖施 3	地下一层通风防排烟平面图			1#	
4	暖施 4	地下一层空调平面图			1#	
5	暖施 5	一层空调平面图			1#	
6	暖施 6	二层空调平面图			1#	
7	暖施 7	三层空调平面图			1#	
8	暖施 8	四、五、六、七层空调平面图			1#	
9	暖施 9	屋顶通风平面图			1#	
10	暖施 10	屋顶空调平面图			1#	
11	暖施 11	地下一层通风防排烟系统图			1#	
12	暖施 12	地下一层～屋顶空调水系统图			1#	
13	暖施 13	风机盘管、吊顶风柜安装大样图			2#	
14	暖施 14	地下一层空调机房大样图			2#	

（2）设计施工说明

设计施工说明内容：通风空调系统的建筑概况；通风空调系统采用的设计气象参数；空调房间的设计条件包括冬季、夏季的空调房间内空气的温度、相对湿度、平均风速、新风量、噪音等级、含尘量等；空调系统的划分与组成包括系统编号、系统所服务的区域、送风量、设计负荷、空调方式、气流组织等；空调系统的设计运行工况；风管系统包括统一规定、风管材料及加工方法、支吊架要求、阀门安装要求、减振做法、保温等；水管系统包括统一规定、管材、连接方式，支吊架做法、减振做法，保温要求，阀门安装、管道试压、清洗等；设备包括制冷设备空调设备、供暖设备、水泵等的安装要求及做法；油漆包括风管、水管、设备、支吊架等的除锈、油漆要求及做法；调试和试运行方法及步骤；应遵守的施工规范、规定等。

（3）设备与主要材料表

设备与主要材料的型号、数量一般在《设备与主要材料表》中给出。

2. 图纸部分

（1）平面图

平面图包括建筑物各层面各通风空调系统的平面图、空调机房平面图、制冷机房平面图等。

208

1)通风空调系统平面图　通风空调系统平面图主要说明通风空调系统的设备、系统风管、冷热媒管道、凝结水管道的平面布置。它的内容主要包括：

①风管系统　一般以双线绘出。包括风管系统的构成、布置、及风管上各部件、设备的位置，例如异径管、三通接头、四通接头、弯管、检查孔、测定孔、调节阀、防火阀、送风口、排风口等。并且注明系统编号、送回风口的空气流动方向。

②水管系统　一般以单线绘出。包括冷、热媒管道、凝结水管道的构成、布置及水管上各部件、设备的位置，例如异径管、三通接头、四通接头、弯管、温度计、压力表、调节阀等。并且注明冷、热媒管道内的水流动方向、坡度。

③空气处理设备　包括各设备的轮廓、位置。

④尺寸标注　包括各种管道、设备、部件的尺寸大小、定位尺寸以及设备基础的主要尺寸。还有各设备、部件的名称、型号、规格等。

此外，对于引用标准图集的图纸，还应注明所用的通用图、标准图索引号。对于恒温恒湿房间，应注明房间各参数的基准值和精度要求。

2)空调机房平面图

①空气处理设备注明按标准图集或产品样本要求所采用的空调器组合段代号。空调箱内风机、加热器、表冷器、加湿器等设备的型号、数量以及该设备的定位尺寸。

②风管系统用双线表示，包括与空调箱相连接的送风管、回风管、新风管。

③水管系统用单线表示，包括与空调箱相连接的冷、热媒管道、凝结水管道。

④尺寸标注包据各管道、设备、部件的尺寸大小，定位。

其他的还有消声设备、柔性短管、防火阀、调节阀门的位置尺寸。

图8－28是某大楼底层空调机房平面图。从图上可以看出，该空调机房使用的空调箱型号为DBK－12B(X)，空调箱上面是送风管，尺寸为1250 mm×400 mm。被送风管挡住了，用虑线表示的是回风管，尺寸为1250 mm×100 mm。空调箱内的设备没有详细画出。但有送水管、回水管和冷凝水管三根水管与空调箱相连接。图上还标有防火调节阀、软接头、水管调节阀，以及各设备、管道的定位尺寸等。

3)制冷机房平面图

制冷机房与空调机房是两个不同概念，制冷机房内的主要设备为空调机房内的主要设备空调箱提供冷媒或热媒。也就是说与空调箱相连接的冷、热媒管道内的水来自于制冷机房，而且最终又回到制冷机房。因此制冷机房平面图的内容主要有：制冷机组型号与台数、冷冻水泵、冷却水泵的型号与台数。冷(热)媒管道的布置，以及各设备、管道和管道上的配件(如过滤器、阀门等)的尺寸大小和定位尺寸。

(2)剖面图

剖面图总是与平面图相对应的，用来说明平面图上无法表明的事情。因此，与平面图相呼应。空调通风施工图中剖面图主要有空调通风系统剖面图、空调通风机房剖面图、制冷机房剖面图等。至于剖面和位置，在平面图上都有说明。例如图8－29中，Ⅰ－Ⅰ平、剖面图，由图可知剖面图上的内容与平面图上的内容是一致的，有所区别的一点是：剖面图上标注有设备、管道及配件的高度。

(3)系统图

系统轴测图采用的坐标是三维的，如图8－30。它的作用主要是从总体上表明所讨论的

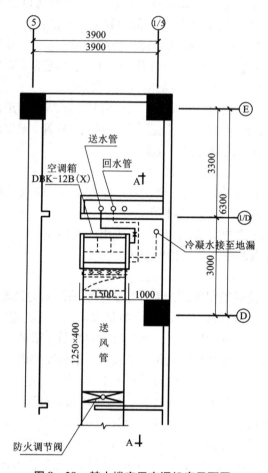

图 8-28　某大楼底层空调机房平面图

系统构成情况及各种尺寸，型号，数量等。具体地说，系统轴测图上包括该系统中设备、配件的型号、尺寸、定位尺寸、数量以及连接于各设备之间的管道在空间的曲折、交叉、走向和尺寸、定位尺寸等。系统轴测图上还应注明该系统的编号。

图 8-31 是用单线绘制的某空调系统的风系统轴测图。虽然系统轴测图无比例可言，但从图上我们可以了解该系统的整体情况：首先室内回风与新风在混风箱混合，然后经空调箱处理后经风管送入各房间；其次可见风管上的弯头、阀门、变径管的位置与数量；还可以看到该系统的送、回风口型号、数量、空气流向以及风管系统在空间的走向、分布情况；最后还有各种风管尺寸与标高等。总而言之，通过系统轴测图，就可以了解系统的整体情况，对系统的概貌有个全面的认识。

系统轴测图可以用单线绘制，也可以用双线绘制，图 8-32 是双线绘制的系统轴测图。虽然双线绘制的系统轴测图比单线绘制得更加直观化，但绘制过程比较复杂，因此，工程上多采用单线绘制系统轴测图。

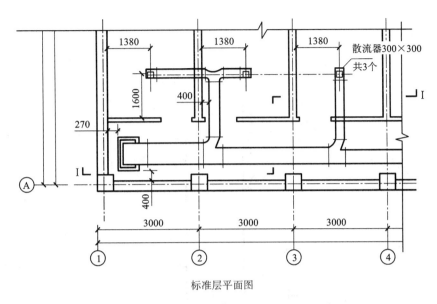

标准层平面图

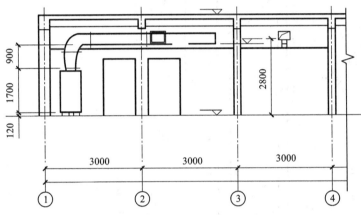

I—I 剖面图

图 8-29　平、剖面图

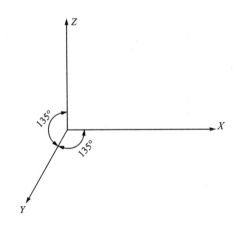

图 8-30　系统轴测图采用的坐标系

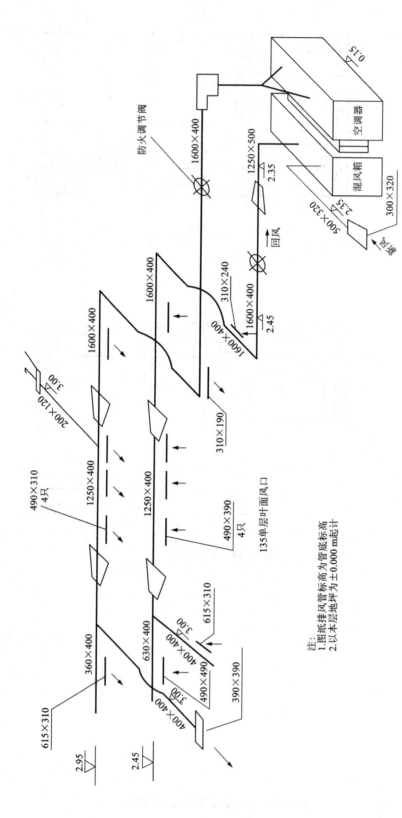

图8-31 风管单线轴测图

212

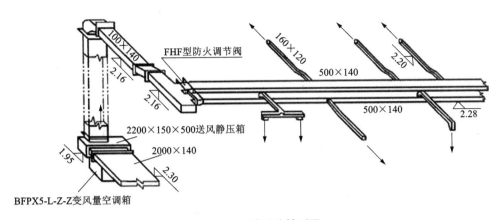

图 8 – 32 风管双线轴测图

（4）原理图

原理图一般为空调原理图，它主要包括系统的原理和流程；空调房间的设计参数、冷热源、空气处理和输送方式；控制系统之间的相互关系；系统中的管道、设备、仪表、部件；整个系统控制点与测点间的联系；控制方案及控制点参数；用图例表示的仪表、控制元件型号等。

（5）详图

通风空调工程图所需要的详图较多，总的来说，有设备、管道的安装详图，设备、管道的加工详图，设备、部件的结构详图等。部分详图有标准图可供选用。图 8 – 33 为风机盘管安装详图。

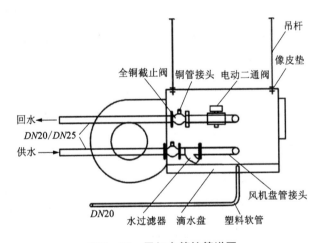

图 8 – 33 风机盘管接管详图

可见，详图就是对图纸主题的详细阐述，而这些是在其他图纸中无法表达但却又必须表达清楚的内容。

以上是空调通风工程施工图的主要组成部分。可以说，通过这几类图纸就可以完整、正确地表述出通风空调工程的设计者的意图，施工人员根据这些图纸就可以进行施工，安装。

在阅读这些图纸时。尚需注意以下几点：

1）通风空调平、剖面图中的建筑与相应的建筑平、剖面图是一致的。通风空调平面图是在本层天棚以下按俯视图绘制的。

2）通风空调平、剖面图中的建筑轮廓线，只是与空调通风系统有关的部分（包括有关的门、窗、梁、柱、平台等建筑构配件的轮廓线），同时还有各定位轴线编号、间距以及房间名称。

3）通风空调系统的平、剖面图和系统图可以按建筑分层绘制，或按系统分系统绘制，必要时对同一系统可以分段进行绘制。

8.7.2 通风与空调施工图的特点

通风空调施工图作为专业性的图纸，有着自身的特点，了解这些特点，有助于对施工图的认识与理解。使施工图的识图过程变得比较容易。以下是通风空调施工图的几个主要特点。

制图标准

1.通风空调施工图的图例

通风空调施工图上的图形不能反映实物的具体形象与结构，它采用了国家规定的统一的图例符号来表示，这是空调通风施工图的一个特点，阅读前，应首先了解并掌握与图纸有关的图例符号所代表的含义。

2.风管系统、水管系统环路的独立性

在通风空调施工图中，风管系统与水管系统（包括冷冻水、冷却水系统）按照它们的实际情况出现在同一张平、剖面图中，但是在实际运行中，风管系统与水管系统具有相对独立性。因此在阅读施工图时，首先将风管系统与水管系统分开阅读，然后再综合起来。

3.风管系统、水管系统环路的完整性

通风空调系统中，无论是风管系统还是水管系统，都可以称之为环路。水管系统中冷冻水从冷水机组出来按一定方向，通过干管、支管，最后与具体设备相接，在设备处与空气进行热湿交换后，又将回到冷水机组，形成一个完整的系统。图8-34为空调水系统循环示意图。

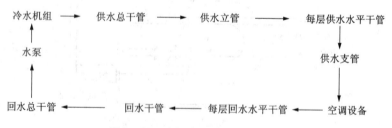

图8-34 空调水系统循环示意图

可见，系统形成了一个循环往复的完整的环路。我们可以从冷水机组开始阅读，也可以从空调设备处开始，直至经过完整的环路又回到起点。

风管系统同样可以画出这样的环路（图8-35）：

对于风管系统，可以从空调箱处开始阅读。逆风流动方向看到新风口，顺风流动方向看

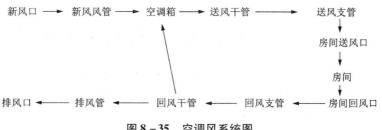

图 8 - 35　空调风系统图

至房间,再至回风干管、空调箱,再看回风干管到排风管,排风口。

4. 通风空调系统的复杂性

通风空调系统中的主要设备如冷水机组、空调箱等。其安装位置由土建决定,这使得风管系统与水管系统在空间的走向往往是纵横交错。在平面图上很难表示清楚,因此,空调通风系统的施工图中除了大量的平面图、立面图外,还包括许多剖面图与轴测图,它们是读懂图纸的重要帮助。

5. 与土建施工的密切性

通风空调系统中的设备、风管、水管及许多配件的安装都需要土建的建筑结构来容纳与支撑。因此,在阅读通风空调施工图时,要查看有关图纸,密切与土建配合,并及时对土建施工提出要求。

施工专业配合与协调

6. 施工图是机电 BIM 建模的基础

目前,绝大多数设计院机电系统出图依旧是二维图,所以大部分施工企业建立 BIM 模型都是以设计院的二维图资料为依据。

8.7.3　通风与空调施工图的识图方法

BIM技术应用

1. 通风与空调施工图识图基础

通风与空调施工图的识图基础,总的说来需要掌握的是以下几类:

(1)通风空调的基本原理与空调系统的基本理论

这些是识图的理论基础,没有这些基本知识,纵使有很高的识图能力,也无法读懂通风空调施工图的内容。因为通风空调施工图是专业性图纸。因此,没有专业知识为铺垫,就不可能读懂图纸。

(2)投影与视图的基本理论

关于投影与视图的基本理论是任何图纸绘制的基础,也是任何图纸识图的前提。

安装工程识图

(3)通风空调施工图的基本规定

通风空调施图的一些基本规定,如线型,图例符号,尺寸标注等,直接反映在图纸上。有时并没有辅助说明,因此掌握这些规定有助于识图过程的顺利完成,不仅帮助我们认识通风空调施工图,而且有助于提高识图的速度。

2. 通风空调施工图的识图方法与步骤

(1)阅读图纸目录

根据图纸目录了解该工程图纸的概况,包括图纸张数、图幅大小及名称、编号等信息。

(2)阅读施工说明

根据施工说明了解该工程概况,包括空调系统的形式、划分及主要设备布置等信息。在这基础上,确定哪些图纸是代表着该工程的特点、是这些图纸中的典型或重要部分,图纸的阅读就从这些重要图纸开始。

(3)阅读有代表性的图纸

在第二步中确定了代表该工程特点的图纸,现在就根据图纸目录,确定这些图纸的编号,并找出这些图纸进行阅读。在通风空调施工图中,有代表性的图纸基本上都是反映空调系统布置、空调机房布置、制冷机房布置的平面图,因此通风空调施工图的阅读基本上是从平面图开始,先是总平面图,然后是其他的平面图。

(4)阅读辅助性图纸

对于平面图上没有表达清楚的地方,就要根据平面图上的提示(如剖面位置)和图纸目录找出该平面图的辅助图纸进行阅读,这包括立面图、侧立面图、剖面图等。对于整个系统可参考系统轴测图。

设计

(5)阅读其他内容

在读懂整个空调通风系统的前提下,再进一步阅读施工说明与设备及主要材料表。了解空调通风系统的详细安装情况。同时参考加工、安装详图,从而完全掌握图纸的全部内容。

3. 识图举例

(1)全空气空调系统施工图

如图 8-36 所示某大厦多功能厅空调风系统平面图,图 8-37 为其剖面图,图 8-38 为风管系统轴测图。

火神山医院暖通空调设计

从图 8-36、图 8-37、图 8-38 所示可以看出,空调箱设在机房内。首先,我们从空调机房开始,空调机房 C 轴外墙上有一带调节阀的风管(630×1000)的是新风管,空调系统由新风管从室外吸入新鲜空气以补充室内人员消耗的氧气。在空调机房②轴内墙上,有一消声器 4,是回风管,室内大部分空气由此消声器吸入回到空调机房。

空调机房内有空调箱 1,从剖面图可看出在空调箱侧面下部有一不接风管的进风口(很短,仅 50~100 mm)。新风与回风在空调机房内混合后就被空调箱由此进风口吸入,经冷热处理由空调箱顶部的出风口送至送风干管,先经过防火阀,然后经过消声器 2,进入送风管 1250×500,在这里分出第一个分支管 800×500,再往前经过管道 800×500,又分出第 2 个分支管 800×250,继续往前流向第三个分支管 800×250,在第三个分支管上有 240×240 方形散流器 3 共 6 只,送风便通过这些方形散流器送入多功能厅,吸收了房间的热湿后大部分室内空气经消声器 2 回到空调机房,与新风混合被吸入空调箱 1 的进风口,完成一次循环。另一小部分室内空气经门窗缝渗透到室外。

从 A—A、B—B 剖面图可以看出房间层高为 6 m,吊顶离地面高度为 3.5 m,风管暗装在吊顶内,送风口直接开在吊顶面上,风管底标高分别为 4.25 m 和 4 m,气流组织为上送下回。

从 B—B 剖面图上可以看出,送风管通过软接头直接从空调箱上部接出,沿气流方向高

216

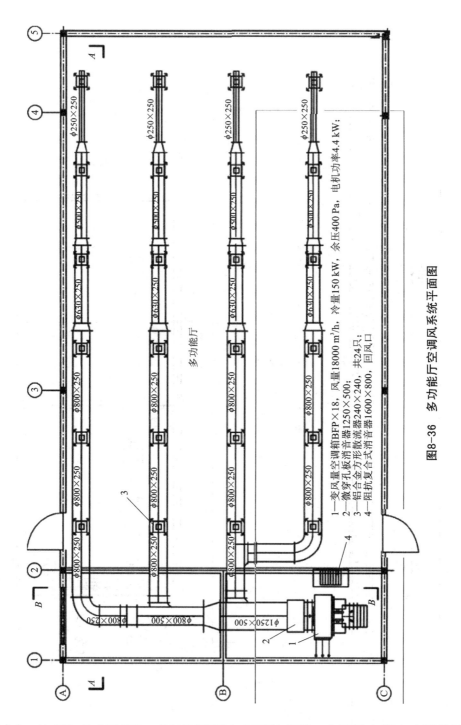

图8-36　多功能厅空调风系统平面图

1—变风量空调箱BFP×18，风量18000 m³/h，冷量150 kW，余压400 Pa，电机功率4.4 kW；
2—微穿孔板消音器1250×500；
3—铝合金方形散流器240×240，共24只；
4—阻抗复合式消音器1600×800，回风口

度不断减小，从 500 变成了 250。从该剖面图上也可以看到三个送风支管在这根总风管上的接口位置。

　　系统的轴测图清晰地表示出该空调系统的构成、管道空间走向及设备的布置情况。将平面图、剖面图、轴测图对照起来看，我们就可清楚地了解到这个带有新、回风的空调系统的

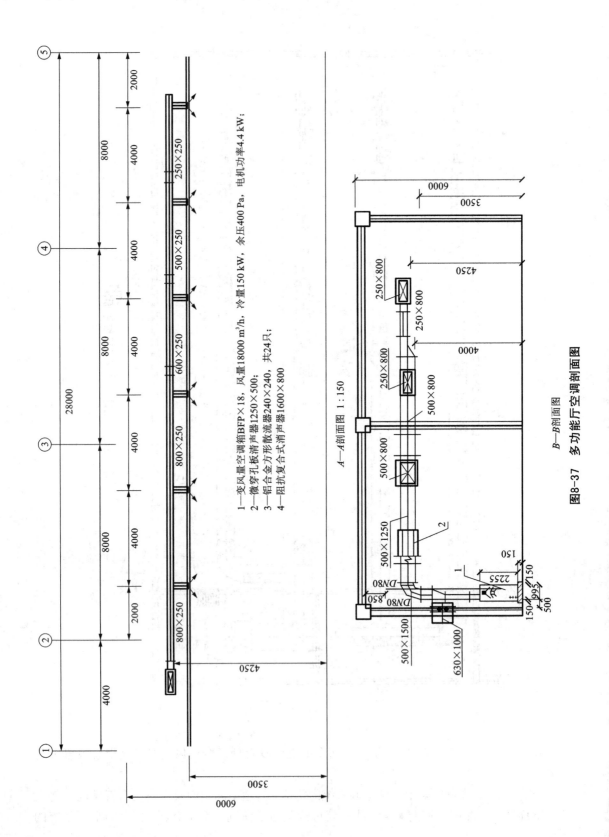

1—变风量空调箱BFP×18，风量18000 m³/h，冷量150 kW，电机功率4.4 kW；
2—微穿孔板消声器1250×500；
3—铝合金方形散流器240×240，共24只；
4—阻抗复合式消声器1600×800

*A—A*剖面图 1：150

*B—B*剖面图

图8-37 多功能厅空调剖面图

218

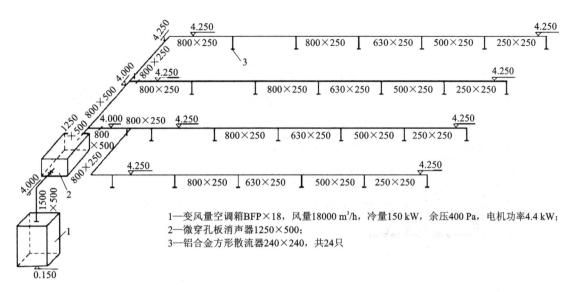

1—变风量空调箱BFP×18，风量18000 m³/h，冷量150 kW，余压400 Pa，电机功率4.4 kW；
2—微穿孔板消声器1250×500；
3—铝合金方形散流器240×240，共24只

图 8 – 38　多功能厅空调风管轴测图

情况：首先是多功能厅的空气从地面附近通过消声器 4 被吸入到空调机房，同时新风也从室外被吸入到空调机房。新风与回风混合后从空调箱进风口吸入到空调箱内，经空调箱处理后经送风管道送至多功能厅送风方形散流器风口，空气便送入了多功能厅。这显然是一个一次回风的全空气风系统，至此，风系统识图完成。

（2）金属空气调节箱总图

在看设备安装详图时，一般是在概括了解这个设备在管道系统中的地位、用途和工作情况后，从主要的视图开始，找出各视图间的投影关系，并参考明细表，再进一步了解它的构造及零件的装配情况。

图 8 – 39 所示的叠示金属空气调节箱，是一种体积较小、构造较紧凑的空调器，它的构造是标准化的。这里所画的三个剖视图是这种空调箱的总图。分别为 A—A、B—B、C—C 剖面图。

从三个剖视图及标注的零、部件名称来看，这个空调箱总的分为上下两层，每层包括三段，总共有六段。制造时也就是分成六段，分别用型钢、钢板等制成箱体，再装上各类配件面造成，分段制造完后再拼接成整体。

上层的三段是：①左面的叫中间段，它是一个空的箱体，中间没有什么设备，只供空气从这里通过。②中间一段叫加热及过滤段，本段较大且重要，它的左方是装加热器的部位（但在本工程中因不需要而未装上），中部顶上有两个带法兰盘的矩形管，是用来与新风管和送风管相连接的，两管中间的下方有钢板把箱体隔开；右部装设过滤器。过滤器装成之字形以增加空气流通的面积。过滤器共九只，分装在三个型钢做的框架上，过滤器是用钢板做成矩形框子，框子的两面用直径 1 mm 的铁丝做成 10×10 网格，网格之间装入开孔率为 400孔/cm² ，厚度为 16 mm 的聚氨酯泡沫塑料。③右段叫加热段，热交换器倾斜装在角钢做的托架上，以利空气顺利通过（作为降温之用时，只要换热媒为冷媒即可）。

下层的三段是：①右面叫中间段，也没有别的设备，只供空气流过。②中部叫喷雾段，

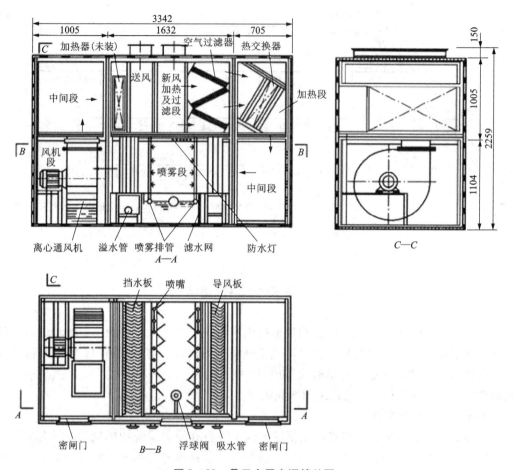

图 8-39　叠示金属空调箱总图

是很重要且构造复杂的一段。它的右部装有导风板，使从中间段送来的空气经过许多弯折板的通道中同时被引导向一个方向流动，有利于使空气进入喷雾段内受喷淋；喷雾段中部有二根 DN50 的水平冷水管，每根管上连接三根 DN40 的竖管，每根竖管上有六根 DN15 的水平支管，支管端部装尼龙或铜做的喷嘴（竖管和水平支管仅在 A—A 和 B—B 剖视图中看到一部分投影，因无侧向剖视，故还未能表示出详细装置情况）。本段左部有挡水板，空气在喷雾段中喷淋后带走的微细水滴经过曲折的挡水板之间的狭窄通道时把水滴挡下，使之不被带到后面的管道中去。本段的下部是水池，喷雾后的冷水经过滤网过滤，由吸水管吸出送回到制冷机房的冷水箱贮存备循环使用，而当水池的水面升高到规定水位时，则由左部溢水槽漫出而经溢流管流回到冷水管，仍备循环使用，如果水池的水位过低，则可从浮球阀控制的给水管补给。③下层的左部叫风机段，是装设通风机用的标准图中画出的结构，适用于风量为 8000～12000 m³/h，安装 4-72 型 6 号左旋转 A 式传动离心通风机。如用其他型号及其他传动方式的通风机，则安装部位的尺寸应按需要修改。箱体除底面外，各面都有厚 30 mm 的泡沫塑料保温层。

空气调节箱的工作过程：新鲜空气从上层中间顶部的新风口进入，转向右面经过过滤器过滤。再经热交换器加热或降温，之后转向下层中间段，转变流动方向进入喷雾段喷淋处理，然后进到风机段，由离心通风机压送到上层左部的中间段，再右转经过加热器(本例未设置)部位而向上方送风口送出。于是经过空气调节箱处理的空气就进入送风管道系统。

　　(3)空气－水空调系统施工图

　　风机盘管系统加独立新风系统是饭店常采用的空调系统，从制冷机房来的冷(热)水送到风机盘管，与室内空气进行热湿交换，达到对室内空气冷却(加热)目的。另外，在建筑物每层设置独立的新风管道系统，把采用体积较小的空调箱处理过的空气用小截面管道送入房间作为补充的新风。这样，建筑内同时就存在用于空气调节的水管和风管两种管道系统。在空调中称为空气－水系统。因此，当一个平面图中不能清晰地表达两种管道系统时，则应分别画成两个平面图。

　　风机盘管有立式和卧式，安装方式有明装和暗装两种形式，该饭店风机盘管主要采用卧式暗装，装在客房进门走道的顶棚上，并在出口加接一段风管，使空气直接送入房内，图8－40为某饭店的卧式风机盘管示意图。

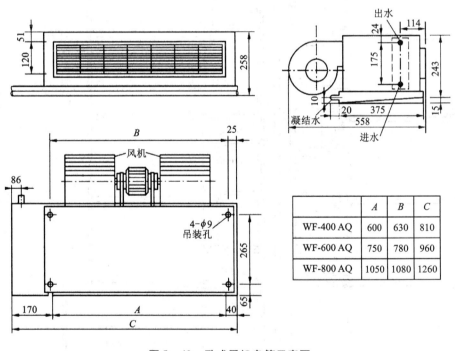

图 8－40　卧式风机盘管示意图

	A	B	C
WF-400 AQ	600	630	810
WF-600 AQ	750	780	960
WF-800 AQ	1050	1080	1260

　　图8－41所示为某饭店顶层客房采用风机盘管作为末端空调设备的新风系统布置图。风机盘管只能使室内空气进行冷(热)交换循环作用，因此需补充一定量的新鲜空气，本系统的新风口设在下层一个能使室外空气进入的房间内，是与下层房间的系统共用的，它主要在管道起始处装一个变风量空调器(见图8－43)。这个变风量空调箱外形为矩形箱体，进风口处有过滤网，箱内有热交换器和通风机，空气经处理后即送入管道系统。从图8－41可见，本层风管系自建筑有后角的房间接来，风管截面为1000 mm×140 mm，到达本层中间走廊口分为二支截面为500 mm×140 mm的干管沿走廊并行装设。后面的一支干管转弯后截面变小

为：500 mm × 120 mm。由干管再分出一些截面为 160 mm × 120 mm 的支风管把空气送入客房。

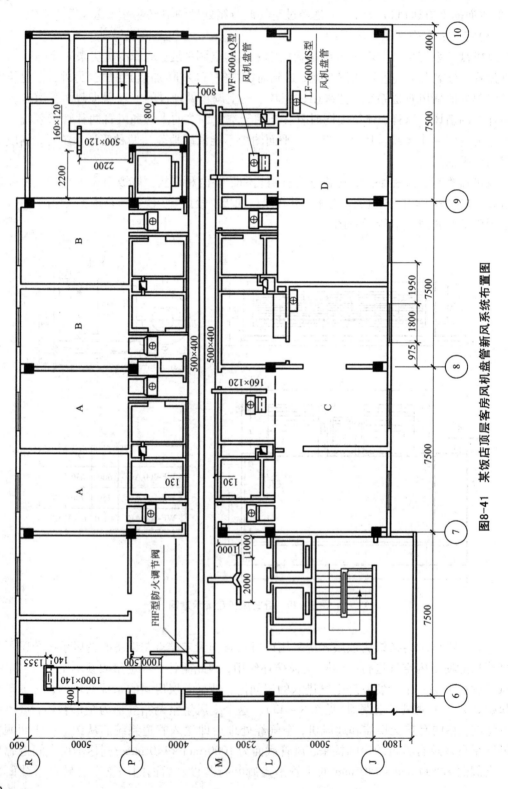

图8-41 某饭店顶层客房风机盘管新风系统布置图

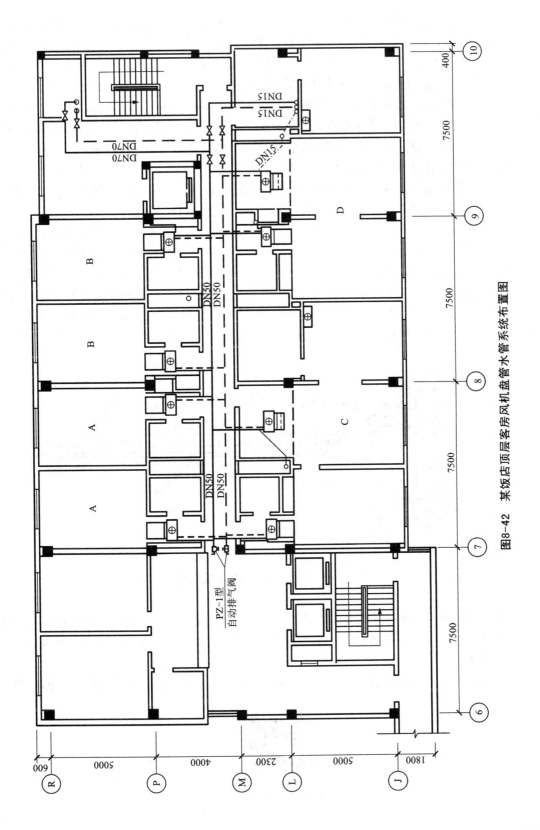

图8-42 某饭店顶层客房风机盘管水管系统布置图

图 8–42 所示为该客房层风机盘管水管系统布置平面图。供水及回水干管都自建筑右后部位楼梯旁专设的垂直管道井中的垂直干管接来，水平供水干管沿走廊装设并分出许多 DN15 的支管向风机盘管供水。由盘管出来的回水用 DN15 的支管接到水平回水干管，再接到垂直干管回流到制冷机房。经冷热处理后再次利用。该层右前面的房间内有一个明装的立式风机盘管。它的供、回水支管的布置较特别，其他各支管与干管的连接情形都是一样的。此外，在 C 号客房中也有一个明装立式风机盘管，它的供、回水是由下一层的水管系统接来的，故图中未画出水管。水平干管的末端装有 PZ–1 型自动排气阀，以便把供、回水管中的气体排出。另外，在盘管的降温过程中，产生由空气中析出的凝结水，先集中到盘管下方的一个水盘内，再由接在水盘的 DN15 凝结水管（用细点划线画出）接往附近的下水管。若附近无下水道，则专设垂直管道将凝结水接往建筑底层，汇合后通往下水道。

图 8–43 为图 8–41 所示新风系统的轴测图（部分）。为了表示新风进口的情形，加画出原设在下一层的进风口和一段新风总管。装设在送风静压箱下面的变风量空调箱，其型号中的汉语拼音字母 BFP 表示变风量空调箱，X5 表示新风量 5000 m^3/h，L 表示立式（出风口在上方），Z 表示进、回水管在箱体左面进出，Z 表示过滤网框可从左面抽出。变风量是由三相调压器改变电压而使风机转速改变而达到的。新风管上标注各管道截面，还标出各部位标高，但这些标高是从本层楼面起算的，这样标注较为简单。

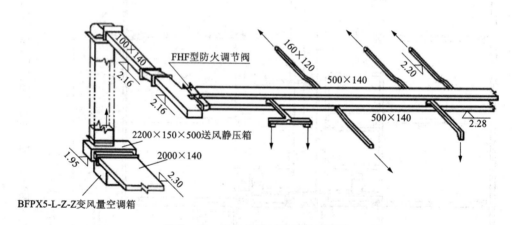

图 8–43　风机盘管新风系统轴测图

例如在新冠肺炎期间，新风空调通风系统应全部投入正常运行，同时应开启相应的排风系统。有外窗的房间在使用过程中应使外窗保持一定的开度，尽可能地引入室外新风，改善室内空气品质。

图 8–44 为图 8–42 所示水管系统的轴测图（部分），图中表达了这个水管系统的概貌。

集中空调通风系统应用

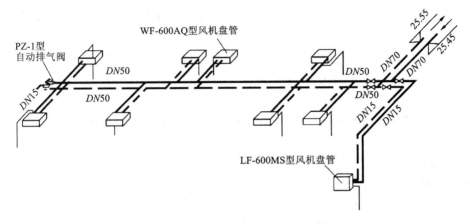

图 8-44 风机盘管水管系统轴测图

小结

本项目主要讲授通风空调及制冷系统施工图的组成以及施工图识读方法,通过具体案例对通风空调施工图及制冷系统施工图的识读进行讲解。

本项目的重点是施工图的识读方法。

思考与练习题

一、分析题

1. 简述蒸气压缩式制冷系统的组成及工作原理。

2. 吸收式制冷机组与蒸气压缩式制冷机组有何不同?

3. 什么是制冷剂?什么是载冷剂?常用的载冷剂有哪些?

4. 空调冷冻水系统的形式有哪些?

5. 空调冷却水系统按使用的冷却水分类有哪几种?

6. 简述制冷压缩机的安装方法。

7. 简述冷凝器的安装方法。

8. 制冷管道有几种敷设方式?

9. 通风空调施工图有何特点?

10. 如何识读通风空调施工图?

11. 空调制冷系统图如何识读?

二、选择题

1. 空调施工图中一般采用(　　　　)绘制系统轴测图。

A. 双线   B. 三线   C. 单线   D. 四线

2. 识读通风空调工程施工图，一般先看通风空调(　　)了解该工程设备的位置，管道走向等。

A. 平面图   B. 系统图   C. 剖面图   D. 大样图

3. 在通风空调施工图中，标高的单位是(　　)。

A. mm   B. cm   C. m   D. dm

4. (　　)汇总了每张施工图中的所采用的设备和材料，是编制设备、材料计划和订购设备、材料的依据。

A. 总设备材料表   B. 剖面图   C. 平面图   D. 系统图

5. 通风空调施工图一般应包括(　　)等。

A. 设计说明   B. 设备材料表   C. 平面图   D. 大样图

6. 读识通风空调设备施工图的正确顺序应该是(　　)。

A. 系统轴测图、系统平面图、系统剖面图、详图

B. 系统轴测图、详图、系统平面图、系统剖面图

C. 系统平面图、系统剖面图、系统轴测图、详图

D. 系统平面图、系统轴测图、系统剖面图、详图

答案

模块三 建筑电气工程

项目9 供配电系统

项目描述

本项目主要包含电力系统、建筑供配电系统的基本概念；电力系统的额定电压；电力负荷分级原则、及其对供电电源的要求；中性点运行方式及低压配电系统接地形式；电力负荷概念、负荷工作制及其负荷计算方法；高低压电气设备及其常用线缆及辅助材料等内容。

教学目标

知识目标	技能目标
(1)掌握电力系统、供配电系统的基本概念； (2)掌握电力系统的额定电压，理解电力负荷的分级及其对供电电源的要求； (3)了解中性点运行方式和低压配电系统的接地形式； (4)掌握负荷计算的内容和目的，了解设备功率的确定和负荷计算方法； (5)了解高低压电气设备选择与校验方法以及线缆型号与截面的选择。	(1)具备确定电力系统中各环节额定电压的能力和对供电电压选择的能力； (2)具备选择电力系统中性点运行方式的能力和区分低压配电系统中TN系统三种形式的能力； (3)具备对负荷分级的能力以及简单的负荷计算分析能力； (4)具备供配电系统电气设备和线缆识别的能力。

思政元素

(1)弘扬"工匠精神"理解建筑供配电的负荷等级及供电要求；

(2)"1+X证书"注册电气工程师(供配电方向)和本项目内在联系。

案例引入

2020年，为了应对新冠病毒新情况，国家能源局要求湖北在电力保障方面确保电力及时安全稳定供应。首先加快电力设施的建设，对武汉的雷神山、火神山、金银潭、黄冈大别山等重点医院和武汉 36 家方舱医院，全面落实供电保电的"一户一案"措施，按照特事特办原则，简化手续，加快施工，确保不发生停电事件。2 月份以来，湖北省每天投入保电车辆超过 2000 台，应急电源车 60~80 台、发电机 50~150 台，确保重要电力用户的供电保障。通过以上案例分析，保证电力供应和避免停电均与本项目中讨论的建筑供配电系统紧密相关的。

任务1 电力系统概述

9.1.1 电力系统、供配电系统的基本概念

电力系统是由生产、转换、分配、输送和使用电能的发电厂、变电站、输电线路和电力用户联系在一起组成的统一整体。

图 9-1 所示为电力系统示意图。

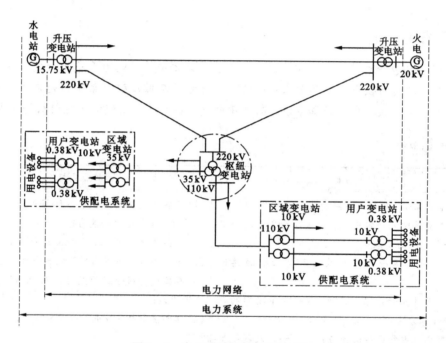

图 9-1 电力系统和电力网示意图

在电力系统中除去发电厂和电力用户以外的部分称为电力网络，简称电网，如图 9-1 所示。一个电网由很多变配电站和电力线路组成。

供配电系统是电力系统的一个重要组成部分，包括电力系统中区域变电站和用户变电站，涉及电力系统电能发、输、配、用的后两个环节，其运行特点、要求与电力系统基本相同，只是由于供配电系统直接面向电力用户，因此供电、用电的安全性尤显重要。供配电系统示意图如图 9-1 中点画线框部分。

9.1.2 电力系统的额定电压

额定电压是指能使电气设备长期运行的最经济的电压。

1. 电力系统额定电压的规定

在图 9-1 所示系统中，各部分电压等级是不同的。

众所周知，三相交流系统中，三相视在功率 S 和线电压 U、线电流 I 之间的关系为

$$S = \sqrt{3}UI\cos\varphi$$

当输送功率一定时，电压越高，电流越小，线路、电气设备等的载流部分所需的截面积就越小，有色金属投资也就越小；同时，由于电流小，传输线路上的功率损耗和电压损失也较小。另一方面，电压越高，对绝缘的要求则越高，变压器、开关等设备以及线路的绝缘投资也就越大。综合考虑这些因素，对应一定的输送功率和输送距离就有一个最为经济、合理的输电电压。但从设备制造角度考虑，为保证产品生产的标准化和系列化，又不应任意确定线路电压，甚至规定的标准电压等级过多也不利于电力设备制造和运行行业的发展。

我国国家标准《标准电压》(GB/T 156—2017) 规定的部分交流供电系统的标称电压和设备对应的最高电压如表 9-1 所示。

表 9-1   系统标称电压和设备的最高电压   /kV

电压范围	系统标称电压	设备最高电压
标称电压 0.22~1 kV	0.22/0.38	—
	0.38/0.66	—
	1(1.14)	—
标称电压 1~35 kV	3(3.3)	3.6
	6	7.2
	10	12
	20	24
	35	40.5
35~220 kV	66	72.5
	110	126
	220	252
220 kV 以上	330	363
	500	550
	750	800
	1000	1100

注：圆括号中给出的是非优选数值。建议在未来新建系统中不采用这些数值。

2. 各种电压等级的适用范围

(1) 输送功率和输送距离

前已述及，对应一定的输送功率和输送距离有一相对合理的线路电压。表 9-2 中列出了根据运行数据和经验确定的、与各额定电压等级相适应的输送功率和输送距离。

表9-2 与各额定电压等级相适应的输送功率和输送距离

额定电压/kV	架空线		电	缆
	输送功率/kW	输送距离/km	输送功率/kW	输送距离/km
0.22	<50	0.15	<100	0.2
0.38	100	0.25	175	0.35
0.66	170	0.4	300	0.6
3	100~1000	1~3	—	—
6	100~1200	4~15	3000	<3
10	200~2000	6~20	5000	<6
20	400~4000	10~40	10000	<12
35	2000~8000	20~50	15000	<20
66	3500~20000	30~100	—	—
110	10000~50000	50~150	—	—
220	100000~500000	200~300	—	—
330	200000~800000	200~600	—	—
500	1000000~1500000	150~850	—	—

(2)输电电压

220~750 kV 电压一般为输电电压,完成电能的远距离传输功能。该电网称为高压输电网。

(3)配电电压

110 kV 及以下电压一般为配电电压,完成对电能进行降压处理并按一定方式分配至电能用户的功能。其中35~110 kV 配电网为高压配电网,10~35 kV 配电网为中压配电网,1 kV以下配电网称为低压配电网。

9.1.3 电力负荷的分级及其对供电电源的要求

这里"负荷"的概念是指用电设备,"负荷的大小"是指用电设备功率的大小。不同的负荷,重要程度是不同的。重要的负荷对供电可靠性的要求高,反之则低,因此根据对供电可靠性的要求及在对人身中断供电在对人身安全、经济损失上所造成的影响程度进行分级,并针对不同负荷等级确定其对供电电源的要求。

1.负荷分级

电力负荷应根据对供电可靠性的要求及中断供电在对人身安全、经济损失上所造成的影响程度进行分级。

(1)符合下列条件之一的,为一级负荷。

1)中断供电将造成人身伤害时;

2)中断供电将在经济上造成重大损失时;

3) 中断供电将影响重要用电单位的正常工作。

(2) 在一级负荷中, 当中断供电将造成人员伤亡或重大设备损坏或发生中毒、爆炸和火灾等情况的负荷, 以及特别重要场所的不允许中断供电的负荷, 应视为一级负荷中特别重要的负荷(特级负荷)。

(3) 符合下列情况之一时, 应视为二级负荷。

1) 中断供电将在经济上造成较大损失时;

2) 中断供电将影响较重要用电单位的正常工作。

(4) 不属于一级和二级负荷者应为三级负荷。

2. 不同等级负荷对电源的要求

(1) 一级负荷对电源的要求

一级负荷应由双重电源供电, 当一电源发生故障时, 另一电源不应同时受到损坏。

一级负荷中特别重要的负荷(特级负荷)供电, 应符合下列要求:

1) 除应由双重电源供电外, 尚应增设应急电源, 并严禁将其他负荷接入应急供电系统;

2) 设备的供电电源的切换时间, 应满足设备允许中断供电的要求。

(2) 二级负荷对电源的要求

二级负荷的供电系统, 宜由两回路供电。在负荷较小或地区供电条件困难时, 二级负荷可由一回路 6 kV 及以上专用的架空线路供电。

(3) 三级负荷对电源的要求

三级负荷对电源无特殊要求, 一般以单电源供电即可。

9.1.4　中性点运行方式及低压配电系统接地的形式

1. 供配电系统中性点运行方式

供配电系统的中性点是指星形联结的变压器或发电机统组的中性点。所谓系统的中性点运行方式, 是指系统中性点与大地的电气联系方式, 或简称系统中性点的接地方式。中性点的接地方式是一个复杂的问题, 它关系到系统的绝缘水平、供电可靠性、继电保护、通信干扰、接地保护方式、电压等级、系统接线和系统稳定性等很多方面的问题, 须经合理的技术、经济比较后确定电力系统的接地方式。电力系统中性点的接地方式, 可分为:

(1) 中性点接地系统

中性点接地系统, 就是中性点直接接地或经小电阻接地的系统, 也称大接地电流系统。这种系统中一相接地时, 出现了除中性点接地点以外的另一个接地点, 构成了短路回路, 接地故障相电流很大, 为了防止设备损坏, 必须迅速切断电源, 因而供电可靠性低, 易发生停电事故。但这种系统上发生单相接地故障时, 由于系统中性点的钳位作用, 使非故障相的对地电压不会有明显的上升, 因而对系统绝缘是有利的。中性点接地系统的另一个缺点是发生单相接地故障时, 很大的单相接地电流产生的磁场会对附近的通信线路产生干扰, 即出现一个电磁干扰发射源。

(2) 中性点不接地系统

中性点不接地系统, 是指中性点不接地或经过高阻抗(如消弧线圈)接地的系统, 也称小接地电流系统。这种系统发生单相接地故障时, 只有比较小的导线对地电容电流通过故障点, 因而系统仍可继续运行, 这对提高供电可靠性是有利的。但这种系统在发生单相接地故障时，系统中性点对地电压会升高到相电压，非故障相对地电压会升高到线电压；若接地点不稳定，产生了间歇性电弧，则过电压会更严重，对绝缘不利。

对于高压输配电网，由于传输功率大且传输距离长，一般都采用110 kV及以上的电压等级，在这样高的电压等级下绝缘问题比较突出，因此一般都采用中性点接地系统；而在中压系统中，中性点不接地系统发生单相接地故障时产生的过电压对绝缘的威胁不大，因为中压系统的绝缘水平是根据更高的雷电过电压制定的，因此为了提高供电可靠性，中压系统较多地采用了中性点不接地系统。在我国，作为供配电系统主要电压等级的35 kV、10 kV、6 kV等中压系统大多是采用中性点不接地系统。

对于1 kV以下的低压配电系统，中性点运行方式与绝缘的关系已不是主要问题，这时中性点运行方式主要取决于供电可靠性和安全性，因此，1 kV以下的低压配电系统采用中性点接地系统。

9.1.4　电能的质量及其标准

接地系统

电力系统应根据用户对供电连续性的要求可靠供电，同时保证所供电能的质量，衡量电能质量的主要指标是频率、电压和波形。

1. 频率质量

一个交流电力系统只能有一个频率。我国规定的电力系统标称频率（工频）为50 Hz。当电能供需不平衡时，系统频率便会偏离其标称值。频率偏差不仅影响用电设备的工作状态，而且影响电力系统的稳定运行。《电能质量电力系统频率允许偏差》（GB/T 15945—2008）规定：电力系统正常频率偏差允许值为±0.2 Hz，当系统容量较小时，偏差值可放宽到±0.5 Hz。

2. 电压质量

国家标准《供配电系统设计规范》（GB 50052—2009）规定，正常运行情况下，用电设备端子处电压偏差的允许值应符合下列要求：①电动机为±5%。②照明，在一般场所为±5%；对于远离变电所的小面积一般工作场所，难以满足以上要求时，可为+5%、-10%；应急照明、道路照明和警卫照明等为+5%、-10%。③其他用电设备，当无特殊规定时为±5%。

3. 波形质量

电能的质量除了频率与电压以外，还包含了供电电压的波形。电力系统电压的波形应是50 Hz的正弦波形，如果波形偏离正弦波形就称为波形畸变，可以根据傅里叶级数从畸变的波形中分解出50 Hz的基波及一系列的高次谐波。电压或电流中含有的高次谐波越多，或者高次谐波的幅值（或有效值）越大，其波形离正弦波形就越远，畸变就越严重，波形质量就越差。

任务2　常用电气设备

9.2.1　变压器

变压器是根据电磁感应原理，将某一种电压、电流的交流电能转换成另一种电压、电流的交流电能的静止电气设备。

在电力系统中变压器的符号如图 9 – 2。

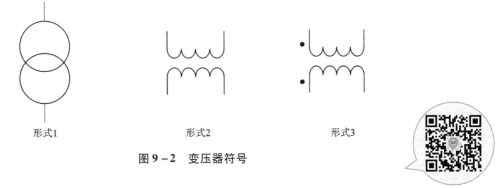

形式1　　　　　　　　　　形式2　　　　　　　　　形式3

变压器原理

图 9 – 2　变压器符号

1. 变压器的原理

变压器由铁芯(或磁芯)和线圈组成,线圈有两个或两个以上的绕组,其中接电源的绕组叫初级线圈,其余的绕组叫次级线圈。它可以变换交流电压、电流和阻抗。最简单的铁心变压器由一个软磁材料做成的铁心及套在铁心上的两个匝数不等的线圈构成,如图 9 – 3 所示。铁心的作用是加强两个线圈间的磁耦合。为了减少铁内涡流和磁滞损耗,铁心由涂漆的硅钢片叠压而成;两个线圈之间没有电的联系,线圈由绝缘铜线(或铝线)绕成。一个线圈接交流电源称为初级线圈(或原线圈),另一个线圈接用电器称为次级线圈(或副线圈)。

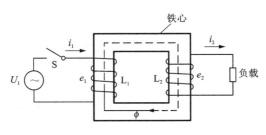

图 9 – 3　变压器原理

2. 变压器的类型

(1)按变压器的用途分:电力变压器、调压变压器、仪用变压器。

(2)按变压器的绕组数量分:单绕组变压器、双绕组变压器、三绕组变压器、多绕组变压器。

(3)按变压器的相数分:单相变压器、三相变压器、多相变压器。

(4)按变压器的冷却方式分:油浸式变压器、环氧树脂浇注型干式变压器、充气变压器。

(5)变压器的型号的表示及含义如下:

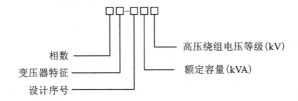

相数　　　　　　　高压绕组电压等级(kV)
变压器特征　　　　　额定容量(kVA)
设计序号

例如 S7 – 560/10 表示油浸自冷式三相铜绕组变压器，额定容量 560 kVA，高压侧额定电压 10 kV。变压器型号标准代号参见表 9 – 2。

表 9 – 2　变压器型号标准

名称	相数及代号	特征	特征代号
单相变压器	单相 D	油浸自冷	—
		油浸风冷	F
		油浸风冷、三线圈	FS
		风冷、强迫油循环	FP
三相变压器	三相 S	油浸自冷铜绕组	—
		有载调压	Z
		铝绕组	L
		油浸风冷	F
		树脂浇注干式	C
		油浸风冷、有载调压	FZ
		油浸风冷、三绕组	FS
		油浸风冷、三绕组、有载调压	FSZ
		油浸风冷、强迫油循环	FP
		风冷、三绕组、强迫油循环	FPS
三相电力变压器	三相 S	水冷、强迫油循环	SP
		油浸风冷、铝绕组	FL

3. 变压器的基本构造

变压器主要由铁芯和绕组两部分构成：

（1）铁芯是变压器的基本部分，变压器的一次、二次绕组都绕在铁芯上。它的作用是在交变的电磁转换中，提供闭合的磁路，让磁通绝大部分通过铁芯构成闭合回路，所以变压器的铁芯多采用硅钢片叠压而成。

（2）绕组就是绕在铁芯上的线圈与电源相连接，从电源吸取能量的绕组称为原绕组，与负载相连接，对负载供电的绕组称为副绕组。绕组一般都是由绝缘的圆导线或扁导线绕成（铜线或铝线）。

按照绕组与铁芯的相对位置不同，变压器又可以分为芯式和壳式两种。

（3）三相变压器的铁芯有三个芯柱，每个芯柱上都套装原、副绕组并浸在变压器油中，其端头经过装在变压器铁盖上绝缘套管引到外边，如图 9 – 4 所示。

4. 变压器的安装方式

变压器的安装形式有杆上安装、户外露天安装和室内安装等。

（1）杆上安装。杆上安装是将变压器固定在电杆上，以电杆为支架离开地面架设。

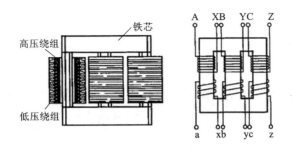

图 9 - 4 三相变压器

（2）户外露天安装。户外露天安装是将变压器安装在户外露天，固定在钢筋混凝土基础上。

（3）室内安装。室内变压器安装是将变压器安装在室内。

5. 变压器台数的选择

选择变电所主变压器台数时应遵守下列原则：

（1）对接有大量一、二级负荷的变电所，宜采用两台变压器，可保证一台变压器发生故障或检修时，另一台变压器能对一、二级负荷继续供电。

（2）对只有二级负荷的变电所，如果低压侧有与其他变电所相联的联络线作为备用电源，也可采用一台变压器。

（3）对季节性负荷或昼夜负荷变动较大的变电所，可采用两台变压器，实行经济运行方式。

（4）对负荷集中而容量相当大的变电所，虽为三级负荷，也可采用两台或两台以上变压器，以降低单台变压器容量。

（5）除上述情况外，一般车间变电所宜采用一台变压器。

另外，在确定变电所主变压器台数时，应适当考虑未来 5 ~ 10 年负荷的增长。

6. 变压器容量的选择

选择变电所主变压器容量时应遵守下列原则：

（1）仅装一台主变压器的变电所 主变压器的额定容量 S_{NT} 应满足全部用电设备总视在计算负荷 S_{30} 的需要，即 $S_{NT} \geqslant S_{30}$。

（2）装有两台主变压器且为暗备用的变电所 所谓暗备用，是指两台主变压器同时运行，互为备用的运行方式。此时，每台主变压器容量 S_{NT} 应同时满足以下两个条件：

①任一台变压器单独运行时，可承担 60% ~ 70% 的总视在计算负荷 S_{30}，即 $S_{NT} = (0.6 \sim 0.7)S_{30}$；

②任一台变压器单独运行时，可承担全部一、二级负荷。

（3）装有两台主变压器且为明备用的变电所，每台主变压器容量 S_{NT} 的选择方法与仅装一台主变压器变电所的方法相同。

9.2.2 高压配电装置

环网柜

高压配电装置是用于安放高压电器设备的柜式成套装置，起着接受电能、分配电能的作用，柜内安装有高压开关设备、测量仪表、保护设备及一些操作辅助设备(图9-5)。按其结构可分为固定式和手车式两种。固定式开关柜将各种设备固定安装在柜体内；手车式开关柜将主要开关设备安装在手车上，可以拿出柜体外。

图9-5　高压配电柜实物图

一般将高压开关柜集中安装于专门的高压配电室内，但当高压开关柜台数少于5台时，也可和低压配电装置共处一室。当高压开关柜在布置时，需要考虑足够的维修和操作通道。固定式高压开关柜一般靠墙安装，单侧布置时柜前操作通道宽度不小于1.5 m，一般宜为2 m以上；双列布置时，柜间间距应不小于2 m，一般为2.5 m以上。手车式高压开关柜离墙安装，柜后通道不小于0.8 m，单侧布置时柜前通道不小于手车长加0.9 m，双列式柜间间距为双车长加0.6 m。

10 kV柜

9.2.3　低压配电装置

低压配电装置是用于安放低压电器设备的成套柜式装置，可分为固定式和抽屉式(图9-6)。抽屉式低压配电柜将主要开关设备安装在类似抽屉的结构上。

为维修方便，低压配电柜一般离墙安装，间距0.8~1 m；为了进出线和安装维修方便，高低压配电柜底部和后侧均设电缆沟，一般沟深0.8~1 m。

9.2.4　互感器

互感器是一种特殊的变压器，是供配电系统二次回路变换电压和电流的电气设备。按照作用不同，分为电压互感器和电流互感器。使用互感器可以扩大仪表和继电器等二次设备的使用范围，并能使仪表和继电器与主电路绝缘，既可避免主路的高电压直接引入仪表、继电器，又可防止仪表、继电器的故障影响主电路。

1. 电流互感器

电流互感器用于提供测量仪表和断电保护装置用的电源。

236

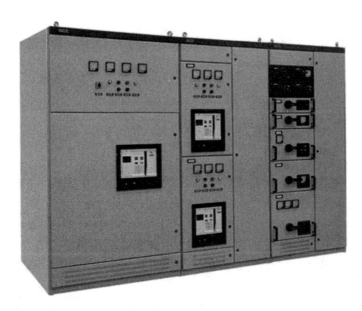

图 9 – 6 低压配电柜实物图

电流互感器的类型很多,按一次绕组的匝数分,有单匝式(包括母线式、心柱式、套管式)和多匝式(包括线圈式、线环式、串级式);按一次电压高低分,有高压和低压两大类;按用途分,有测量用和保护用两大类;按准确度等级分,测量用电流互感器有 0.1、0.2、0.5、1、3、5 六个等级,保护用电流互感器有 5P 和 10P 两级。

使用电流互感器的注意事项:

(1)电流互感器工作时其二次侧不得开路;

(2)电流互感器的二次侧有一端必须接地;

(3)电流互感器在连接时要注意其端子的极性。

在安装和使用电流互感器时,一定要注意端子的极性,否则其二次侧所接仪表、继电器中流过的电流就不是预想的电流,从而影响正确测量,甚至引起事故。

2. 电压互感器

电压互感器相当于一个降压变压器,当工作时,一次绕组并联在供电系统的一次电路中,二次绕组与仪表、继电器的电压线圈并联。

电压互感器按相数分,有单相、三相三芯柱和三相五芯柱式;按绕组分,有双绕组式和三绕组式;按绝缘与其冷却方式分,有干式(含环氧树脂浇注式)、油浸式和充气式(SF_6);按安装地点分,有户内式和户外式。

使用电压互感器的注意事项:

(1)电压互感器工作时其二次侧不得短路;

(2)电压互感器的二次侧有一端必须接地;

(3)电压互感器在连接时要注意其端子的极性。

电压互感器在连接时一定要注意端子的极性,否则其二次侧所接仪表、继电器中的电压就不是预想的电压而影响正确测量,乃至引起保护装置的误动作。

9.2.5 刀开关

刀开关是一种简单手动操作电器,用于非频繁通断、容量不大的配电线路上。刀开关的电气图形符号和文字符号如图9-7所示。

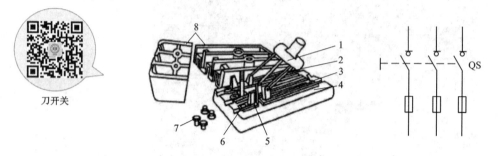

图9-7 刀开关内部结构及电气图形符号

1—瓷柄;2—触刀;3—出线座;4—瓷底座;5—静触头;6—进出线;7—胶盖紧固螺钉;8—胶盖

刀开关按灭弧装置可分为有或无灭弧罩两种,前者可拉断少量负荷电流,如负荷开关;后者只起隔离电源作用但不能带负荷开断电路,如开启刀闸。

开启式开关也称隔离开关,因无防护而只能用在配电柜或配电箱内,当前推荐使用的有HD13、HD14、HS11、HS13等系列,主要起隔离电源的作用。开启式负荷开关也称胶木刀开关,有一定灭弧能力,用于小电流系统,当前推荐使用的有HK2系列产品。

封闭式负荷开关又称铁壳开关,灭弧能力强于HK系列且有短路保护作用,适于各种配电设备及不需频繁通断负荷的配电线路上,推荐使用的有HH10、HH11等系列。在使用时注意将金属外壳可靠接地,并检查机械联锁、弹簧是否正常。

熔断式开关也称刀熔开关,是熔断器和刀开关组合的电器,具有一定的短路分断能力,可替代分开的开关和熔断器,推荐使用的有HR5系列,主要用于不频繁通断的440 V, 600 A以下的配电系统中。

刀开关型号含义如图9-8所示。

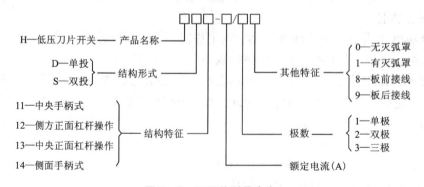

图9-8 刀开关型号含义

9.2.6　低压断路器

低压断路器又称低压空气开关或自动空气开关，它具有良好的灭弧性能，能带负荷通断电路，可以用于电路的不频繁操作，同时又能提供短路、过负荷和失压保护，是低压供配电线路中重要的开关设备。断路器主要由触头系统、灭弧系统、脱扣器和操作机构等部分组成，它的操作机构比较复杂，主触头的通断可以手动，也可以电动。低压断路器的实物图如图 9 - 9 所示。

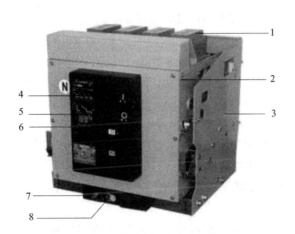

断路器、开关柜

图 9 - 9　低压断路器实物图

1—灭弧罩；2—开关本体；3—抽屉座；4—合闸按钮；5—分闸按钮；

6—智能脱扣器；7—摇匀柄插入位置；8—连接/试验/分离指示

断路器的原理结构和文字符号如图 9 - 10 所示。

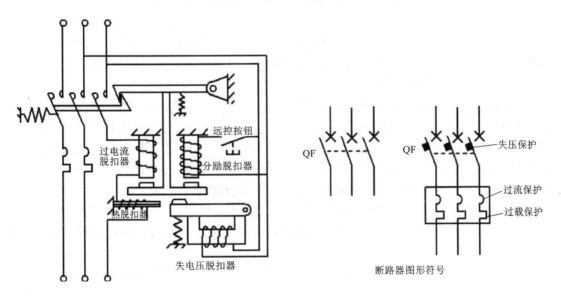

图 9 - 10　低压断路器结构原理图

型号含义如图 9 – 11 所示。

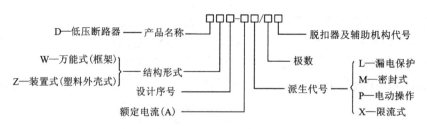

图 9 – 11　国产低压断路器型号含义

DW 系列也称框架式断路器；此种断路器没有外壳，体积大，容量为 100 ~ 6000 A，灭弧能力较强，极限短路分断能力高，特别适用于低压配电系统的保护。目前推荐使用的有 DW15、DW16 和 DW17 等系列产品。

DZ 系列也称塑料壳式断路器，它的塑料外壳体积小，容量小于 600 A，适用于 380 V 的线路。其保护动作由不同脱扣器实现，如失压、断路、过载分别由失压、电磁热脱扣器实现。

拉、合闸所有触头都是同时动作，避免了用熔断器作断路保护时因一相熔断而造成的电动机缺相运行，这种电动机损坏是建筑工地上最常见的。推荐使用的有 DZ10、DZ12 和 DZ15 等系列产品。

近年来，新产品向体积小、工作可靠、寿命长等方向发展，如 C，S，MZ 和 AH 等系列产品。

9.2.7　低压熔断器

低压熔断器是常用的一种简单的保护电器，主要用于短路保护，在一定条件下也可以起过负荷保护的作用。当线路中出现故障时，通过的电流大于规定值，熔体产生过量的热而被熔断，电路由此被分断。

低压熔断器的种类很多，按结构形式来划分，有 RM 系列无填料密封管式熔断器、RT 系列有填料密封管式熔断器、RC 系列瓷插式熔断器和 RL 系列螺旋式熔断器，此外还有引进技术生产的有填料管式 gF 系列、αM 系列以及高分断能力的 NT 系列等。

按保护性能可分为限流型和非限流型两大类。限流型熔断器的灭弧能力强，能在短路电流达到冲击值之前 0.01 s 内熄灭电弧，因此有限流作用。限流熔断器熔管内都充填有石英砂，如 RT 型、RL 型和 NT 型等。非限流型熔断器的灭弧能力不强，不能躲过短路冲击电流，即其灭弧时间大于 0.01 s，因此无限流作用。非限流熔断器熔管内未充填石英砂，如 RM 型和 RC 型等，但这类熔断器在熔体熔断后便于更换，比较经济。

瓷插式灭弧能力差，只是在故障电流较小的线路末端使用。其他几种类型的熔断器均有灭弧措施，分断电流能力比较强，密闭管式结构简单，螺旋式更换熔管时比较安全，填充料式的断流能力更强。

熔断器的实物图和文字符号如图 9 – 12 所示，型号含义如图 9 – 13 所示。

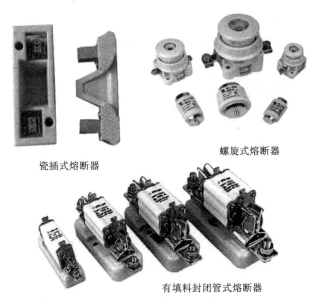

瓷插式熔断器

螺旋式熔断器

有填料封闭管式熔断器

图 9 – 12　熔断器实物图及电气图形符号和文字符号

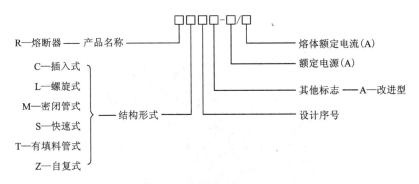

图 9 – 13　低压熔断器型号含义

9.2.8　漏电保护器

漏电保护器是将漏电保护装置与自动空气开关组合在一起的自动电器,又称漏电保护开关(图9 – 14)。当线路或设备出现漏电或接地故障时,它能迅速自动切断电源,保护人身与设备的安全,避免事故进一步扩大,同时还能提供线路的过载与短路保护。因而要求民用建筑和施工现场必须使用,成为国家强制认证产品。

漏电保护器按动作原理可分为电压型、电流型、脉冲型;按结构可分为电磁式、电子式,各有用途。

漏电保护器种类多、型号多,如 DZ 系列。也有引入国外先进技术生产的具有结构紧凑、体积小、性能稳定可靠、安装方便的新型漏电保护器,如 FIN 和 FNP 等型号。

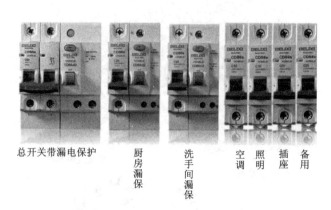

総开关带漏电保护   厨房漏保   洗手间漏保   空调 照明 插座 备用

图 9 – 14　家用漏电保护

配电箱

9.2.9　低压配电箱

低压配电箱是小容量供电系统的配电中心，一般将开关电器和保护电器装为一体（图 9 – 15）。种类很多，在建筑供电中使用广泛的是照明和动力两种配电箱，目前推荐尽量使用标准化的配电箱，主要有 XM – 4、XM（R）– 7 和 XL（F）– 14、XL（F）– 20 等系列配电箱。

图 9 – 15　配电箱实物图

配线

任务 3　电线与电缆

9.3.1　导线

导线分为裸导线和绝缘导线。

242

导线的线芯要求导电性能良好、机械强度大、质地均匀、表面光滑且耐腐蚀性能好。导线的绝缘层要求绝缘性能良好、质地柔韧、耐侵蚀，且具有一定的机械强度。

1. 裸导线

无绝缘层的导线称为裸导线。裸导线又分为硬裸导线和软裸导线。

裸导线一般用于高、低压架空电力线路输送电能，软裸导线主要用于电气装置的接线、元件的接线及接地线。

裸导线的材料有铜、铝和钢，按结构可分为圆单线、扁线和绞线。常见的有铜绞线（TJ）、铝绞线（LJ）和钢芯铝绞线（LGJ）（图 9 - 16）。

硬裸导线的规格分为 10，16，25，50，70 和 95（mm^2）。

软裸导线的规格分为 0.012，0.03，0.06，0.12，0.20 和 0.30（mm^2）。

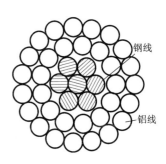

图 9 - 16　钢芯铝绞线 LGJ

2. 绝缘导线

（1）橡皮绝缘导线　橡皮绝缘导线可用于室外敷设。长期工作温度不得超过 60℃，额定电压不得超过 250 V 的橡皮绝缘导线用于照明线路。

（2）塑料绝缘导线　塑料绝缘导线具有耐油、耐腐蚀及防潮等特点，常用于电压 500 V 以下的室内照明线路，可穿管敷设及直接在墙上敷设。

绝缘导线分类、型号说明及主要用途如表 9 - 3 所示。

表 9 - 3　绝缘导线分类、型号说明及主要用途

分类	型号名称	型号说明	主要用途
V - 聚氯乙烯绝缘导线	BV	铜芯聚氯乙烯绝缘导线	适用于交流额定电压 450/750 V 及以下动力装置的固定敷设
	BLV	铝芯聚氯乙烯绝缘导线	
	BVR	铜芯聚氯乙烯绝缘软导线	
	BVV	铜芯聚氯乙烯绝缘聚氯乙烯护套圆形导线	
	BLVV	铝芯聚氯乙烯绝缘聚氯乙烯护套圆形导线	
	BVVB	铜芯聚氯乙烯绝缘聚氯乙烯护套平形导线	
	BV - 105	铜芯聚氯乙烯耐高温绝缘导线	

9.3.2　电缆

电缆是一种多芯导线，即在一个绝缘软管内裹有多根互相绝缘的线芯。电缆的结构由缆芯、绝缘层和保护层 3 部分组成。

1. 电力电缆

电力电缆是用来输送和分配大功率电能的导线。无铠装的电缆适用于室内、电缆沟内、电缆桥架内和穿管敷设，但不可承受压力和拉力。钢带铠装电缆适于直埋敷设，能承受一定的压力，但不能承受拉力。

电缆按绝缘材料的不同,有油浸纸绝缘电力电缆和交联聚乙烯绝缘电力电缆。额定的工作电压一般有1 kV、3 kV、6 kV、10 kV、20 kV和35 kV等6种。电力电缆结构如图9-17所示。

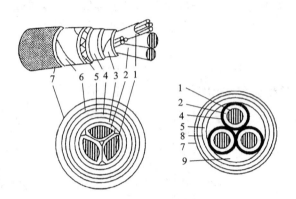

图9-17 电力电缆结构

(a)三相统包层;(b)分相铅包层

1—导体;2—相绝缘;3—纸绝缘;4—铅包皮;5—麻衬;6—钢带铠甲;7—麻被;8—钢丝铠甲;9—填充物

我国常用的电力电缆型号及名称见如表9-4。

表9-4 电力电缆型号及名称

型号		名称
铜芯	铝芯	
VV	VLV	聚氯乙烯绝缘聚氯乙烯护套电力电缆
VV-22	VLV-22	聚氯乙烯绝缘钢带铠装聚氯乙烯护套电力电缆
ZR-VV	ZR-VLV	阻燃聚氯乙烯绝缘聚氯乙烯护套电力电缆
ZR-VV22	ZR-VLV22	阻燃聚氯乙烯绝缘钢带铠装绝缘聚氯乙烯护套电力电缆
NH-VV	NH-VLV	耐火聚氯乙烯绝缘聚氯乙烯护套电力电缆
NH-VV22	NH-VLV22	耐火聚氯乙烯绝缘钢带铠装聚氯乙烯护套电力电缆
YJV	YJLV	交联聚乙烯绝缘聚乙烯护套电力电缆
YJV22	YJLV22	交联聚乙烯绝缘钢带铠装聚乙烯护套电力电缆

2.控制电缆

控制电缆用于配电装置、继电保护和自动控制回路中传送控制电流、连接电气仪表及电气元件等。

控制电缆运行电压一般在交流500 V、直流1000 V以下,线芯数为几芯到几十芯不等,截面为1.5~10 mm²。

控制电缆的结构与电力电缆的相似。

9.3.3 母线

母线也叫干线或汇流排。它是电路的主干线，在供电工程中，一般把电源送来的电流汇集在母线上，然后按需要从母线送到各分支的电路上分配出去，因此母线就是一段汇总和分配电流的导体。

母线按其质量可分为轻型母线和重型母线；按其材质可分为铜母线和铝母线；按其形状可分为带形母线和槽形母线；按其结构层可分为单母线和双母线；按其性质可分为软母线和硬母线。

9.3.4 导体的选择

导体(包括裸导线、绝缘导线、电缆和母线，下同)是供电系统中输送和分配电能的主要设备，需要消耗大量的有色金属，因此在选择时要保证供电系统安全、可靠运行，充分利用导体的载荷能力，节约有色金属，降低综合投资。

导体的选择必须满足下列条件：

(1)发热条件 导体通过正常计算电流时，其发热所产生的温升不应超过正常运行时的最高允许温度，以防止因过热引起导体绝缘损坏或加速老化。

(2)电压损失 导体在通过正常计算电流时产生的电压损失应小于正常运行时的允许电压损失，以保证供电质量。

(3)经济电流密度 对高电压、长距离输电线路和大电流低压线路，其导体的截面宜按经济电流密度选择，以使线路的年综合运行费用最小，节约电能和有色金属。

(4)机械强度 正常工作时，导线应有足够的机械强度，以防断线。通常所选截面应不小于该种导体在相应敷设方式下的最小允许截面。由于电缆具有高强度内外护套，机械强度很高，因此不必校验其机械强度，但需校验其短路热稳定度。

对于绝缘导线和电缆，还应满足工作电压的要求；对于硬母线，还应校验短路时的动、热稳定度。

在工程设计中，应根据技术经济的综合要求选择导线。一般6~10 kV及以下高压配电线路及低压动力线路的电流较大，线路较短，可先按发热条件选择截面，再校验其电压损失和机械强度；低压照明线路对电压水平要求较高，故通常先按允许电压损失进行选择，再校验其发热条件和机械强度；对35 kV及以上的高压输电线路和6~10 kV的长距离大电流线路，则可先按经济电流密度确定经济截面，再校验发热条件、电压损失和机械强度。

任务4 电气安装用材料

9.4.1 配线用管材

配线常用的管材有金属管和塑料管，工程中称为电线保护管或电线管。

1.金属管

配管工程中常使用的有厚壁钢管、薄壁钢管、金属波纹钢管和普利卡套管4类。

(1)厚壁钢管又称焊接钢管或低压流体输送钢管(水煤气管)，有镀锌和不镀锌之分。又分为普通钢管和加厚钢管两种。

在工程图中标注的代号，焊接钢管为 SC，厚壁钢管的公称口径按内径标注。

厚壁钢管(水煤气钢管)用作电线、电缆的保护管，可用于一些潮湿场所或直埋于地下，也可以沿建筑物、墙壁或支吊架敷设。明敷设一般在生产厂房中出现较多。

(2)薄壁钢管(电线管)

在工程图中标注的代号为 MT。薄壁钢管的公称口径按外径标注。

电线管多用作敷设在干燥场所的电线、电缆的保护管，可明敷或暗敷。

套接紧定式钢(JDG)导管和套接扣压式薄壁钢(KBG)导管是专为配线工程研发的电线管，应用也非常广泛。套接紧定式钢(JDG)导管的管路连接为套接，并研发有配套的直管接头和弯管接头，套接后用自带的紧定螺钉拧紧，其直管公称管径是外径。套接扣压式薄壁钢(KBG)导管的管路连接为扣压套接式，也研发有配套的直管接头和弯管接头，套接后用专用工具扣压，其直管公称管径也是外径。

钢管暗配工程应选用镀锌金属盒，即灯位盒、开关(插座)盒等，其厚壁不应小于1.2 mm。常用的八角和尺寸为 90 mm × 90 mm × 45 mm。

(3)金属波纹管

金属波纹管也叫金属软管或蛇皮管，主要用于设备上的配线，如车床、铣床、冷水机组、水泵等。它是用 0.5 mm 以上的双面镀锌薄钢带加工压边卷制而成，轧缝处有的加石棉网，有的不加，其规格尺寸与电线管相同。

(4)普利卡金属套管

普利卡金属套管是电线、电缆保护套管的更新换代产品，其种类很多，但其基本结构类似，都是由镀锌钢带卷绕成螺纹状，属于可绕性金属套管。具有搬运方便、施工容易等特点。在建筑电气工程中的使用日益广泛，可用于各种场合的明、暗敷设和现浇混凝土内的暗敷设。

2. 塑料管

配线所用的电线保护管多为 PVC 塑料管，PVC 是聚氯乙烯的代号，是用电石和氯气(电解食盐产生)制成的，根据加入增塑剂的多少可制成不同硬度的塑料。建筑电气工程中常用的塑料管有以下四种，管材连接和弯曲工艺有所不同：

(1)硬质聚氯乙烯管(PVC 塑料管)：是由聚氯乙烯树脂加入稳定剂、润滑剂等助剂经捏合、滚压、塑化、切粒、挤出成型加工而成，主要用于电线、电缆的保护套管等。管材长度一般4 m/根，颜色一般为灰色。管材连接一般为加热承插式连接和塑料热风焊，弯曲必须在加热条件下进行。

(2)刚性阻燃管 PC，称刚性 PVC 管或 PVC 冷弯电线管，分为轻型、中型、重型。管材长度 4 m/根，颜色有白、纯白，弯曲时需用专用弯曲弯簧。管子的连接方式采用专用接头插入法连接，在连接处接合面涂专用胶合剂，接口密封。

刚性阻燃管是刚性、硬质、阻燃的，在浇注混凝土过程中不易变形，现在被广泛应用。

一般的住宅使用 PVC 管均用刚性阻燃管。

(3)半硬质阻燃管 FPC，也叫 PVC 阻燃塑料管，由聚氯乙烯树脂加入增塑剂、稳定剂及阻燃剂等经挤出成型而得，用于电线保护，一般颜色为黄、红、白等，成捆供应，每捆100 m。管子连接采用专用接头抹塑料胶黏接，管道弯曲自如，无须加热，在箱盒之间直接连接中间不需要接头。

半硬质塑料管是软质的，硬度不够，在浇注混凝土过程中经常变形造成管路不畅通，所以一般用在砖墙内。

(4)塑料波纹管(可挠型)，常用在吊顶或空间较高的房间，吊顶内的管子(接线盒)距吊顶有一段垂直距离，因塑料波纹管可以自由弯曲，用于接线盒与灯具盒之间连接导线的保护管。

9.4.2　型材

(1)扁钢可用来制作各种抱箍、撑铁、拉铁和配电设备的零配件、接地母线及接地引线等。扁钢常用普通碳素钢热轧而成，其规格以"宽度×厚度"表示，单位 mm。

(2)角钢是钢结构中最基本的钢材，可作单独构件或组合使用，被广泛用于桥梁、建筑输电塔构件、横担等。角钢规格以"边长×边长×厚度"表示，并在规格前加"L"，单位是 mm。工程中常用等边角钢，即边宽相等。

(3)工字钢由两个翼缘和一个腹板构成。工字钢被广泛用于各种电气设备的固定底座、变压器台架等。

(4)圆钢主要用来制作各种金属、螺栓、接地引线及钢索等，常用普通碳钢的热轧圆钢(直条)，直径用 ϕ 表示，单位用 mm。

(5)槽钢一般用来制作固定底座、支撑和导轨等。槽钢的表示方法为[加数字，如[20，表示槽钢截面高度 200 mm。槽钢分为普通型和轻型两种，工程中常用普通型。

(6)薄钢板分镀锌钢板和不镀锌钢板。钢板可制作各种电器及设备的零部件、平台、垫板和防护壳等。

(7)铝板用来制作设备零部件、防护板、防护罩及垫板等。

9.4.3　常用的紧固件

1. 塑料胀管

塑料胀管加木螺钉用于固定较轻的构件。该方法多用于砖墙或混凝土结构，不需用水泥预埋，具体方法是用冲击钻钻孔，孔的大小及深度应与塑料胀管的规格匹配，在孔中填入塑料胀管，然后靠拧进木螺钉使胀管胀开，从而拧紧螺母后使元件固定在操作面上。

2. 膨胀螺栓

膨胀螺栓用于固定较重的构件。该方法与塑料胀管固定方法相同。钻孔后将膨胀螺栓填入孔中，通过拧紧膨胀螺栓的螺母使膨胀螺栓胀开，从而拧紧螺母后使元件固定在操作面上。

3. 预埋螺栓

预埋螺栓用于固定较重的构件。预埋螺栓一头为螺扣，一头为圆环或燕尾，可分别预埋在地面内、墙面和顶板内，通过螺扣一端拧紧螺母使元件固定。

4. 六角头螺栓

一头为螺母一头为丝扣螺母，将六角螺栓穿在两元件之间通过拧紧螺母固定两元件。

5. 双头螺栓

两头都为丝扣螺母，将双头螺栓穿在两元件之间，通过拧紧两端螺母固定两元件。

6. 木螺钉

木螺钉用于木质件之间及非木质件之间的联结。

7. 机螺钉

机螺钉用于受力不大且不需要经常拆装的场合，其特点是一般不用螺母，而把螺钉直接旋入被联结件的螺纹孔中，使被联结件紧密连接起来。

小结

本项目主要包括电力系统概述、常用电气设备、线缆以及其他安装常用材料，重点是供配电系统基本概念、电力系统的额定电压、电力负荷分级原则、低压配电系统接地形式、负荷计算的目的、常用的高低压电气设备及其线缆。

思考与练习题

一、分析题

1. 电力系统由哪几部分组成？

2. 电力负荷分几级？对供电电源有哪些要求？

3. 刀开关与低压断路器使用上有何不同？

4. 导线与电缆的选择依据有哪些？

5. 列举常用的配线型管材？

二、单选题

1.. 三相交流配电母线 A、B、C 三相的涂色，一般分别是(　　)和绿、红。

A. 黄　　　　　　　B. 白　　　　　　　C. 蓝　　　　　　　D. 黑

2. 为减少接地故障引起的电气火灾危险而装设的漏电电流动作保护器，其额定漏电动作电流不应超过(　　)。

A. 100 mA　　　　B. 200 mA　　　　C. 500 mA　　　　D. 800 mA

3. 发电机或变压器的中性点直接或经小阻抗与接地装置连接，称为中性点(　　)接地。

A. 直接　　　　　　B. 间接　　　　　　C. 等电位　　　　　D. 并联

4. 电能的质量标准是(　　)。

A. 电压、频率、波形　　　　　　　　B. 电压、电流、频率

C. 电压、电流、波形　　　　　　　　D. 电压、电流、功率因数

5. 如果中断供电在对人身安全、经济损失上造成较大损失的负荷称为(　　)。

A. 一级负荷　　　B. 二级负荷　　　C. 三级负荷　　　D. 特级负荷

6. 下列属于保护设备的是(　　)。

A. 变压器　　　　B. 断路器　　　　C. 刀开关　　　　D. 接触器

7. 按发热条件选择导线截面，室外的环境温度一般取(　　)。

A. 按当地最热月地下 0.7～1 m 的土壤平均温度

B. 当地最热月平均气温

C. 当地最热月平均最高气温

D. 当地最热平均最高气温加 5℃

8. PEN 线是指(　　　)。

A. 中性线　　　　　B. 保护线　　　　　C. 保护中性线　　　　　D. 避雷线

三、多选题

1. 供电质量的要求中供电的指标通常是指(　　　　)。

A. 电压　　　　　B. 电流　　　　　C 频率　　　　　D. 波形

E. 电量

2. (　　　　)负荷,可用以确定备用电源或应急电源及其容量。

A. 一级　　　　　B. 二级　　　　　C. 三级　　　　　D. 季节性

E. 大功率负荷

3. 电力网某条线路额定电压为 $U_n = 10$ kV,下列表示这个电压错误的是(　　　)。

A. 实际电压　　　　　B. 相电压　　　　　C. 线电压　　　　　D. 安全电压

E. 超高压

答案

项目 10　照明系统

本项目主要介绍建筑电气照明基本知识,包括照明方式和种类、常用电光源和灯具、电气照明装置的选用与安装等。

知识目标	技能目标
(1)理解光通量、照度、发光强度、亮度等光学的基本物理量; (2)了解常用电光源的特性与选用,灯具的类型、眩光及布置; (3)了解我国的照明标准,掌握用天正电气利用系数法计算照度。	(1)了解灯具的选取原则与方法; (2)能结合工程实际选用合适灯具。

(1)责任意识、安全意识、诚信意识、遵规守纪、工匠精神;

(2)1+X证书,本项目节中体现了项目经理、施工员、监理员在施工过程中的岗位职责。

本章主要讲授照明的分类,常用电光源及灯具的选用,照明标准及其计算等。2020年初,武汉火神山医院、雷神山医院迅速建成,请帮助雷神山医院项目设计组完成该项目照明灯具的选择。

光的基本特性

任务 1　照明的基本概念

电气照明是现代人们日常生活和工作的一项基本条件,当自然光线缺少(如夜晚)或不足时,它为人们提供了进行视觉工作的必需的环境,它是应用光学、电学、建筑学和生理卫生学等的综合科学技术。光学是照明的基础。光是一种电磁波,可见光的波长一般为 380 ~ 780 nm。不同波长的光给人的颜色感觉不同,例如,波长 380 ~ 400 nm 为紫色,波长 700 ~ 780 nm 为红色等。如图 10-1 光谱图,按波长长短依次排列称为光源的光谱。

下面主要介绍与照明质量有关的几个基本概念。

10.1.1　光学的基本物理量

1.光通量

光源在单位时间内向周围空间辐射并引起视觉的能量,称为光通量,用符号

照明质量

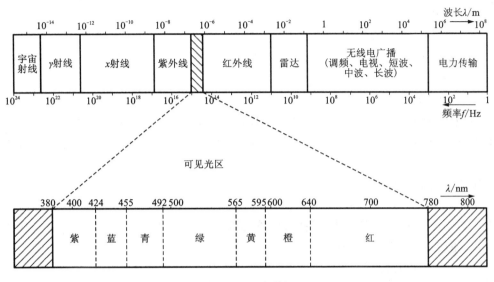

图 10 - 1 光谐图

∅ 表示,单位为流明(lm)。

每消耗 1 W 功率所发出的光通量,称为发光效率,简称光效。这是评价各种光源的一个重要数据。通常白炽灯的光效约为 10 ~ 20(lm/W),荧光灯约为 70 ~ 80(lm/W),高压汞灯约为 40 ~ 50(lm/W),高压钠灯约为 90 ~ 100(lm/W)。

2. 照度

物体的照度不仅与它表面上的光通量有关,而且与它本身表面积的大小有关,即在单位面积上接收到的光通量称为照度,用符号 E 表示,单位为勒克斯(lx)。

照明的方式和种类

3. 发光强度

单位立体角内的光通量称为发光强度,用符号 I 表示,单位为坎德拉(cd)。发光强度是表示光源发光强弱程度的物理量。

4. 亮度

发光体在给定方向上单位投影面积上发射的发光强度称为亮度,用符号 L 表示,单位为尼特(1 坎/m^2)。

除了以上几个光学基本量外,影响视觉的还有被照空间物体的表面反射系数,当光通量照射到物体被照面后,一部分被反射,一部分被吸收,一部分透过被照面的介质。被物体反射的光通量与射向物体的光通量之比称为反射系数或反射率。物体的反射系数与被照面的颜色与光洁度有关。

10.1.2 照明的分类

1. 按照明范围大小分类

(1)一般照明

整个场所或某个特定区域照度基本均匀的照明。对于工作位置密度很大而对光照方向无

应急照明

特殊要求，或受条件限制不适宜装设局部照明装置的场所，可以只采用一般照明。例如办公室、体育馆和教室等。

（2）局部照明

只局限于工作部位的特殊需要而设置的固定或移动的照明。这些部位对高照度和照射方向有一定要求。

（3）混合照明

一般照明与局部照明共同组成的照明。对照度要求较高，工作位置密度不大，或对照射方向有特殊要求的场所，宜采用混合照明。例如金属机械加工机床、精密电子电工器件加工安装工作桌和办公室的办公桌等。

2. 按照明功能分类

（1）正常照明

在正常情况下使用的室内外照明称为正常照明。它一般可以单独使用，也可与应急照明同时使用，但控制线路必须分开。

电光源

（2）应急照明

在正常照明因故障熄灭后，供事故情况下继续工作或安全疏散通行的照明。

（3）值班照明

在非工作时间内供值班人员使用的照明。在非三班制生产的重要车间和仓库、商场等场所，通常设置值班照明，值班照明可利用正常照明中能够单独控制的一部分，或利用应急照明的一部分或全部作为值班照明。

（4）警卫照明

用于警卫地区周围的照明，警卫照明应尽量与区域照明合用。

灯具的分类

（5）障碍照明

装设在建筑物或构筑物上作为障碍标志用的照明。为了保证夜航的安全，在飞机场周围较高的建筑物上，在船舶航行的航道两侧的建筑物上，应按民航和交通部门的有关规定装设障碍照明。障碍灯应为红色，有条件的宜采用闪光照明，并且接入应急电源回路。

任务2　常用电光源、灯具及其选用

光源分类

10.2.1　常用电光源

照明电光源可以按工作原理、结构特点等进行分类。根据其由电能转换光能的工作原理 不同，大致可分为热辐射光源和气体放电光源两大类。热辐射光源是利用物体通电加热而辐 射发光的原理制成的，如白炽灯、卤钨灯等。气体放电光源是利用气体放电时发光的原理制成的，如荧光灯、荧光高压汞灯、高压钠灯、霓虹灯、氙灯和金属卤化物灯等。如图10-2常见电光源。

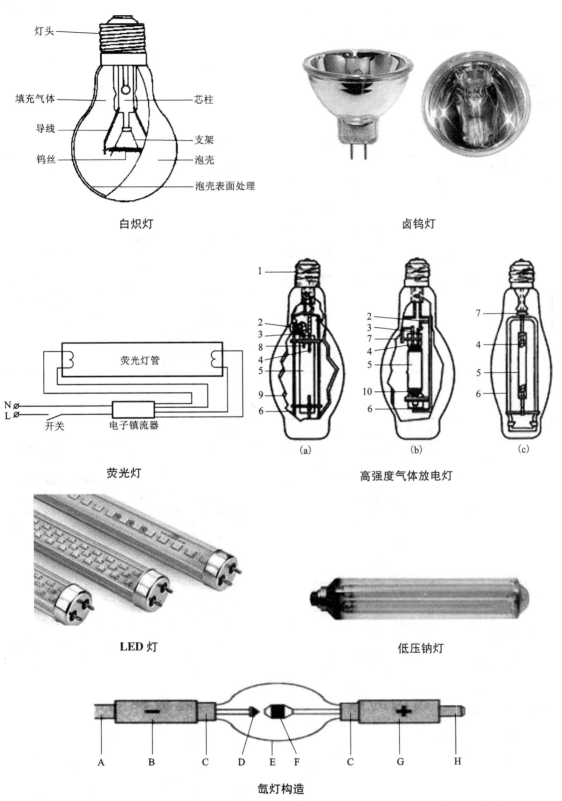

白炽灯

卤钨灯

荧光灯

高强度气体放电灯

LED 灯

低压钠灯

氙灯构造

A. 阴极接头；B. 阴极连接器；C. 密封灯罩；D. 阴极；E. 球形玻壳；F. 阳极；G. 阳极连接器；H. 阳极接头

图 10 − 2　常见电光源

10.2.2 常用电光源的特性与选用

由于电光源技术的迅速发展，新型电光源越来越多，它们具有光效高、光色好、功率大、寿命长或者适合某些特殊场所的需要等特点。目前常用电光源的分类和主要特性如表 10 - 1 和表 10 - 2 所示。

表 10 - 1　常用电光源分类

热辐射光源			卤钨循环白炽灯（卤钨灯）
气体放电光源	金属	汞灯	低压汞灯（荧光灯）
			高压汞灯（荧光高压汞灯）
		钠灯	低压钠灯
			高压钠灯
	惰性气体		氖灯——管形氖灯、超高压球形氖灯
			氙灯
			霓虹灯
	金属卤化物灯		卤素灯

表 10 - 2　常用电光源主要特性比较

光源名称	普通照明灯泡	卤钨灯	荧光灯	荧光高压汞灯	管形氖灯	高压钠灯	金属卤化物灯
额定功率范围/W	10～1000	500～2000	6～125	50～1000	1500～100 000	250、400	400～1000
光效/(lm·W^{-1})	6.5～19	19.5～21	25～87	30～50	20～37	90～100	60～80
平均寿命/h	1000	1500	2000～3000	2500～5000	500～1000	3000	2000
一般显色指数/Ri	95～99	95～99	70～30	30～40	90～94	20～25	65～85
启动稳定时间	瞬时	瞬时	1～3 s	4～8 min	1～2 s	4～8 min	4～8 min
再启动时间	瞬时	瞬时	瞬时	5～10 s	瞬时	10～20 min	0～10 s
功率因数	1	1	0.33～0.7	0.44～0.67	0.4～0.9	0.44	0.4～0.61
频闪效应	不明显		明显				
表面亮度	大	大	小	较大	大	较大	大
电压变化对光通量影响	大	大	较大	较大	较大	大	较大
环境温度对光通量影响	小	小	大	较小	小	较小	较小
耐震性能	较差	差	较好	好	好	较好	好
所需附件	无	无	镇流器、启辉器	镇流器	镇流器、启辉器	镇流器	镇流器、启辉器

各种常用照明电光源选用范围如下：

（1）白炽灯

应用在照度和光色要求不高、频繁开关的室内外照明。除普通照明灯泡外，还有 6～36 V 的低压灯泡以及用作机电设备局部安全照明的携带式照明。

（2）卤钨灯

光效高，光色好，适合大面积、高空间场所照明。

（3）荧光灯

光效高，光色好，适用于需要照度高、区别色彩的室内场所，例如教室、办公室和轻工车间。但不适合有转动机械的场所照明。

（4）荧光高压汞灯

光色差，常用于街道、广场和施工工地大面积的照明。

（5）氙灯

发出强白光，光色好，又称"小太阳"，适合大面积、高大厂房、广场、运动场、港口和机场的照明。

（6）高压钠灯

光色较差，适合城市街道、广场的照明。

（7）低压钠灯

发出黄绿色光，穿透烟雾性能好，多用于城市道路、户外广场的照明。

（8）金属卤化物灯

光效高，光色好，室内外照明均适用。

10.2.3 灯具

照明电光源（灯泡或灯管）、固定安装用的灯座、控制光通量分布的灯罩及调节装置等构成了完整的电气照明器具，通常称为灯具。灯具的结构应满足制造、安装及维修方便，外形美观和使用工作场所的照明要求。

1. 灯具的分类

（1）按结构分类

1）开启型

光源裸露在外，灯具是敞口的或无灯罩的。

2）闭合型

透光罩将光源包围起来的照明器，但透光罩内外空气能自由流通，尘埃易进入罩内，照明器的效率主要取决于透光罩的透射比。

3）封闭型

透光罩固定处加以封闭，使尘埃不易进入罩内，但当内外气压不同时空气仍能流通。

4）密闭型

透光罩固定处加以密封，与外界可靠地隔离，内外空气不能流通。根据用途又分为防水防潮型和防水防尘型，适用于浴室、厨房、潮湿或有水蒸气的车间、仓库及隧道、露天堆场等场所。

灯具的特性

5）防爆安全型

这种照明器适用于在不正常情况下可能发生爆炸危险的场所。其功能主要使周围环境中的爆炸性气体进不了照明器内，可避免照明器正常工作中产生的火花而引起爆炸。

6）隔爆型

这种照明器适用于在正常情况下可能发生爆炸的场所。其结构特别坚实，即使发生爆炸，也不易破裂。

7）防腐型

这种照明器适用于含有腐蚀性气体的场所，灯具外壳用耐腐蚀材料制成，且密封性好，腐蚀性气体不能进入照明器内部。

（2）按安装方式分类

1）吸顶式

照明器吸附在顶棚上，适用于顶棚比较光洁且房间不高的建筑内。这种安装方式常有一个较亮的顶棚，但易产生眩光，光通利用率不高。

2）嵌入式

照明器的大部分或全部嵌入顶棚内，只露出发光面，适用于低矮的房间。一般来说顶棚较暗，照明效率不高。若顶棚反射比较高，则可以改善照明效果。

3）悬吊式

照明器挂吊在顶棚上。根据挂吊的材料不同可分为线吊式、链吊式和管吊式。这种照明器离工作面近，常用于建筑物内的一般照明。

4）壁式

照明器吸附在墙壁上。壁灯不能作为一般照明的主要照明器，只能作为辅助照明，富有装饰效果。由于安装高度较低，易成为眩光源，故多采用小功率光源。

5）枝形组合型

照明器由多枝形灯具组合成一定图案，俗称花灯。一般为吊式或吸顶式，以装饰照明为主。大型花灯灯饰常用于大型建筑大厅内，小型花灯也可用于宾馆、会议厅等。

6）嵌墙型

照明器的大部分或全部嵌入墙内或底板面上，只露出很小的发光面。这种照明器常作为地灯，用于室内作起夜灯用，或作为走廊和楼梯的深夜照明灯，以避免影响他人的夜间休息。

7）台式

主要供局部照明用，如放置在办公桌、工作台上等。

8）庭院式

主要用于公园、宾馆花园等场所，与园林建筑结合，无论是白天或晚上都具有艺术效果。

9）立式

立灯又称落地灯，常用于局部照明，摆设在沙发和茶几附近。

10）道路、广场式

主要用于广场和道路照明。

另外还有建筑化照明，即将光源隐藏在建筑结构或装饰内，并与之组合成一体。通常有发光顶棚、光带、光梁、光柱、光檐等。

色彩

（3）按配光分类

根据照明器上射光通量和下射光通量占照明器输出光通量的比例进行分类，又称为 CIE 配光分类，如下表 10 - 3，按配光分类表。

表 10 - 3　按配光分类

类型		直接型	半直接型	漫射型	半间接型	间接型
光通量分布特性（占照明器总光通量）	上半球	0%～10%	10%～40%	40%～60%	60%～90%	90%～100%
	下半球	100%～90%	90%～60%	60%～40%	40%～10%	10%～0%
特点		光线集中，工作面上可获得充分照度	光线能集中在工作面上，空间也能得到适当照度，比直接型眩光小	空间各个方向光强基本上一致，可达到无眩光	增加了反射光的作用，使光线比较均匀柔和	扩散性好，光线柔和均匀。避免了眩光，但光的利用率低
示意图						

1）直接型

上射光通量占 0%～10%，下射光通量占 100%～90%。灯具由反光良好的非透明材料制成，如搪瓷、抛光铝或铝合金板和镀银镜面，直接型照明器的效率较高，但因上射光通量几乎没有，故顶棚很暗，与明亮的灯容易形成强烈的对比，又因光线方向性强，易产生较重的阴影。

2）半直接型

上射光通量占 10%～40%，下射光通量占 90%～60%。这种照明器的灯具常用半透明材料制成，下方为敞口形，它能将较多的光线直接照射到工作面，又可使空间环境得到适当的亮度，改善了房间内的亮度比。

3）直接间接型（漫射型）

上射光通量占 40%～60%，下射光通量占 60%～40%。上射光通量和下射光通量基本相等的照明器即为直接间接型。照明器向四周均匀透光的形式称为漫射型，它是直接间接型的一个特例，乳白玻璃球形照明器属于典型的漫射型，这类照明器采用漫射材料制成封闭式的灯罩，造型美观，光线均匀柔和，但是光损失较多，光通量利用率较低。

4）半间接型

上射光通量占 60%～90%，下射光通量占 40%～10%。半间接型的灯具上半部分用透明材料或敞口形式，下半部分用漫射材料制成，由于上射光通量的增加，增强了室内散射光的照明效果，使光线更加均匀柔和。在使用过程中，灯具上部很容易积灰，照明器效率较低。

5）间接型

上射光通量占90%～100%，下射光通量占10%～0。这类照明器光线几乎全部经顶棚反射到工作面，因此能很大程度地减弱阴影和眩光，光线极其均匀柔和。但用这种照明器照明时，缺乏立体感，且光损失很大，极不经济，常用于剧场、美术馆和医院。若与其他形式的照明器混合使用，可在一定程度上扬长避短。

2. 灯具的眩光

灯具

当照明电光源的亮度过大或与人眼的距离过近时，刺目的光线使人的眼睛难以忍受，使人发生晕眩及危害视力的现象称为眩光。眩光可能使人看不见其他东西，失去了照明的作用；也可能对可见度没有影响，但人却感到很不舒服。因此，在建筑电气照明设计时，必须注意限制眩光。通常采用如下措施：

（1）为限制直接眩光的作用，室内照明器的悬挂高度应符合表10-4中的规定。

表10-4 照明器距地面最低高度的规定

光源种类	照明器形式	保护角 α	灯泡功率/W	最低悬挂高度/m
白炽灯	有反射罩	0°～30°	<60	2
			100～150	2.5
			200～300	3.5
			N500	4
	有乳白玻璃漫反射罩	—	<100	2
			150～200	2.5
			200～300	3
卤钨灯	有反射罩	30°～60°	<500	6
			1000～2000	7
低压荧光灯	有反射罩	0°～10°	<40	2
			>40	3
	无反射罩	—	>40	2
高压荧光灯	有反射罩	10°～30°	<125	3.5
			250	5
			N400	8
金属卤化物灯	搪瓷反射罩 铝抛光反射罩	10°～30°	400	6
			1000	14
高压钠灯	搪瓷反射罩 铝抛光反射罩	10°～30°	250	8
			400	7

表10-4中的保护角是指灯罩开口边缘至灯丝（发光体）最边缘的连线与水平线之间的

夹角,如图 10 - 3 所示。灯罩提供的保护角是为了保护视力不受或少受眩光的影响,因为眩光的强弱与视角存在着一定的关系,如图 10 - 4 所示。

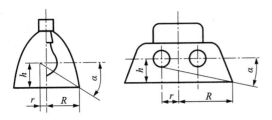

图 10 - 3　灯罩的保护角

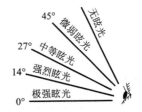

图 10 - 4　眩光与视角的关系

(2)局部照明的光源应具有不透明材料或漫反射材料制成的反射罩。光源的位置高于人眼睛的水平视线时,其保护角应大于 30°;若低于眼睛的水平视线时,不应小于 10°。

(3)当工作面或识别物体表面呈现镜面反射时,应采取防止反射至眼内的措施,例如加大保护角,采用漫射型或带磨砂灯泡的照明器。

3.灯具的布置

灯具的布置应能满足工作面上最低的照度要求,照度均匀,光线射向适当,无眩光、无阴影,检修维护方便与安全,光源安装容量减至最小,并且总体布置应该整齐、美观以及与建筑协调。

灯具竖向布置(即悬挂高度),还需要考虑限制直接眩光作用,室内灯具悬挂高度应满足表 10 - 4 中所规定的最低高度的要求。

灯具的水平布置可分为选择性布置和均匀布置,通常每个灯具都有一个“最大允许距高比”,表 10 - 5 列出了常用灯具的最大允许距高比。

表 10 - 5　常用灯具的最大允许距高比

灯具	型号	光源种类及容量/W	最大允许距高比 L/H		最低照度系数
			A—A	B—B	
配照型照明器	GC1 - A	B150	1.25		1.33
	GC1 - B	G125	1.41		1.29
广照型照明器	GC3 - A/B - 2	G125	0.98		1.32
		B200J50	1.02		1.33
深照型照明器	GC5 - A/B - 3	B300	1.40		1.29
		G250	1.45		1.32
	GC5 - A/B - 4	B300, 500	1.40		1.31
		G400	1.23		1.32
筒式荧光灯	YG1 - 1	1 × 40	1.62	2.22	1.28
	YG2 - 1	1 × 40	1.42	1.28	1.29
	YG2 - 2	2 × 40	1.33	1.28	1.29

灯具	型号	光源种类及容量/W	最大允许距高比 L/H		最低照度系数
			A—A	B—B	
吸顶式荧光灯	YG6 - 2	2 × 40	1.48	1.22	1.29
	YG6 - 3	3 × 40	1.5	1.26	1.30
嵌入式荧光灯	YG15 - 2	2 × 40	1.25	1.20	1.30
	YG15 - 3	3 × 40	1.07	1.05	
搪瓷罩卤钨灯	DD3 - 1000	1000	1.25	1.40	—
	DD1 - 1000		1.08	1.33	
	DD6 - 1000		0.62	1.33	
房间较低且反射条件较好	灯排数 <3		—		1.15 ~ 1.2
	灯排数 >3				1.10
其他白炽灯合理布置时			—		1.1 ~ 1.2

布置

灯具的布置还应与建筑形式相结合。例如高大厂房内的灯具经常采用顶灯和壁灯相结合的形式;宾馆大厅、商场等场所不能简单地采用均匀布置灯具,而应采用多种形式的光源和灯具做不均匀布置,突出富丽堂皇、琳琅满目的装饰艺术和环境美观、豪华的视觉效果。

任务3 照明标准及计算

10.3.1 照明标准

照明的目的就是要满足人们的视觉要求。为了满足这种视觉要求,各国均制定了符合本国国情的照明标准,或以推荐照度的形式作为照明设计或评价的依据。根据我国《建筑照明设计标准》(GB 50034—2013),住宅建筑的照明标准如表 10 - 6 所示。

照明类型

表 10 - 6 住宅建筑照度标准值

房间或场所		参考平面及其高度	照度标准值/lx	Ra
起居室	一般活动	0.75 m 水平面	100	80
	书写、阅读		300"	
卧室	一般活动	0.75 m 水平面	75	80
	床头、阅读		150*	
餐厅		0.75 m 餐桌面	150	80
厨房	一般活动	0.75 m 水平面	100	80
	操作台	台面	150*	

续表 10 - 6

房间或场所	参考平面及其高度	照度标准值/lx	Ra
卫生间	0.75 m 水平面	100	80
电梯前厅	地面	75	60
过道、楼梯间	地面	50	60
车库	地面	30	60

注：* 指混合照明照度。

10.3.2　照明计算

照明计算是照明设计的重要内容之一。它包括照度计算、亮度计算、眩光计算等照明功能上的各种效果计算。由于亮度计算和眩光计算很复杂，且在很大程度上取决于照度，本节主要介绍照度计算。

照度计算的基本方法，通常有利用系数法、逐点计算法等。

1. 利用系数法

这种方法适用于灯具均匀布置的一般照明及利用周围围墙、天花板作为反射面的场所。当采用反射式照明灯具时，也采用此法计算。投射到被照面上的光通量与房间内全部灯具总光通量的比值，叫作利用系数。此外，还有与房间尺寸、面积有关的室形指数，与墙壁、天花板和地面有关的反射系数，以及照度补偿系数等。

根据灯具功率和数量计算出总光通量，考虑上述各种系数的影响后，求出被照面的光通量，再除以被照面积，即可求得被照面的平均照度。

在工程实际中，我们可以利用天正电气中的照度计算：先确定好房间参数，确定利用系数，选定光源参数，确定照度要求值及维护系数后，求出灯具数及功率密度，并对照度和功率密度进行校验。

2. 逐点计算法

根据电光源向各被照点发射的光通量的直射分量来计算被照点的照度。逐点计算法适用于水平面、垂直面和倾斜面上的照度计算。此方法计算的结果比较准确，故可计算车间的一般照明、局部照明和外部照明等，但不适用于计算周围反射性能很高场所的照度。

任务 4　常见照明设备的安装

安装

10.4.1　照明配电箱的安装

1. 悬挂式配电箱的安装

悬挂式配电箱可安装在墙或柱子上。直接安装在墙上时，可用埋设固定螺栓，或用膨胀螺栓。施工时，先量好配电箱安装孔的尺寸，然后在墙上定位打洞，埋设螺栓，待填充的混凝土牢固后，便可安装配电箱。安装配电箱时，要用水平尺放在箱顶上，测量箱体是否水平。

配电箱安装在支架上时，应先加工好支架，然后将支架埋设固定在墙上，或用抱箍固定在柱子上，再用螺栓将配电箱安装在支架上，并对其进行水平调整和垂直调整。照明配电箱安装应牢固，其安装高度应按施工图纸要求。

2. 暗装式配电箱的安装

配电箱暗装（嵌入式安装）通常是配合土建砌墙时将箱体预埋在墙内。面板四周边缘应紧贴墙面，箱体与墙体接触部分应刷防腐漆，按需要砸下敲落孔压片。

10.4.2 动力配电箱的安装

动力配电箱分为自制动力配电箱和成套动力配电箱两大类，其安装方式有悬挂明装、暗装和落地式安装，悬挂式明装及暗装的施工方法与照明配电箱相同。

1. 安装注意事项

（1）落地式配电箱的安装高度及安装位置应根据图纸设计确定。无详细规定者，配电箱底边距地高度宜为 1.5 m。

（2）安装配电箱用的木砖、铁构件应预埋。

（3）在 240 mm 厚的墙内安装配电箱时，其后壁需用 10 mm 厚的石棉板及直径为 2 mm、网孔为 10 mm 的铁丝网钉牢，再用 1∶2 的水泥砂浆抹好以防开裂。

（4）配电箱外壁与墙接触部分均应涂防腐漆。箱内壁及盘面均涂灰色油漆两道，箱门油漆颜色除施工图有要求外，一般均与工程中门窗的颜色相同。

2. 安装方法

落地式配电箱不论安装在地面上，还是安装在混凝土台上，均要埋设地脚螺栓，以便固定配电箱。埋设地脚螺栓时，要使地脚螺栓之间的距离与配电箱安装孔尺寸一致，且地脚螺栓不可倾斜，其长度要适当，使紧固后的螺栓高出螺帽 3 ~ 5 扣为宜。配电箱安装在混凝土台上时，混凝土的尺寸应视贴墙或不贴墙两种安装方式而定。不贴墙时，四周尺寸均应超出配电箱 50 mm 为宜；贴墙安装时，除贴墙的一边外，其余各边应超出配电箱 50 mm。

待地脚螺栓或混凝土台干固后，即可将配电箱就位，进行水平和垂直调整，水平误差不应大于 1/1000，垂直误差不应大于 1.5/1000，符合要求后，将螺帽拧紧固定。安装在震动场所时，应采取防震措施：在盘与基础之间加以适当厚度的橡皮垫（其厚度一般不小于 10 mm）。

吸顶灯安装

10.4.3 开关、插座、灯具、风扇安装

1. 灯具的安装

室内普通灯具通常有吸顶式、嵌入式、吊顶式和吸壁式等四种安装方式。

（1）吊灯的安装

根据灯具的悬吊材料不同，吊灯分为软线吊灯、链条吊灯和钢管吊灯。当灯具质量在 0.5 kg 及以下时，采用软电线自身吊装；当灯具质量大于 0.5 kg 时，灯具采用吊链吊装。采用吊链时，灯线宜与吊链编绕在一起，且灯线不应受力。当钢管作灯具吊杆时，钢管直径不应小于 10 mm，钢管厚度不应小于 1.5 mm。当灯具质量大于 3 kg 时，则应固定预埋吊钩或螺栓固定，如图 10 - 5 所示。固定花灯的吊钩，其圆钢直径不应小于灯具挂销、钩的直径，且不得小于 6 mm。对大型花灯的固定及悬吊装置，应按灯具质量的 2 倍做过载试验。

不论安装何种吊灯，通常需要吊线盒和绝缘台两种配件。绝缘盒规格应根据吊线盒的大

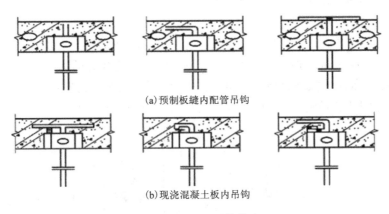

(a)预制板缝内配管吊钩

(b)现浇混凝土板内吊钩

图 10 – 5　预埋吊钩做法

小选择,既不能太大,又不能太小,否则影响美观。绝缘台应安装牢靠。软线吊灯的组装过程及要点如下:

①准备吊线盒、灯座、软线、焊锡等。

②截取一定长度的软线,两端剥出线芯,把线芯拧紧后塘锡。

③打开灯座及吊线盒盖,将软线分别穿过灯座及吊线盒盖的孔,然后打一保险结,以防线芯接头受力。

④软线一端线芯与吊线盒内接线端子连接,另一端的线芯与灯座的接线端子连接。

⑤将灯座及吊线盒盖拧好。

（2）吸顶灯和嵌入式灯具的安装

吸顶灯的安装一般可直接将绝缘台固定在天花板的预埋木砖上或用预埋的螺栓固定,然后再把灯具固定在绝缘台上。对装有白炽灯泡的吸顶灯具,灯泡不应紧贴灯罩。当灯泡和绝缘台距离小于 5 mm 时,应在灯泡和绝缘台之间放置石棉板或石棉布等隔热层。

当吸顶灯质量超过 3 kg 时,应把灯具(或绝缘台)固定在预埋螺栓上。

嵌入顶棚内的装饰灯具应固定在专设的框架上,导线不应贴紧灯具外壳,且在灯盒内应留有余量,灯的边框应紧贴在顶棚面上,其边框宜与顶棚面的装饰直线平行,其偏差不应大于 5 mm。

（3）壁灯的安装

壁灯可以装在墙上或柱子上。装在墙上时,一般在砌墙时应预埋木砖,禁止采用木楔代替,预埋件或木砖,也可以采用膨胀螺栓或预埋金属构件;装在柱子上时,一般在柱子上预埋金属构件或用抱箍将金属构件固定在柱子上,然后将壁灯固定在金属构件上。

2. 开关和插座的安装

开关和插座有明装和暗装两种形式。明装是将开关或插座安装在事先固定于墙上的木台中心。而木台则采用塑料膨胀螺丝或缠有铁丝的弹簧螺丝进行固定,螺丝长度为木台厚度的 2 ~ 2.5 倍,且不应小于 10 mm。暗装是将开关盒或插座盒按图纸要求位置埋设在墙内。开关盒或插座盒应埋设平整,盒口面与墙

专用灯具

壁灯安装

开关的安装

的粉刷层平面应一致。由于开关或插座是和面板连成一体的，所以穿好导线后，应先接线再安装面板。

明装开关，一般装成往上扳为电路接通，往下扳为电路切断。暗装开关，当面板上有指示灯时，指示灯应在上面，跷板上部顶端有压制条纹或红色标志的应朝上；当跷板或面板上无任何标志时，一般装成按下跷板下部时电路接通，按下跷板上部时电路断开。

不论插座是明装还是暗装，插座接线孔的排列顺序均应符合图10－6的要求。

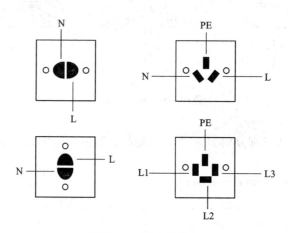

插座的安装

图10－6　插座接线图

开关的安装位置应便于操作，其安装高度：拉线开关一般距地为2～3 m，距门框为0.15～0.2 m，且拉线的出口应垂直向下。其他各种开关高度宜为1.3m，距门框为0.15～0.2 m。并列安装的相同型号开关高度应一致，高度差不应大于1 mm，同一室内的开关高度差不应大于5 mm，并列安装的拉线开关相邻间距一般不小于20 mm。

插座安装高度：当设计图纸未涉及时，一般距地高度不宜小于1.3 m；托儿所、幼儿园、住宅及小学等不宜低于1.8 m，同一场所安装的插座高度应一致。车间及实验室的插座一般距地高度不宜低于0.3 m；特殊场所暗装插座一般不应低于0.15 m。同一室内安装的插座高度差不宜大于5 mm；并列安装的相同型号的插座高度差不宜大于1 mm。

插座接线应符合以下规定：

①单相两孔插座，面对插座的右孔或上孔与相线相连，左孔或下孔与零相相连，单相三孔插座，面对插座的右孔与相线，左孔与零相相连；

②相连插座的接地端子不能与零线端子直接连接，同一场所的三相插座，其接线的相位必须一致。

③接地(PE)或接零(PEN)线在插座间不串联连接。

④插座箱是由多个插座组成，众多插座导线连接时，应采用LC型压接帽接总头后，然后再做分支线连接，也可将导线铰接在一起用焊锡焊牢，再做分支线连接，也可采用带绝缘保护罩的端子排进行分支连接。

⑤住宅插座回路应单独装设漏电保护装置，插座使用户应使用Ⅰ类和Ⅱ类家用电器。

3.风扇的安装

①吊扇的安装

吊扇的安装需在土建施工中预埋吊钩,吊廊、吊钩的选择和安装尤为重要,因为吊钩选择不当或安装不牢是造成吊扇坠落的主要原因。

1)对吊钩的要求:吊钩挂上吊廊后,吊扇的重心和吊钩直线部分应在同一直线上。吊钩安装应牢靠。吊钩应能承受吊扇的重量和运转时的扭力,吊钩直径不应小于吊廊悬挂销钉的直径,且不得小于 8 mm。吊钩伸出建筑物的长度应以盖上风扇吊杆护罩后能将整个吊钩全部罩住为宜。

2)吊钩安装。在木结构梁上安装,吊钩要对准梁的中心。在现浇混凝土楼板上安装,吊钩采用预埋 T 形圆钢的方式,吊钩应与主筋焊接。在多孔预制板上安装吊钩,应在架好预制楼板后,未做水泥地面前进行。在所需安装吊钩的位置凿一个对穿的小洞,把 T 形圆钢穿下,等浇好楼面埋住后,再把圆钢弯制成吊钩形状。

3)吊扇安装

按照产品说明书对电扇进行组装,组装电扇时,严禁改变扇叶角度,且扇叶的固定螺钉应装设防松装置;吊杆之间、吊杆与电机之间的螺纹啮合长度不得小于 20 mm,且必须装设防松装置。

将组装好的吊扇托起,用预埋的吊钩将吊扇的耳环挂牢,为了保证安全,避免电扇运转时人手碰到扇叶,扇叶距地面的高度不应低于 2.5 m。然后按接线图进行正确接线。向上托起吊杆上的护罩,将接头扣于其内,护罩应紧贴建筑物表面,拧紧固定螺丝。

吊扇调速开关安装高度应为 1.3 m。吊扇运转时扇叶不应有明显的颤动。

②壁扇的安装

壁扇使用于正常环境条件的厅室内,根据产品要求,壁扇底座可采用尼龙塞或膨胀螺栓固定牢靠。尼龙塞或膨胀摞栓的数量不应少于 2 个,且直径不应小于 8 mm。

为了避免妨碍人的活动,壁扇下侧边缘距地面的高度不宜小于 1.8 m,且底座平面的垂直偏差不宜大于 2 mm。壁扇的防护罩应扣紧,固定牢靠,使运转时扇叶和防护罩均无明显的颤动和异常声响。

小结

照明配电系统

电气照明是建筑电气工程的基本内容,是保证建筑物发挥基本功能的必要条件,合理的照明对提高工作效率,保证安全生产和保护视力有重要的意义,照明在建筑物中的作用可归结为功能作用和装饰作用。

电光源的种类很多,各种形式的电光源的外观形状以及光电性能指标有很大差异,但从发光原理来看,电光源可分为热辐射光源和气体放电光源两大类。

电气照明施工就是照明线路的安装和照明装置的安装,需要掌握安装步骤及工艺要求。建筑照明配电箱的基础准备和安装施工过程控制和开关、插座、灯具、风扇安装,重点讲述判定住宅插座接线方式是否正确。

思考与练习题

1. 普通灯具安装的规范有哪些要求？
2. 试叙述照明安装的程序。
3. 照明电光源分为哪些类型？
4. 灯具分为哪些类型？
5. 什么是眩光？限制眩光有哪些措施？
6. 灯具的布置需要考虑哪些因素？

项目 11　建筑防雷、接地系统与安全用电

项目描述

　　本项目主要讲授接地的概念、类型，接地体，建筑物的防雷分类，雷电的危害方式及其防止，防雷建筑物的防雷措施，直击雷防雷装置的安装，电气安全基本要求。

教学目标

知识目标	技能目标
(1)理解接地的概念及类型； (2)掌握建筑物的防雷分级，雷电的危害方式及其防雷措施； (3)了解用电安全基本要求。	(1)熟悉接地的概念及类型； (2)熟悉直击雷防雷装置的安装； (3)掌握直接触电和间接触电防护及防护措施。

思政元素

　　(1)联系实际工程单位，掌握建筑防雷、接地系统及安全用电；
　　(2)校企合作。

案例引入

　　建筑防雷、接地系统安装、调试及验收与安全用电是建筑电气一个重要组成部分，本项目主要讲授接地的概念及类型；建筑物的防雷分类，雷电的危害方式及其防止，防雷建筑物的防雷措施；电气安全基本要求。

任务 1　接地系统

接地线

11.1.1　接地的概念及类型

1.接地

电气设备的任何部分与土壤间做良好的电气连接，称为接地。

2.接地体

直接与土壤接触的金属导体称为接地体或接地极

• 接地体可分为人工接地体和自然接地体

• 人工接地体是指专门为接地而装设的接地体；自然接地体是指兼作接地体用的直接与

大地接触的各种金属构件、金属管道及建筑物的钢筋混凝土基础等。

3. 接地线
连接于电气设备接地部分与接地体间的金属导线称为接地线。

4. 接地装置
接地体和接地线组成的总体称为接地装置。

5. 接地装置的散流场
当由于某种原因有电流流入接地体时，电流就通过接地体向大地做半球形散开，这一电流称为接地电流，接地电流流散的范围称为散流场。接地装置的对地电压与接地电流之比为接地电阻。实验表明，离接地体越远，土壤导电面积越大，电阻就越小。在距 2.5 m 长的单根接地体 20 m 处，导电半球形面积可达 2500 m^2，土壤散流电阻已小到可以忽略，也就是这里的电位已趋近于零，可以认为远离接地体 20 m 以外的地方电位为零，称为电气上的"地"或"大地"，如图 11 - 1 所示。

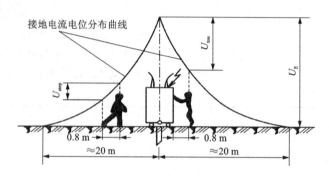

图 11 -1 接地电流分布曲线及接触电压、跨步电压

6. 接触电压
电气设备的绝缘损坏时，在身体可同时触及的两部分之间出现的电位差称为接触电压。

7. 跨步电压
人在散流场中走动时，两脚间出现的电位差称为跨步电压。

8. 接地的分类
（1）工作接地

接地的分类

工作接地是为保证电力系统和设备达到正常工作要求而进行的一种接地，例如电源中性点的接地、防雷装置的接地等。各种工作接地有各自的功能，例如电源中性点直接接地，能在运行中维持三相系统中相线对地电压不变；而电源中性点经消弧线圈接地，能在单相接地时消除接地点的断续电弧，防止系统出现过电压。至于防雷装置的接地，其功能更是显而易见的，不进行接地就无法对地泄放雷电流，从而无法实现防雷的要求。

（2）保护接地

保护接地是为保障人身安全、防止间接触电而将设备的外露可导电部分通过接地装置与大地连接。

保护接地的形式有两种：

设备的外露可导电部分经各自的接地线（PE 线）直接接地，如在 TT 和 IT 系统中的接地。

设备的外露可导电部分经公共的 PE 线（在 TN－S 系统中保护零线）或经 PEN 线（在 TN－C 系统中工作零线和保护零线的共用线）接地，这种接地我国习惯称为"保护接零"。

必须注意：同一低压系统中，不能有的采取保护接地，有的又采取保护接零，否则当采取保护接地的设备发生单相接地故障时，采取保护接零的设备外露可导电部分将带上危险的电压。

（3）重复接地

在 TN 系统中，为确保公共 PE 线或 PEN 线安全可靠，除在中性点进行工作接地外，还应在 PE 线或 PEN 线的下列地方进行再一次接地，称为重复接地。

①如架空线路终端及沿线每 1 km 处。

②电缆和架空线引入车间或大型建筑物处。

（4）防雷接地：为了减轻雷电灾害而设计的接地装置

9. 接地电阻

指构成接地装置的各部分的电阻之和。

（1）工频（50 Hz）接地电流流经接地装置所呈现出来的接地电阻称为工频接地电阻。

（2）冲击电流（如雷电流）流经接地装置所呈现出来的接地电阻称为冲击接地电阻。

11.1.2　接地体的装设

1. 自然接地体的利用

在设计和装设接地装置时，首先应充分利用自然接地体，以节约投资。如果实地测量所利用的自然接地体电阻已能满足要求，而且这些自然接地体又满足热稳定条件，可不必再装设人工接地装置。

可作为自然接地体的物件包括与大地有可靠连接的建筑物的钢结构和钢筋、行车的钢轨、埋地的金属管道及埋地敷设的不少于 2 根的电缆金属外皮等。对于变配电所来说，可利用其建筑物钢筋混凝土基础作为自然接地体。

利用自然接地体时，一定要保证良好的电气连接，在建（构）筑物结构的结合处，除已焊接者外，凡用螺栓连接或其他连接的，都要采用跨接焊接，而且跨接线不得小于规定值。

2. 人工接地体的装设

人工接地体有垂直埋设和水平埋设两种基本结构形式，如图 11－2 所示。人工接地体一般采用钢管、圆钢、角钢或扁钢等安装和埋入地下，但不应埋设在垃圾堆、炉渣和强烈腐蚀性土壤处。

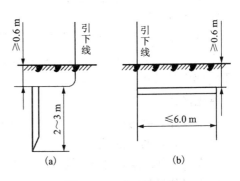

图 11－2　人工接地体

（a）垂宜埋设的棒形接地体；（b）水平埋设的带形接地体

任务 2　建筑防雷系统

11.2.1　建筑物的防雷分级

建筑物根据其重要性、使用性质、发生雷电事故的可能性和后果,按防雷要求分为三级。

1. 一级防雷的建筑物

指具有特别重要用途的建筑物,如国家级会堂、办公建筑、档案馆、大型博展建筑;特大型、大型铁路旅客站;国际性的航空港、通信枢纽;国宾馆、大型旅游建筑、国际港口客运站等。另外,还包括国家级重点文物保护的建筑物和构筑物及高度超过 100 m 的建筑物。

2. 二级防雷的建筑物

指重要的人员密集的大型建筑物,如部、省级办公楼;省级会堂、博展、体育、交通、通信、广播等建筑以及大型商店、影剧院等。另外,还包括省级重点文物保护的建筑物和构筑物;19 层以上的住宅建筑和高度超过 50 m 的其他民用建筑物;省级以上大型计算中心和装有重要电子设备的建筑物等。

3. 三级防雷建筑物

指当年计算雷击次数大于 0.05 时,或通过调查确定需要防雷的建筑物;建筑群中最高或位于建筑物边缘高度超过 20 m 的建筑物;高度为 15 m 以上的烟囱、水塔等孤立的建筑物或构筑物,在雷电活动较弱地区(年平均雷暴日不超过 15 天)其高度可为 20 m 以上;历史上雷害事故严重地区或雷害事故较多地区的较重要建筑物。

11.2.2　雷电的危害方式及其防雷措施

1. 直接雷击

指雷电对电气设备或建筑物直接放电,放电时雷电流可达几万甚至几十万安培。直击雷一般采用由接闪器、引下线、接地装置构成的防雷装置防雷。

2. 雷电感应

指当雷云出现在建筑物的上方时,由于静电感应,在屋顶的金属上积聚大量异号电荷,在雷云对其他地方放电后,屋顶上原来被约束的电荷对地形成感应雷,其电压可达几十万伏。雷电感应的防止办法是将感应电荷的屋顶金属通过引下线、接地装置泄入大地。

3. 雷电波侵入

指由于线路、金属管道等遭受直接雷击或感应雷而产生的雷电波沿线路、金属管道等侵入变电站或建筑物而造成危害。据统计,这种雷电侵入波占系统雷害事故的 50% 以上。因此,对其防护问题,应予相当重视。一般在线路进入建筑物处安装避雷器进行防护。

4. 雷击电磁脉冲

指雷电直接击在建筑物防雷装置或建筑物附近所引起的效应。它是一种干扰源,绝大多数是通过连接导体的干扰,如雷电流或部分雷电流、被雷电击中的装置的电位升高以及电磁辐射干扰。防雷击电磁脉冲措施有屏蔽、接地和等电位连接、设置电源保护器等。

5. 雷电"反击"

雷击直击雷防护装置时,雷电流经接闪器,沿引下线流入接地装置的过程中,由于各部分阻抗的作用,接闪器、引下线、接地装置上将产生不同的较高对地电位,若被保护物与其间距不够时,会发生直击雷防护装置对被保护物的放电现象,称为"反击"。

雷电"反击"的防止措施有两种:一是使被保护物与直击雷防护装置保持一定的安全距离;二是将被保护物与直击雷防护装置做等电位连接,使其之间不存在电位差。

11.2.3　不同级别建筑物的防雷保护措施

1. 一级防雷建筑物的保护措施

(1)防直击雷的接闪器应采用装设在屋角、屋脊、女儿墙或屋檐上的避雷带,并在屋面上装设不大于 10 m×10 m 的网格。

(2)为了防止雷电波的侵入,进入建筑物的各种线路及金属管道宜采用全线埋地引入,并在入户端将电缆的金属外皮、钢管及金属管道与接地装置连接。

(3)对于高层建筑,应采取防侧击雷和等电位措施。

2. 二级防雷建筑物的保护措施

(1)防直击雷宜采用装设在屋角、屋脊、女儿墙或屋脊上的环状避雷带,并在屋面上装设不大于 15 m×15 m 的网格。

(2)为了防止雷电波的侵入,对全长低压线路采用埋地电缆或在架空金属线槽内的电缆引入,在入户端将电缆金属外皮、金属线槽接地,并与防雷接地装置相连。

(3)其他防雷措施与一级防雷措施相同。

3. 三级防雷建筑物的保护措施

(1)防直击雷宜在建筑物屋角、屋檐、女儿墙或屋脊上装设避雷带或避雷针,当采用避雷带保护时,应在屋面上装设不大于 20 m×20 m 的网格。对防直击雷装置引下线的要求,与一级防雷建筑物的保护措施对防直击雷装置引下线的要求相同。

(2)为了防止雷电波的侵入,应在进线端将电缆的金属外皮、钢管等与电气设备接地相连。若电缆转换为架空线,应在转换处装设避雷器。

4. 有爆炸和火灾危险的建筑物防雷保护措施

(1)有爆炸危险的建筑物防雷对存放有易燃烧、易爆炸物品的建筑物,由于电火花可能造成爆炸和燃烧,故对这类建筑物的防雷要求相当严格。对于直击雷、雷电感应和沿架空线侵入的高电位,还应增加避雷网或避雷带的引下线,其间距为 18 ~ 24 m。防雷系统和内部的金属管线或金属设备的距离不得小于 3 m。采用避雷针保护时,必须高出爆炸性气体的放气管管顶 3 m,其保护范围也应高出管顶 1 ~ 2 m。建筑物附近有高大树木时,如不在保护范围之内,树木应与建筑物保持 3 ~ 5 m 的净距。

(2)有火灾危险的建筑物防雷,农村的草房、木板房屋、谷物堆放场及储存有易燃建筑材料的建筑物,最好用独立避雷针进行保护。当采用屋顶避雷针或避雷带保护时,在屋脊上的避雷带应支起 600 mm,斜脊及屋檐部分的连接条应支起 400 mm,所有防雷引下线应支起 100 ~ 150 mm。防雷装置的金属部件不得穿入屋内或贴近草棚上,以防止由于雷击而引起火灾。电源进户线及屋内电线应与防雷系统有足够的绝缘距离,否则应采取保护措施。

任务 3   安全用电

11.3.1   电气安全的有关概念

人体触电可分两种情况：一种是雷击和高压触电，较大的电流通过人体所产生的热效应、化学效应和机械效应，将使人的机体遭受严重的电灼伤、组织炭化坏死及其他难以恢复的永久性伤害；另一种是低压触电，在数十至数百 mA 电流作用下，使人的机体产生病理生理性反应。轻的触电有针刺痛感，或出现痉挛、血压升高、心律不齐以致昏迷等暂时性的功能失常；重则可引起呼吸停止、心搏骤停、心室纤维性颤动等危及生命的伤害。

1.安全电流

安全电流，也就是人体触电后最大的摆脱电流。安全电流值，各国规定并不完全一致。我国规定为 30 mA(50 Hz 交流)，按触电时间不超过 1 s(即 1000 ms)，因此安全电流值为 30 mA·s。通过人体电流不超过 30 mA·s 时，对人机体不会有损伤，不会引起心室纤维性颤动和器质损伤。如果通过人体电流达到 50 mA·s，对人就有致命危险，而达到 100 mA·s 时，一般会致人死亡。100 mA·s，即为"致命电流"。

2.安全电压与人体电阻

安全电压，就是不致使人直接致死或致残的电压，我国国家标准规定的安全电压等级见《安全电压》(GB 3805—83)。

从电气安全的角度来说，安全电压与人体电阻有关。人体电阻由体内电阻和皮肤电阻两部分组成。体内电阻约为 500 Ω，与接触电压无关。皮肤电阻随皮肤表面的干湿洁污状态及接触电压而变。从人身安全的角度考虑，人体电阻一般取下限值 1700 Ω(平均值为 2000 Ω)。由于安全电流取 30 mA，因此人体允许持续接触的安全电压为：

$$U = 30 \text{ mA} \times 1700 \text{ } \Omega \approx 50 \text{ V}$$

50 V(50 Hz 交流有效值)称为一般正常环境条件允许持续接触的"安全特低电压"。

11.3.2   直接触电和间接触电防护

1.直接触电防护

指对直接接触正常带电部分的防护。直接接触防护应选用以下一种或几

种措施：

(1)绝缘；

(2)屏护，即对带电导体加隔离栅栏或加保护罩等；

(3)安全距离；

(4)限制放电能量；

(5)24 V 及以下安全特低电压；

(6)用漏电保护器作补充保护。

2.间接触电防护

指对故障时带危险电压而正常时不带电的外露可导电部分(如金属外壳、框架等)的防护。间接接触防护应选用以下一种或几种措施：

（1）双重绝缘结构；

（2）安全特低电压；

（3）电气隔离；

（4）不接地的局部等电位连接；

（5）不导电场所；

（6）自动断开电源；

（7）电工用个体防护用品；

（8）保护接地（与其他防护措施配合使用）。

触电事故

小结

本项目主要讲授接地的概念及类型，接地体，建筑物的防雷分类，雷电的危害方式及其防止，防雷建筑物的防雷措施，电气安全基本要求。

思考与练习题

一、分析题

1. 什么是接地、接地体、接地极、接地线、接地装置、接地电阻？

2. 可作为自然接地体的物件包括哪些？

3. 人工接地体有哪两种基本结构形式？人工接地体一般采用哪些材料？

4. 接地体的材料有哪些要求？接地体的埋设有哪些要求？接地体的连接有哪些要求？

5. 简述建筑物的防雷分级情况。

6. 简述雷电的危害方式及其防雷措施。

7. 不同级别建筑物的防雷保护措施有什么不同？

8. 直击雷防雷装置包括哪些部分？

9. 我国规定的安全电流值为多少？一般正常环境条件允许持续接触的安全电压是多少？

10. 什么是直接触电防护和间接触电防护？直接触电和间接触电防护分别采取哪些措施？

11. 用电安全的基本要求有哪些？

二、选择题

（1）装设接地线的顺序为（　　）。

A. 先导体端后接地端　　　　　　　B. 先接地端后导体端

C. 可以同时进行　　　　　　　　　D. 装设顺序和安全无关

（2）在雷雨天气，下列跨步电压电击危险性较小的位置是（　　）。

A. 高墙旁边　　　　　　　　　　　B. 电杆旁边

C. 高大建筑物内　　　　　　　　　D. 大树下方

（3）防雷装置的引地线下 0.3 m 至地上 1.7 m 的一段可加装（　　）保护。

A. 塑料管　　　　　　B. 钢管　　　　　　　C. 电线钢管　　　　D. 槽钢

71 避雷针的接地装置与道路出入口距离不小于(　　)m。

A. 1　　　　　　　　B. 2　　　　　　　　C. 3　　　　　　　D. 5

(4)(　　)不是防雷冲击波侵入室内的方法。

A. 避雷针　　　　　　B. 避雷器　　　　　　C. 铁脚接地　　　　D. 直接接地

(5)独立避雷针的接地体与其他邻近接地体之间的最小距离为(　　)m。

A. 1　　　　　　　　B. 2　　　　　　　　C. 3　　　　　　　D. 5

(6)雷电是常见的危害人民生命财产的自然现象,预防雷电的方法有(　　)。

A. 安装避雷针　　　　B. 安装避雷器　　　　C. 人在空旷的地方赶快跑到大树下

D. 提高设备的绝缘水平　　　　　　　　　　E. 采取屏蔽措施

(7)在接地装置埋地的导体应使用(　　)材料。

A. 铜质　　　　　　　B. 铝质　　　　　　　C. 钢质　　　　　　D. 镀锌钢质

三、判断题

(1)装设独立避雷针以后就可以避免发生雷击。　　　　　　　　　　　　(　　)

(2)电气设备的重复接地装置可以与独立避雷针的接地装置连接起来。　　(　　)

(3)避雷针是防止雷电侵入波的防雷装置。　　　　　　　　　　　　　　(　　)

(4)金属屏护装置必须良好接地。　　　　　　　　　　　　　　　　　　(　　)

(5)发现有人触电,应赶紧徒手拉其脱离电源。　　　　　　　　　　　　(　　)

(6)重复接地与工作接地在电气上是相通的。　　　　　　　　　　　　　(　　)

(7)自然接地体比人工接地体要好些也安全些。　　　　　　　　　　　　(　　)

答案

项目 12　建筑电气施工图

项目描述

本项目阐述了电气施工图的组成及阅读方法；照明灯具及配电线路的标注形式，在阅读和运用电气施工图的过程中，要了解和掌握建筑电气施工的规范和标准、设计规范以及质量验收的要求，使学生逐步具备建筑电气工程施工图的识读能力。

教学目标

知识目标	技能目标
(1)了解电气施工图的特点及组成；	(1)具备建筑电气工程施工图的识图能力；
(2)了解照明灯具及配电线路的标注形式；	(2)掌握建筑电气施工技术施工操作技能，具备现
(3)了解建筑电气施工规范和标准、设计规范以及质	场施工的能力；
量验收的要求；	(3)熟练建筑电气工程的施工组织技巧；
(3)掌握电气施工图的阅读方法；	(4)具备建筑电气工程设备安装调试检测的能力。
(4)设计并使用电气施工图。	

思政元素

(1)以"工匠精神""敬业奉献""创新精神"的视角来看待建筑电气的施工过程；
(2)以"规范意识、全局意识"来培养学生建筑电气施工图的识图技能。

案例引入

建筑电气工程包括建筑物供配电系统工程、电气动力系统工程、电气照明安装工程、备用和间断电源安装工程和防雷及接地安装工程。建筑电气工程施工的依据是电气施工图、建筑电气施工安装规范、标准和有关图集、图册。

任务 1　电气施工图的组成及阅读方法

电气施工图识读

12.1.1　电气施工图的特点及组成

电气施工图所涉及的内容往往根据建筑物不同的功能而有所不同，主要有建筑供配电、动力与照明、防雷与接地、建筑弱电等方面，用以表达不同的电气设计内容。

1.电气工程图的特点

(1)建筑电气工程图大多是采用统一的图形符号并加注文字符号绘制而成的。

（2）电气线路都必须构成闭合回路。

（3）线路中的各种设备、元件都是通过导线（电缆）连接成为一个整体的。

（4）在进行建筑电气工程图识读时应阅读相应的土建工程图及其他安装工程图，以了解相互间的配合关系。

（5）建筑电气工程图对于设备的安装方法、质量要求以及使用维修方面的技术要求等往往不能完全反映出来，所以在阅读图纸时有关安装方法、技术要求等问题，要参照相关图集和规范。

2. 电气施工图的组成

（1）图纸目录与设计说明

包括图纸内容、数量、工程概况、设计依据以及图中未能表达清楚的各有关事项。如供电电源的来源、供电方式、电压等级、线路敷设方式、防雷接地、设备安装高度及安装方式、工程主要技术数据、施工注意事项等。

（2）主要材料设备表

包括工程中所使用的各种设备和材料的名称、型号、规格、数量等，它是编制购置设备、材料计划的重要依据之一。

（3）系统图

如变配电工程的供配电系统图、照明工程的照明系统图、电缆电视系统图等。系统图反映了系统的基本组成、主要电气设备、元件之间的连接情况以及它们的规格、型号、参数等。

（4）平面布置图

平面布置图是电气施工图中的重要图纸之一，如变、配电所电气设备安装平面图、照明平面图、防雷接地平面图等，用来表示电气设备的编号、名称、型号及安装位置、线路的起始点、敷设部位、敷设方式及所用导线型号、规格、根数、管径大小等。通过阅读系统图，了解系统基本组成之后，就可以依据平面图编制工程预算和施工方案，然后组织施工。

（5）控制原理图

包括系统中各所用电气设备的电气控制原理，用以指导电气设备的安装和控制系统的调试运行工作。

（6）安装接线图

包括电气设备的布置与接线，应与控制原理图对照阅读，进行系统的配线和调校。

（7）安装大样图（详图）

安装大样图是详细表示电气设备安装方法的图纸，对安装部件的各部位注有具体图形和详细尺寸，是进行安装施工和编制工程材料计划时的重要参考。

12.1.2　电气施工图的阅读方法

（1）熟悉电气图例符号，弄清图例、符号所代表的内容。常用的电气工程图例及文字符号可参见国家颁布的《电气图形符号标准》。

（2）针对一套电气施工图，一般应先按以下顺序阅读，然后再对某部分内容进行重点识读。

1）看标题栏及图纸目录

了解工程名称、项目内容、设计日期及图纸内容、数量等。

2）看设计说明

了解工程概况、设计依据等，了解图纸中未能表达清楚的各有关事项。

3）看设备材料表

了解工程中所使用的设备、材料的型号、规格和数量。

4）看系统图

了解系统基本组成，主要电气设备、元件之间的连接关系以及它们的规格、型号、参数等，掌握该系统的组成概况。

5）看平面布置图

如照明平面图、防雷接地平面图等。了解电气设备的规格、型号、数量及线路的起始点、敷设部位、敷设方式和导线根数等。平面图的阅读可按照以下顺序进行：电源进线总配电箱干线支线分配电箱电气设备。

6）看控制原理图

了解系统中电气设备的电气自动控制原理，以指导设备安装调试工作。

7）看安装接线图

了解电气设备的布置与接线。

8）看安装大样图

了解电气设备的具体安装方法、安装部件的具体尺寸等。

（3）抓住电气施工图要点进行识读

在识图时，应抓住要点进行识读，如：

①在明确负荷等级的基础上，了解供电电源的来源、引入方式及路数；

②了解电源的进户方式是由室外低压架空引入还是电缆直埋引入；

③明确各配电回路的相序、路径、管线敷设部位、敷设方式以及导线的型号和根数；

④明确电气设备、器件的平面安装位置。

（4）结合土建施工图进行阅读

电气施工与土建施工结合得非常紧密，施工中常常涉及各工种之间的配合问题。电气施工平面图只反映了电气设备的平面布置情况，结合土建施工图的阅读还可以了解电气设备的立体布设情况。

（5）熟悉施工顺序，便于阅读电气施工图。如识读配电系统图、照明与插座平面图时，就应首先了解室内配线的施工顺序。

①根据电气施工图确定设备安装位置、导线敷设方式、敷设路径及导线穿墙或楼板的位置；

②结合土建施工进行各种预埋件、线管、接线盒、保护管的预埋；

③装设绝缘支持物、线夹等，敷设导线；

④安装灯具、开关、插座及电气设备；

⑤进行导线绝缘测试、检查及通电试验；

⑥工程验收。

（6）识读时，施工图中各图纸应协调配合阅读

对于具体工程来说，为说明配电关系时需要有配电系统图；为说明电气设备、器件的具体安装位置时需要有平面布置图；为说明设备工作原理时需要有控制原理图；为表示元件连

接关系时需要有安装接线图；为说明设备、材料的特性、参数时需要有设备材料表等。这些图纸各自的用途不同，但相互之间是有联系并协调一致的。在识读时应根据需要，将各图纸结合起来识读，以达到对整个工程或分部项目全面了解的目的。

任务2　电气施工图识读

12.2.1　工程概况及设计范围

1. 工程概况

电气施工图图例

（1）本工程为×××省×××市×××综合楼，为多层公共建筑。

（2）建筑层数及高度：地上6层，建筑高度22.70 m。建筑总面积：6500.95 m²。

（3）建筑功能特性：一层、二层为商业，三层六层为办公用房。

（4）主体结构形式为框架结构，独立基础，使用年限为50年。

2. 设计依据

（1）国家现行有关技术规范，规程

《低压配电设计规范》（GB 50054—2011）

《供配电系统设计规范》（GB 50052—2009）

《民用建筑电气设计规范》（JGJ 16—2008）

《建筑照明设计标准》（GB 50034—2013）

《建筑物防雷设计规范》（GB 50057—2010）

《建筑设计防火规范》（GB 50016—2014）

《公共建筑节能设计标准》（DB13（J）81—2009）

《办公建筑设计规范》（JGJ 67—2006）

（2）建设单位提供的设计要求

（3）其他专业提供的设计资料

3. 设计范围及内容

（1）0.4/0.23 kV配电系统（包括电力，照明系统）；

（2）建筑物防雷及安全接地。

12.2.2　各部分设计内容

1. 负荷分级及供电措施

（1）负荷分级

本工程各消防负荷（消防电梯，消防风机，应急照明，消防潜污泵等）用电及客梯及安防系统等为二级负荷，其余为三级负荷。

（2）供电措施及负荷容量

1）供电电源及电压：本工程多层公共建筑，室外消防用水量大于25 L/s、消防用电负荷为二级负荷、电源引自小区内变配电室、变配电室应由两回路10 kV高压电源供电、每个回路应能承受100%的二级负荷。

278

2）本工程照明用电总负荷计算容量：529.6 kW，动力用电总负荷计算容量：12 kW，其中二级负荷计算容量：44 kW。

2. 低压供配电系统

（1）低压配电系统电压等级为交流 380 V/220 V，采用 TN-S 系统。低压配电方式采用放射式与树干式相结合的方式。对于单台容量较大或重要负荷采用放射式供电，对于照明及一般负荷采用树干式与放射式相结合的供电方式。

（2）二级负荷：采用来自两台变压器不同母线段的两路电源供电，在适当位置互投。

（3）三级负荷：采用单电源供电。

3. 照明设计

（1）灯具选择及照度标准

楼梯间及公共走道采用应急紧凑型荧光灯，节能开关。办公室内照明采用 T5 三基色荧光灯，卫生间等潮湿场所采用瓷座灯口。办公室照度值 300 lx，功率密度 9/m²；卫生间照度值 75 lx，功率密度 3.5/m²；楼梯间、走道照度值 50 lx；电梯前室照度值 100 lx；配电间、电梯机房照度值 200 lx；功率密度 7 W/m²。开敞式直管荧光灯灯具效率不低于 75%，开敞式紧凑型荧光灯灯具效率不低于 55%。

本工程主要场所照度计算如下表 12-1。

表 12-1　照度表

房间名称	参考平面	房间长/m	房间宽/m	面积/m²	灯具数	单灯光源数	光源功率/W	镇流器功率/W	总功率/W
消防兼安防控制室	0.75 m	5.90	4.75	28.03	4	2	28	2	240
商业（C-D/1-4）	0.75 m	20.00	8.35	167.00	21	2	28	2	1260
办公室	0.75 m	7.50	6.00	45.00	6	2	28	2	360
电梯机房	地面	4.60	2.35	10.81	2	1	28	2	60

房间名称	光通量/lm	利用系数	维护系数	要求照度值/lx	计算照度值/lx	标准 PD 值/(W·m⁻²)	计算 PD 值/(W·m⁻²)
消防兼安防控制室	2400	0.55	0.80	300	301.39	9.00	8.56
商业（C-D/1-4）	2400	0.6	0.80	300	289.72	9.00	7.54
办公室	2400	0.6	0.80	300	307.20	9.00	8.00
电梯机房	2400	0.6	0.80	200	213.14	7.00	5.55

（2）应急照明

公共走廊，楼梯间、电梯前室，配电间等处设应急照明，采用双电源带蓄电池、持续时间为不小于 30 min。疏散照明的照度水平：①疏散走道大于 1.0 lx；②人员密集场所大于 3.0 lx；C. 楼梯间、前室或合用前室大于 5.0 lx。所有应急照明灯均设玻璃或其他不燃烧材料制作的保罩。并应符合 GB 13495.1—2015、GB 17945—2010 的相关要求。

4. 线缆选型及敷设

（1）电源总进线由外线及上一级配电开关确定。

（2）消防动力及应急照明配电干线选用 NH－YJV－0.6/1 kV 交联聚乙烯聚烯烃护套耐火电力电缆桥架内敷设；同一路径向同一负荷供电的双电源（不同高压回路）电缆在同一桥架内敷设时，应用防火隔板隔开。采用的电缆桥架为有防火保护的封闭式金属线槽。其他电缆均选用 ZR－YJV－0.6/1 kV 交联聚乙烯聚烯烃护套阻燃电力电缆。

（3）应急照明支线及消防动力支线选用 NH－BV－0.45/0.75 kV 聚氯乙烯绝缘铜芯阻燃耐火导线，以上导线均穿钢管保护。

一般动力及照明支线选用 ZR－BV－0.45/0.75 kV 聚氯乙烯绝缘铜芯阻燃导线。

明敷的线缆选用低烟、低毒的阻燃类线缆。动力支线穿钢管保护；一般照明支线穿阻燃塑料管（氧指数为 27 以上）保护。管线选择及敷设方式详见系统图。

（4）消防设备配电线路采用阻燃耐火类线缆，暗敷在不燃烧体结构层内，保护层厚度不应小于 30 mm；明敷时（包括敷设在吊顶内），应穿金属管或封闭式金属线槽，并应采取防火保护措施，当采用阻燃或耐火电缆时，敷设在电缆井、电缆沟内可不采取防火保护措施。建筑内的电缆井应在每层楼板处采用不低于楼板耐火极限的不燃材料或防火封堵材料封堵。

（5）所有钢桥架转弯处的弯曲半径不小于桥架内最大截面电缆的最小允许弯曲半径，YJV 电缆最小弯曲半径为 15D。

（6）各类不同用途的导线（L1，L2，L3，N，PE）绝缘层颜色选择应一致，即保护地线（PE 线）是黄绿相同色，零线用淡蓝色；相线用 L1 相－黄色、L2 相－绿色、L3 相－红色。配电箱内单相回路接线严格三相循环平衡。

5. 建筑物防雷与安全接地

（1）建筑物防雷

本工程为人员密集的公共建筑物，经计算、年预计雷击次数为 0.0791 次/a，故防雷等级为二类。建筑物应设内部防雷、防直击雷及防雷电波侵入的装置，并设置总等电位联结。

1）内部防雷在建筑物内地下室或地面层处将建筑物金属体、金属装置、建筑物内系统、进出建筑物的金属管线与防雷装置作等电位联结。

外部防雷装置与建筑物金属体、金属装置、建筑物内系统之间，须满足间隔距离的要求。

2）防直击雷

①接闪器

在屋顶屋檐及女儿墙周边敷设一圈 φ10 热镀锌圆钢做接闪器，并应在屋面形成不大于 10 m×10 m 或 12 m×8 m 的网格。

所有高出屋面的金属构筑物、金属管道或钢筋混凝土构筑物内的钢筋均与防雷装置可靠暗接。不同高度的接闪器以 φ12 热镀锌圆钢暗设在墙、柱及屋面保温层内焊接成电气通路。在屋面接闪器保护范围之外的非金属物体应装设接闪器，并应与屋面防雷装置相连。

②引下线

利用建筑物钢筋混凝土柱子内上下连通的主筋通常焊接作为引下线，引下线间距沿周长计算不大于 18 m。引下线上端与接闪器焊接，下端与接地极焊接。所有外墙引下线在室外地坪以下 0.8 m 处引出一根 40×4（mm）热镀锌扁钢，扁钢伸出室外、距外墙皮的距离不小于 1 m。作为防雷引下线的钢筋应符合下列条件：当钢筋直径大于或等于 16 mm 时，应将两根钢筋绑扎或焊接在一起作为一组引下线；当钢筋直径大于或等于 10 mm 且小于 16 mm 时，应利用四根钢筋绑扎或焊接在一起作为一组引下线。

③接地极

本建筑接地网与车库共用，相关图纸见车库接地部分。接地极为建筑物基础底梁内的上下两层钢筋中的两根主筋通常焊接形成的基础接地网。并围绕建筑四周形成闭合环路。同时与筏板内主筋连接。用作接地装置的钢筋其条件同引下线。

④凡结构钢筋未能连通的引下线及接地网、必须另设两根 $\phi16$ 钢筋焊接连接成良好的电气通路。

⑤建筑物外墙引下线不少于两处在室外地坪以上 0.5 m 处设接地电阻测试端子箱。详见接地平面图。

⑥构件内有箍筋连接的钢筋或成网状的钢筋，其箍筋与钢筋、钢筋与钢筋采用土建施工的绑扎法、螺丝、对焊或搭焊连接。单根钢筋、圆钢或外引预埋连接板、线与构件内钢筋焊接或采用螺栓紧固的卡夹器连接。构件之间必须连接成电气通路。

3）防雷电波引入

①建筑物内所有设备、管道，构架等主要金属物就近接至防直击雷接地装置上，

②平行敷设的金属管道、构架和电缆金属外皮等长金属物、其净距小于 100 mm 时应采用金属线跨接，跨接点间距不大于 30 m；交叉牵距小于 100 mm 时，其交叉处亦应跨接。但长金属物连接处可不跨接。

③建筑物内防雷电感应的接地干线与接地装置的连接不应少于两处。

④所有引入引出本建筑的电源线、弱电信号线均应在出入户处加装浪涌保护器。

⑤进出本建筑的电缆的金属外皮、金属保护管、进出本建筑的金属管道在进出建筑物处就近与防雷接地装置相连。

（2）接地及安全措施

1）本工程各类防雷接地、电气设备的工作接地、保护接地、弱电系统接地等共用统一的接地装置，联合接地装置的工频接地电阻不大于 1 Ω，实测不满足要求时，增设人工接地极。

2）电气竖井及电梯机房内设接地端子箱，电梯机房利用电梯轨道做接地干线，轨道必须连成封闭的回路，电井内垂直敷设一根 40×4（mm）热镀锌扁钢作接地干线。以上接地干线每隔三层与楼板钢筋作等电位连接。电井内及电梯机房内电气装置的外露导电部分及装置外可导电部分、整个电梯装置及井道内的金属构件及轿箱导轨等均应做等电位连接。

3）金属电缆线槽、桥架及其支架和引入或引出的金属电缆导管必须可靠接地（PE 线），不得用作保护导体或保护等电位联结导体。且必须符合下列规定：

①金属电缆线槽、桥架及其支架全长不大于 30 m 时，应不少于两处与接地保护干线连接，全长大于 30 m 时，应每隔 20~30 m 增加与接地保护干线的连接点，起始端和终点端均应可靠接地。

②非镀锌电缆线槽、桥架间连接板的两端跨接铜芯接地线，接地线最小截面不小于 4 mm²。

③镀锌电缆线槽、桥架间连接板的两端不跨接铜芯接地线，但连接板的两端不少于两个有防松螺帽或防松垫片的连接固定螺栓。

4）不间断电源输出端的中性线（N 极），必须由接地装置直接引来的接地干线相连接，做

重复接地。

5) 本工程建筑物内的电气装置采用总等电位联结。本建筑内的 PE(PEN)干线、电气装置中的接地母线、建筑物内的水管、燃气管、采暖和空调管道等金属管道应采用总等电位联结导体可靠连接并应在进出建筑物处接向总等电位联结端子板。

金属水管、含有可燃气体或液体的金属管道、正常情况下承受机械应力的金属结构、柔性金属导管或金属部件、支撑线等不得用作保护导体或保护等电位联结导体。总等电位联结导体截面不应小于装置的最大保护导体截面的一半、并不应小于 6 mm²。

当联接导体采用铜导体时，其截面不应大于 25 mm²；当为其他金属时，其截面应承载与 25 mm² 铜导体相当的载流量。等电位箱位置见动力平面图。

6) 低压配电系统接地形式为 TN－S 系统。所有用电设备的金属外壳及装置外可导电部分均可靠的与 PE 线连接或直接与接地装置连接。

7) 所有防雷及安全接地装置的焊接处均应刷防腐漆。未尽事宜参见 12D10 有关部分。

6. **节能**

1) 合理选择缆线型号、规格和敷设路径，减小压降及电能损耗。

2) 本建筑照明标准值及照明功率密度值符合 GB 50034—2013，5.3.2 及 6.3.3 的规定。

3) 建筑内使用的电梯、水泵、风机等设备采取节电措施。电梯采用智能控制、生活水泵等设备采用变频控制等节能措施，电控箱中的交流接触器等均选用节能产品，并应符合国家节能标准。

4) 本建筑均选用符合国家现行相关标准有关规定的高效节能光源、高效灯具及符合国家能效标准的高效电子镇流器。

5) 自然功率因数 >0.85，无功功率补偿在小区变配电所低压侧集中补偿，补偿后功率因数 0.9。

6) 根据实际情况合理设置计量。

7) 根据场所的功能选择合适的照明控制方式，便于分区开、关照明。

7. **其他**

1) 明装配电箱、控制箱外形尺寸仅供参考，具体以盘柜生产厂家为准。风机水泵控制箱由风机水泵厂家配套供应。消防配电设备须设有明显标志。设在电井及配电间外的配电箱、控制箱应做防火防水处理。户内装在卫生间墙上的配电箱，背后应做好防潮处理。落地安装的配电箱在 200 mm 高封闭混凝土底座或槽钢上安装。工程做法参见 12D4－33～36。

2) 水泵及各类风机的设备电源出线口的具体位置，以设备专业图纸为准。

3) 本设计所选双电源自动切换装置仅具有短路保护功能及检修隔离功能；所选 KBO 消防型电机保护装置过载、过流、缺相时只报警不跳闸，短路时报警并跳闸；并具有检修隔离功能。

4) 所有穿越防火分区及楼板的电气孔洞，当管线穿越后，均应用防火材料做防火封堵，严禁采用混凝土封堵。

5) 开关、插座和照明灯具靠近可燃物时，应采取隔热、散热等防火保护措施。

6) 电气管线穿过楼板和墙体时孔洞周边应采取密封隔声措施。所有进出地下室的强弱电保护管及预埋管，在进出口处应做好防水处理。做法见 12D9－13。

7) 各弱电系统的深化设计由各系统供应商完成，各系统设备均由该系统专业设备供应商成套供应；专业队伍安装、调试，必须符合有关管理部门的要求。

8）施工必须符合设计要求，同时应符合《建筑电气工程施工质量验收规范》（GB 50303—2015）及其他现行国家施工及验收规范要求。施工过程中请与水暖及土建专业密切配合，遇有问题及时与设计人员联系共同协商解决。

9）未尽事宜参见《12 系列建筑标准设计图集》电气有关部分。

10）本套图纸须经审图机构审核，甲方认可后方可施工。

12.2.3 施工图纸识读

本项目给出了三～五层标准层电气的系统图、平面图和屋顶防雷平面图，见图 12 – 1 ～图 12 – 7，因篇幅等原因略去了图框，平面图显示不全。

电气施工图导线和灯具识读

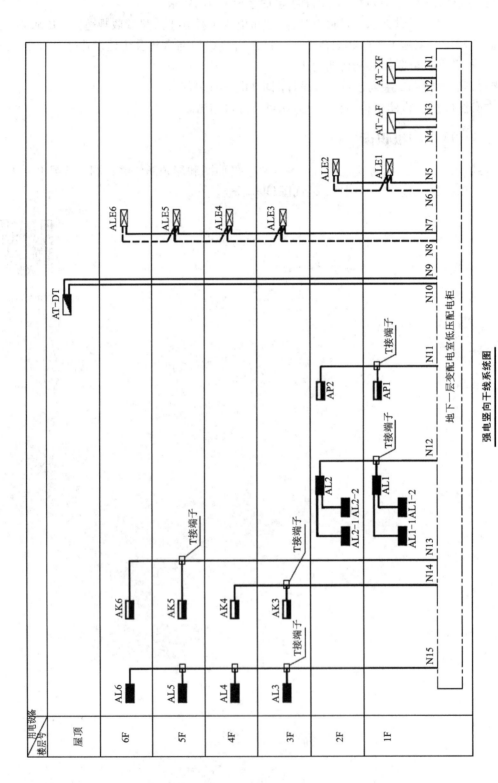

图12-1 强电干线系统图

284

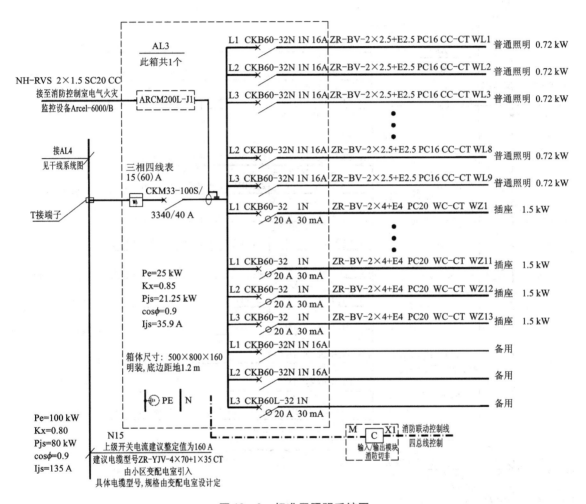

图 12 - 2 标准层照明系统图

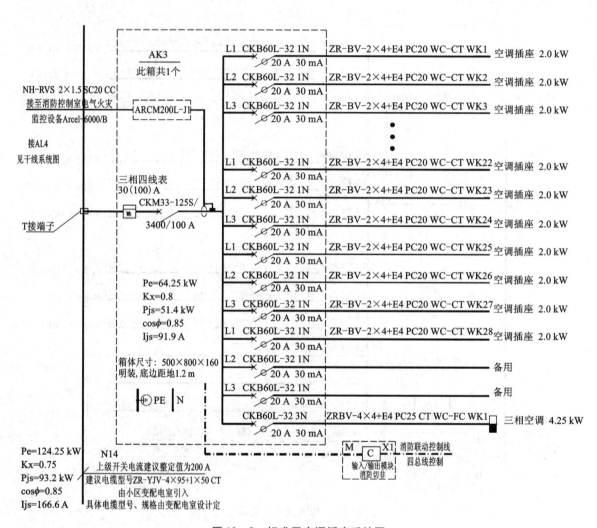

图 12-3 标准层空调插座系统图

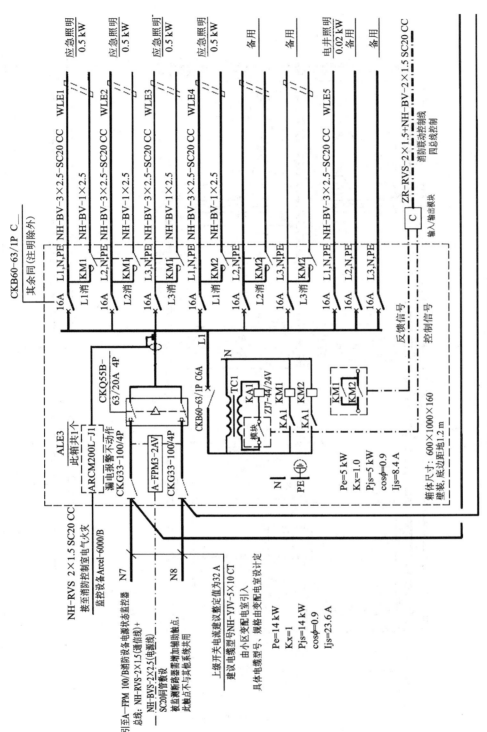

图12-4　标准层应急照明系统图

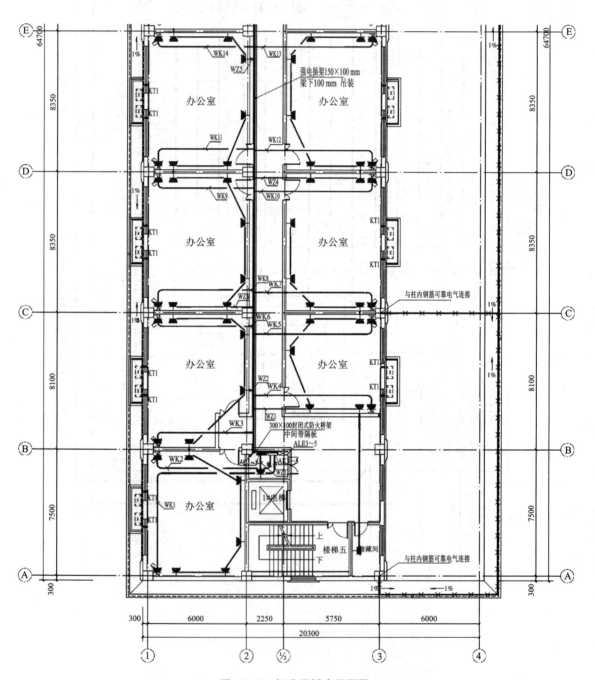

图 12 - 5 标准层插座平面图

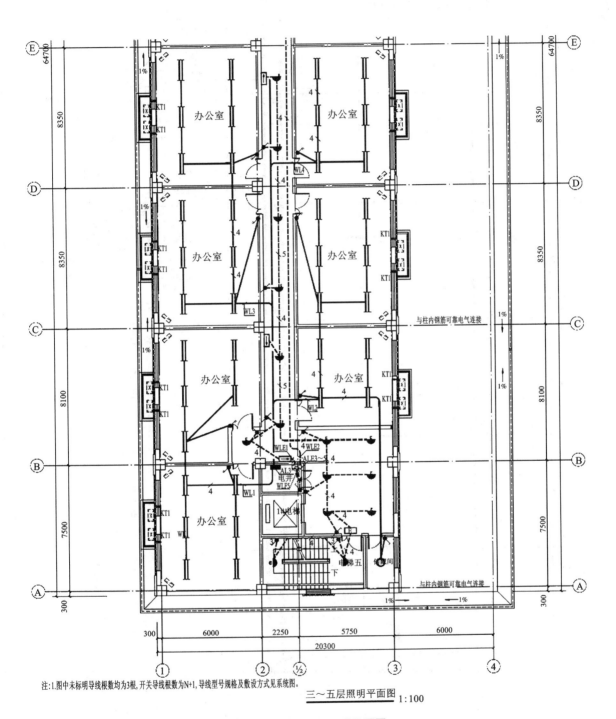

注:1.图中未标明导线根数均为3根,开关导线根数为N+1,导线型号规格及敷设方式见系统图。

三～五层照明平面图 1:100

图 12-6　标准层照明平面图

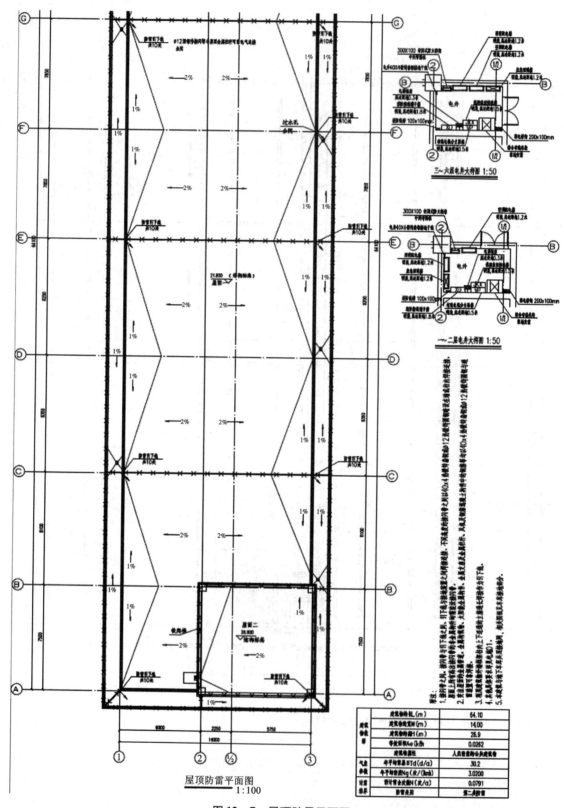

屋顶防雷平面图
1:100

图 12-7 屋顶防雷平面图

小结

本项目阐述了电气施工图的组成特点及阅读方法。通过某综合楼的电气施工图纸的阅读，理解照明灯具及配电线路的标注形式，比对系统图与平面图，了解建筑电气施工的规范和标准、及质量验收要求，结合建筑、结构、水暖图纸，做到在施工过程中电气与其他各专业的协调统一。

思考与练习题

1. 电气施工图通常由哪几部分组成？
2. 解释 ZR – BV – 2X4 + E4 PC20WC/CT 的含义。
3. 画出平面图上的双极开关、三孔插座的图例符号。
4. 一个回路上有三根导线，在平面图上如何表达？

项目 13　建筑弱电系统

项目描述

本项目主要阐述了智能建筑弱电系统基本知识；综合布线组成结构、常用线缆以及设计流程；有线电视系统组成以及用户接入技术；视频安防监控系统组成和主要设备；门禁系统组成和主要设备等。

教学目标

知识目标	技能目标
(1)了解智能建筑的定义、智能建筑弱电系统组成；	(1)根据现行《智能建筑设计标准》，查阅不同种类的智能建筑应该具有的功能配置；
(2)了解综合布线系统组成结构、常用线缆和设计流程；	(2)认识综合布线是智能建筑的神经系统，OA、CA、BA 及 SA 的信号，都可由 SCS 沟通；
(3)了解有线电视系统组成、常用设备与器件以及用户接入技术；	(3)认识现行有线电视所用的数字电视技术和宽带网络接入技术；
(4)了解视频监控系统组成及主要设备；	(4)认识视频监控系统的主要设备及其发展；
(5)了解门禁系统组成及设备。	(5)认识门禁系统的功能与作用。

思政元素

(1)从大数据时代的信息革命体会到人工智能、物联网技术推动智能建筑向绿色建筑、健康建筑方向的发展；

(2)"新型冠状病毒"形势下如何通过网络做到停课不停学，理解智能化建筑给人们生活、工作、学习带来的便利；

(3)在弱电系统施工过程中遵循规范标准，精耕细作。

案例引入

从智能建筑基本组成要素出发着重阐述了综合布线、有线电视、视频监控系统、出入口系统，其中后面两个属于安全技术防范系统。

智慧模式

任务 1   智能建筑弱电系统基础知识

13.1.1   智能建筑

智能建筑最早出现于 1984 年，美国康涅狄格州的哈特福德市，当时对一座旧式大楼进行了改造。改造后的这座大楼安装了空调、电梯、照明以及防盗等设备，并且都采用了计算机进行监控，还为客户开设了语音通信、文字处理、电子函件和资料检索等各种信息服务，使用户感到更加舒适、方便、安全和高效。1985 年，日本也建造了日本电话电报智能大楼。我国的第一座智能大楼，是位于广州的广东国际大厦。此后，"智能建筑"在世界各国如雨后春笋般发展起来了。

目前我国的《智能建筑设计标准》(GB 50314—2015)，对智能建筑定义如下：以建筑物为平台，基于对各类智能化信息的综合应用，集架构、系统、应用、管理及优化组合为一体，具有感知、传输、记忆、推理、判断和决策的综合智慧能力，形成以人、建筑、环境互为协调的整合体，为人们提供安全、高效、便利及可持续发展功能环境的建筑。

智能建筑从建筑的角度来看，由土建、机电设备与装潢等组成，如果把智能建筑比如成一个人，则土建是人的躯体，机电设备是人的器官，装潢是人的衣着，则弱电智能化设备是人的大脑，计算机网络是人的神经系统。

因此可以认为智能建筑是信息时代的必然产物，是高科技与现代建筑的巧妙集成，是综合国力的具体表征，是以计算机和网络为核心的信息技术向建筑行业的应用与渗透，体现了建筑艺术与信息技术完美的结合，也是当今世界各类建筑特别是大型建筑的主流。

13.1.2   建筑弱电的概念

1. 弱电的定义

建筑中的弱电主要有两类：一类是国家规定的安全电压等级及控制电压等低电压电能，有交流与直流之分，如 24 V 直流控制电源，或应急照明灯备用电源。

另一类是载有语音、图像、数据等信息的信息源，如电话、电视、计算机的信息。

狭义上的建筑弱电主要是指：安防(如视频监控、入侵报警、门禁系统、访客对讲、停车场管理、防爆系统等)、消防(电气部分)、建筑设备监控以及网络综合布线和音视频系统等。

建筑智能化系统为建筑设备监控系统、安全防范系统、通信网络系统、信息网络系统、火灾自动报警及消防联动等系统，以集中监视、控制和管理为目的构成的综合系统；家庭内各种数据采集、控制、管理及通讯的控制或网络系统等线路，则称为智能化线路(也就是家庭装修中所说的弱电)。

2. 弱电与强电的区别

强电和弱电从概念上讲，一般是容易区别的，主要区别是用途的不同。强电是用作一种动力能源，弱电是用于信息传递。它们大致有如下区别：

(1)交流频率不同

强电的频率一般是 50 Hz 称"工频"，意即工业用电的频率，弱电的频率往往是高频或特高频，以 kHz(千赫)、MHz(兆赫)计。

（2）传输方式不同

强电以输电线路传输，弱电的传输有有线与无线之分。无线电则以电磁波传输。

（3）功率、电压及电流大小不同

强电功率以 kW（千瓦）、MW（兆瓦）计、电压以 V（伏）、kV（千伏）计，电流以 A（安）、kA（千安）计；弱电功率以 W（瓦）、mW（毫瓦）计，电压以 V（伏）、mV（毫伏）计，电流以 mA（毫安）、μA（微安）计，因而其电路可以用印刷电路或集成电路构成。强电中也有高频（数百 kHz）与中频设备，但电压较高，电流也较大。由于现代技术的发展，弱电已渗透到强电领域，如电力电子器件、无线遥控等，但这些只能算作强电中的弱电控制部分，它与被控的强电还是不同的。

13.1.3 智能建筑弱电系统组成

智能建筑自动化系统（BAS）通常包括设备控制与管理自动化（BA）、安全自动化（SA）、消防自动化（FA）。但也有时把安全自动化（SA）和消防自动化（FA）和设备控制与管理自动化（BA）并列，形成所谓的"5A"系统。

安全自动化系统（SA）常设有闭路电视监控系统（CATV）、通道控制（门禁）系统、防盗报警系统、巡更系统、车库管理系统等。系统 24 小时连续工作，监视建筑物的重要区域与公共场所，一旦发现危险情况或事故灾害的预兆，立即报警并采取对策，以确保建筑物内人员与财物的安全。

消防自动化（FA）具有火灾自动报警与消防联动控制功能，系统包括火灾报警、防排烟、应急电源、灭火控制、防火卷帘控制等，在火灾发生时可以及时报警并按消防规范启动相应的联动设施。

办公自动化（OA）按计算机技术来说是一个计算机网络与数据库技术结合的系统，利用计算机多媒体技术，提供集文字、声音、图像为一体的图文式办公手段，为各种行政、经营的管理与决策提供统计、规划、预测支持，实现信息库资源共享与高效的业务处理。

通信自动化系统（CAS）是通过数字程控交换机 PABX 来转接声音、数据和图像，借助公共通信网（电话网，长途电话网，数据通信网）与建筑物内部 PDS 的接口来进多媒体通信的系统。

综合布线系统（SCS）是在智能建筑中构筑信息通道的设施，可以从低速到高速各种速率来传送话音、图像、数据信息，是智能建筑的神经系统。OA、CA、BA 及 SA 的信号从理论上都可由 SCS 沟通。

综合布线

任务 2   综合布线

13.2.1   综合布线及其组成结构

1. 综合布线的定义

随着智能建筑的兴起，美国电话电报（AT&T）公司贝尔实验室的专家们经过多年的研究，在办公楼和工厂试验成功的基础上，于 20 世纪 80 年代末期率先推出结构化综合布线系统标准，并逐步演变为综合布线系统从而取代了传统的布线系统。

将所有语音、数据、图像及多媒体业务设备的布线网络组合在一套标准的布线系统上，它以一套由共用配件所组成的单一配线系统，将各个不同制造厂家的各类设备综合在一起，使各设备相互兼容，同时工作，实现综合通信网络、信息网络及控制网络间的信号互连互通。

综合布线是预布线。

综合布线系统组成如图 13 - 1 所示。

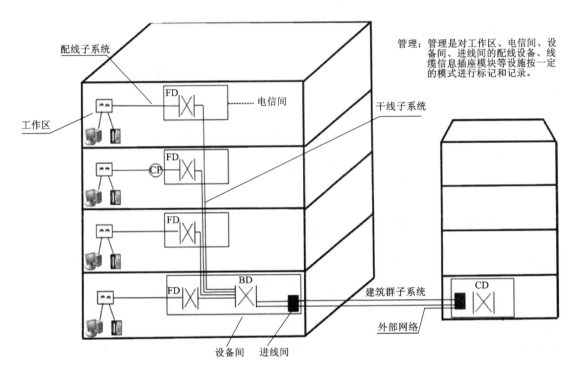

图 13 - 1　综合布线系统

2. 综合布线的组成

综合布线系统的基本构成应包括建筑群子系统、干线子系统和配线子系统(图 13 - 1)。配线子系统中可以设置集合点(CP)，也可不设置集合点。

(1)工作区

一个独立的需要设置终端设备(TE)的区域宜划分为一个工作区。工作区应包括信息插座模块(TO)、终端设备处的连接缆线及适配器。

工作区域可支持电话机、数据终端、计算机、电视机、监视器以及传感器等终端设备。它包括信息插座、信息模块、网卡和连接所需的跳线，并在终端设备和输入输出(I/O)之间搭接。

一个终端网络端口就是一个信息点，如语音点、数据点等，每个信息点配置成一条完整独立的网络链路，通常可以 1 ~ 4 个信息点安装在一个面板。

信息点的确定：对于一个办公区内的每个办公点可配置 2 ~ 3 个信息点，此外，还应为此办公区配置 3 ~ 5 个专用信息点用于工作组服务器、网络打印机、传真机、视频会议等。若此办公区为商务应用，信息点的带宽为 10 Mb/s 或 100 Mb/s 可满足要求，若此办公区为技术开发应用，则每个信息点应为交换式 100 Mb/s 或 1000 Mb/s，甚至是光纤信息点。

（2）配线子系统

配线子系统也称水平子系统，应由工作区内的信息插座模块、信息插座模块至电信间配线设备（FD）的水平缆线、电信间的配线设备及设备缆线和跳线等组成。

（3）干线子系统

干线子系统也称垂直子系统，应由设备间至电信间的主干缆线、安装在设备间的建筑物配线设备（BD）及设备缆线和跳线组成。

（4）建筑群子系统

建筑群子系统应由连接多个建筑物之间的主干缆线、建筑群配线设备（CD）及设备缆线和跳线组成。

（5）设备间

设备间应为在每栋建筑物的适当地点进行配线管理、网络管理和信息交换的场地。综合布线系统设备间宜安装建筑物配线设备、建筑群配线设备、以太网交换机、电话交换机、计算机网络设备。入口设施也可安装在设备间。

（6）进线间

进线间应为建筑物外部信息通信网络管线的入口部位，并可作为入口设施的安装场地。

（7）管理

管理应对工作区、电信间、设备间、进线间、布线路径环境中的配线设备、缆线、信息插座模块等设施按一定的模式进行标识、记录和管理。

综合布线系统的主干线路连接方式均采用树型网络拓扑结构，要求整个布线系统干线电缆或光缆的交接次数不超过两次，即从楼层配线设备到建筑群配线设备之间，只允许经过一次配线设备，即建筑物配线设备，成为 FD - BD - CD 的三级结构形式，这是园区建筑群综合布线系统的标准结构。

3. 认识综合布线系统分级与标准

下表 13 - 1 为综合布线系统分级与分类对应表。

表 13 - 1　综合布线系统分级与分类对应表（双绞线电缆）

系统分级	系统分类	支持带宽/Hz	备注
A 级		100 k	
B 级	1 类	750 k	
	2 类	1 M	
C 级	3 类	16 M	语音大对数电缆
	4 类	20 M	
D 级	5/5e 类（屏蔽和非屏蔽）	100 M	5e 类为目前市场主流产品
E 级	6 类（屏蔽和非屏蔽）	250 M	目前市场主流产品
E_A 级	6A 类（屏蔽和非屏蔽）	500 M	10 Gbps 传输可达 100 m
F 级	7 类（屏蔽）	600 M	
F_A 级	7_A 类（屏蔽）	1000 M	

综合布线国家标准,《综合布线系统工程设计规范》(GB 50311—2016)、《综合布线工程验收规范》(GB/T 50312—2016)是目前执行的国家标准。新标准是在参考国际标准 ISO/IEC 11801:2010.4 和 ANSI/TIA 568C—2009,依据综合布线技术的发展,总结 2000 版标准经验的基础上编写出来。

13.2.2　综合布线中常用的线缆

在综合布线中常用的线缆就是铜缆、光缆。

通信设施及导线

1. 铜缆

铜缆主要指双绞线,是一种综合布线工程中最常用的传输介质,是由两根具有绝缘保护层的铜导线组成的。把两根绝缘的铜导线按一定密度互相绞在一起,每一根导线在传输中辐射出来的电波会被另一根线上发出的电波抵消,有效降低信号干扰的程度。

双绞线一般由两根 22～26 号绝缘铜导线相互缠绕而成,"双绞线"的名字也是由此而来。实际使用时,双绞线是由多对双绞线一起包在一个绝缘电缆套管里的。如果把一对或多对双绞线放在一个绝缘套管中便成了双绞线电缆,但日常生活中一般把"4 对双绞线电缆"直接称为"双绞线"。

双绞线端接有两种标准:T568A 和 T568B,在综合布线工程中做水平线端接时,《综合布线工程验收规范》GB/50312 接受 T568B 类或 T568A 类,但不允许同时安装,通常按 T568B 类端接,如图 13 - 2。

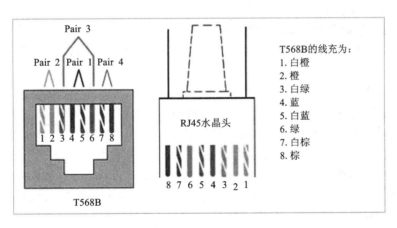

图 13 - 2　T568B 双绞线接线图

双绞线连接时使用 RJ - 45 接头,由于它外表晶莹透亮,所以也常把该接头俗称为"水晶头"。将水晶头分别按规则正确连接到双绞线的两端,使用网线钳就能完成双绞线的端接制作。

另外一种是大对数电缆(图 13 - 3),是指很多一对一对的电缆组成一小捆,再由很多小捆组成一大捆(更大对数的电缆则再由一大捆一大捆组成一根更大的电缆)。大对数电缆一般分为 3 类大对数和 5 类大对数,又分为:5 对 10 对 20 对 25 对 30 对 50 对 100 对 200 对 300 对。一般来说大对数电缆在弱电工程中使用较多,多用于语音主干等。

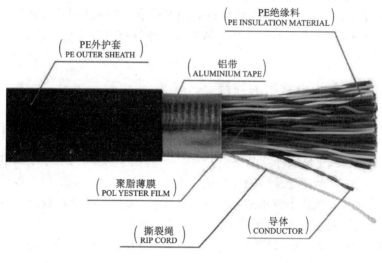

图 13 – 3　大对数电缆

2. 光缆

光缆是一定数量的光纤按照一定方式组成缆芯，外包有护套，有的还包覆外护层，用以实现光信号传输的一种通信线路。即由光纤（光传输载体）经过一定的工艺而形成的线缆。光缆的基本结构一般是由缆芯、加强钢丝、填充物和护套等几部分组成，另外根据需要还有防水层、缓冲层、绝缘金属导线等构件。按照传输性能、距离和用途的不同，光缆可以分为用户光缆、市话光缆、长途光缆和海底光缆；按照光缆内使用光纤的种类不同，光缆又可以分为单模光缆和多模光缆。

多模光纤是在给定的工作波长上传输多种模式的光纤。按其折射率的分布分为突变型和渐变型。普通多模光纤的数值孔径为 0.2 ± 0.02 mm，芯径/外径为 50 μm/125 μm 其传输参数为带宽和损耗。由于多模光纤中传输的模式多达数百个，各个模式的传播常数和群速率不同，使光纤的带宽窄，色散大，损耗也大，只适于中短距离和小容量的光纤通信系统。

单模光纤是中心玻璃芯很细（芯径一般为 9 或 10 μm），只能传一种模式的光纤。因此，其模间色散很小，适用于远程通信，但还存在着材料色散和波导色散，这样单模光纤对光源的谱宽和稳定性有较高的要求，即谱宽要窄，稳定性要好。

光缆连接方法主要有永久性连接、应急连接、活动连接。

（1）永久性光纤连接（又叫热熔）

这种连接是用放电的方法将两根光纤的连接点熔化并连接在一起。一般用在长途接续、或半固定连接。其主要特点是连接衰减在所有的连接方法中低，典型值为 0.01 ~ 0.03 dB/点。但连接时，需要专用设备（熔接机）和专业人员进行操作，而且连接点也需要专用容器保护起来。

（2）应急连接（又叫）冷熔

应急连接主要是用机械和化学的方法，将两根光纤固定并粘接在一起。这种方法的主要特点是连接迅速可靠，连接典型衰减为 0.1 ~ 0.3 dB/点。但连接点长期使用会不稳定，衰减也会大幅度增加，所以只能短时间内应急用。

（3）活动连接

活动连接是利用各种光纤连接器件（插头和插座），将站点与站点或站点与光缆连接起来的一种方法。这种方法灵活、简单、方便、可靠，多用在建筑物内的计算机网络布线中。其典型衰减为 1 dB/接头。

任务 3　有线电视系统

网络电视

13.3.1　有线电视发展及系统组成

1.有线电视的发展

有线电视（CATV）也叫闭路电视，是由无线电视发展而来，保留了无线电视的广播制式和信号调制方式，把录制好的节目通过线缆（电缆或光缆）送给用户，再用电视机重放出来，是一种由观众支付费用的付费电视。

有线电视最初是在公寓大厦架设共享天线的电视。共享天线电视很简单，由一部安装在主天线近旁的共享天线电视放大器和铺往各住户的有线电缆组成。后来由于大功率宽频放大器技术的发展，出现了传输范围包括一个城市的电缆电视系统，由于共享天线电视系统一样有宽频放大器和传输信号的电缆、信号分配器，可以看成是后来城市范围有线电视的前身。

中国有线电视的发展始于 1974 年，可概括为三个阶段：即从 1974 年至 1983 年期间的共用天线阶段，从 1983 年至 1990 年期间的电缆电视阶段，从 1990 年政府颁布"有线电视管理暂行条例"为标志开始至今的网络数字电视阶段。

有线电视的优势在于：通过线缆传输，收视质量好；采用邻频传输，频谱资源能得以充分利用，能提供更多的频道。能实现信号的双向传输，支持交互式的双向服务，实现收费管理及有偿服务。

2.有线电视系统的组成

有线电视系统一般由信号源、前端设备、传输干线和用户分配网络几个部分组成。图 13 - 4 所示为有线电视系统的基本组成框图。实际系统可以是这几个部分的变形或组合，可视需要而定。

（1）前端部分

1）前端的组成部分

①信号源部分。信号源部分的主要设备包括卫星电视信号接收天线、地面电视信号接收天线、微波接收天线、录放像机、摄像机、导频信号发生器等，有些前端还有电视节目编辑设备、计算机管理控制设备等。

②信号处理部分。信号处理部分的主要设备包括天线放大器、频道放大器、频道处理器、频道变换器、电视解调器、电视调制器、卫星电视接收机、微波接收机、混合器以及宽频带放大器。

2）前端的作用

①为系统提供各种源信号，以满足用户的需要。

在同轴电缆作干线的系统中，为干线放大器提供用于自动增益控制和自动斜率控制的导频信号。

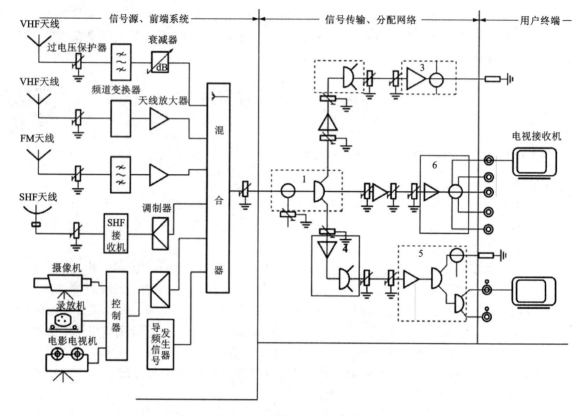

图 13 - 4　有线电视的组成

注：图中数字 1, 2, 3, …, 6 代表楼号，高频避雷器应安装在架空线的出楼和进楼前

②因为信号源部分获取信号的途径不同，其输出信号的质量必然存在较大差异。通常它们的电平高低不一致，受干扰的程度也不相同。

因此，前端信号处理部分要对信号源提供的信号进行必要的处理和控制，以输出高质量的信号给传输干线部分。对信号的处理与控制包括放大、频率配置、电平调整、干扰的抑制等。

③将各路处理好的信号用混合器混合成一路，以频分复用的方式送给干线传输。

由于信号源处于整个系统的最前端，因此，要求其输出的信号质量应尽量高。在选择信号源设备时，也应尽可能选择高质量的设备与器件。若信号源设备指标不高，其输出的信号质量也不会好，如果要靠后面部分去弥补，显然是既不经济也不合理。

前端信号处理部分是整个系统的核心，是保证系统具有高质量指标的关键，因此，应尽可能选择高标准设备，并进行精心设计和调试。

（2）干线部分

干线就是指连接前端和用户群的传输线路。它的作用是把前端送出的信号尽可能保质保量地传输给用户分配部分。有线电视系统的大小不一样，其干线的长短也不相同，大系统的干线长，小系统的干线短。

干线使用的传输介质有光缆、同轴电缆和微波。目前，较大的有线电视系统均用光缆作

300

干线。在信号需跨越江河或一些不易敷设线缆的山区等特殊场合才采用微波。

根据使用的传输介质不同，干线部分的设备也不一样。

①若干线采用光缆，其主要设备有光发送机、光分路器、光中继器以及光接收机等。

②若干线采用同轴电缆，其主要设备有干线放大器、均衡器等。

③若干线采用微波，其主要设备有微波发射机、微波接收机等。

通常干线上均设有许多信号分路点，信号从分路点分出一部分信号给支路，传输给沿干线中间一些用户群。信号分路通常由光分路器、有分支输出端的干线放大器等设备完成。

（3）分配分支部分

分配分支部分的作用主要是把干线传来的信号尽量不失真地分送给用户群的各个用户。

分配分支部分的主要设备主要有分配放大器、线路放大器、分配器、分支器以及用户终端盒等。

目前有线电视分配分支部分通常是由同轴电缆和以上设备、器件组成的用户分配系统。今后的发展趋势是光缆组成分配系统，由光纤入户。

另外，在整个有线电视系统组成中，还有两个方面的问题要注意：一个是系统供电问题，另一个是系统防雷问题。对系统前端的供电一般问题不大，但对干线部分及分配部分的供电，应根据当地的电源环境进行适当考虑，一般有集中供电方式和分散供电方式两种。有线电视系统中为了改善接收信号的条件使接收天线向前端提供高质量的电视信号，通常将天线架设在高处，所以天线是系统中最容易受到雷击的部位。为了防止雷击，在接收天线的区域内应安装避雷针，同时在每副天线的输出端还应安装避雷器。另外，架设的电缆也容易受到雷击，故当有线电视系统传输干线较长时，可每隔适当距离（200～300 m）将电缆外导体接地一次。

13.3.2　有线电视系统常用设备与器件

1.接收天线

电视接收天线的种类很多，分类方法也各不相同，有按照其形状来分的，有按其工作频段来分的。

按工作频段来分有单频道天线、宽频带天线，宽频带天线中又分有 VHF 段天线和 UHF 段天线等。目前 CATV 系统中用得最多的是单频道八木天线。

八木天线又称多单元引向天线，它是由一些导电单元组成的，这些导电单元通常由合金铝管或铜管做成，弯曲的单元称为折合振子；折合振子前面的若干个单元具有把电波向后引的作用，所以称为引向器；引向器后面的单元具有向前反射电波的作用，所以称为反射器。所有单元设置在同一个平面内，中间用一横杆固定，再用一支撑杆水平架设于室外。

2.同轴电缆

目前，对于传输距离约小于 1 km 的 CATV 分配系统来说，电视信号的传输主要用射频同轴电缆。射频同轴电缆，简称同轴电缆。同轴电缆是实际工程中经常接触的传输线。传输线又常被称为馈线。

同轴电缆由内导体、绝缘层、外导体、护套 4 个部分组成。同轴电缆的芯线和屏蔽网线构成内、外两个导体。为保证电性能，它们的轴线始终是重合的。

3. 放大器

放大器是 CATV 系统中用得最多的设备。前端用的放大器主要有天线放大器,传输分配系统用的放大器通常有干线放大器、线路放大器、分配放大器等。

放大器都是有源设备,它通过能量转换,将输入的弱信号放大为强信号输出,以满足系统需要。

4. 前端常用设备和器件

(1) 天线放大器。在电视信号较弱的地区,为了提高天线的输出电平,增加信号的载噪比,就需要使用天线放大器。天线放大器常简称为天放。

天线放大器要和接收天线配合使用,弱信号地区的 CATV 系统,通常都是将单频道天线与单频道天线放大器配合使用。

(2) 频道处理器。目前的 CATV 系统前端在接收、处理电视信号时,通常均采用频道处理器,以前用的频道放大器和频道变换器几乎都被其取代。

频道处理器也是有源设备,它采用的是二次变频方式。

输入射频信号经放大后,与下变频器内的本振信号混频,取出二者差频,则转换为电视中频信号(电视中频信号的图像载频为 38 MHz,伴音载频为 31.5 MHz),再将电视中频信号的图像和伴音信号分离,这样可以分别对图像和伴音进行处理,然后将二者重新混合。混合后的中频信号与上变频器内的本振信号混频,取出二者的和频,转换为射频信号输出。

目前很多频道处理器都设计为捷变式,即通过调节本振信号频率可以方便地改变输入、输出电视频道。

(3) 电视调制器。电视调制器是目前前端中用得最多的设备。电视调制器的作用是将视频信号和伴音信号调制成射频信号。视频、音频信号可以来自摄像机、录像机、VCD 机、DVD 机等,但目前最多的是来自卫星电视接收机。卫星电视接收机收到卫星电视信号后,将其解调为视频、音频信号输出,调制器再将其输出的视频、音频信号调制成不同频道的射频信号,调制器输出的射频信号再与其他射频信号经混合器混合后送入干线中传输。

目前使用的调制器通常为中频调制式的。中频调制是指将视频信号对 38 MHz 中频图像载波进行调幅,将伴音信号对 31.5 MHz 中频伴音载波进行调频,二者混合后得到电视中频信号。电视中频信号经上变频器转换为射频信号输出。因为中频调制方式的调制过程统一在中频上进行,所以其性能参数指标可以达到较高值。

(4) 滤波器。滤波器的作用是让一些频率成分的有用信号能最大限度地通过,而对其他频率成分的无用信号进行最大限度地抑制,使其通不过。滤波器作为一个独立的器件有时是在 CATV 系统的前端使用,目的不外乎是要滤除某一电视频道以外的干扰信号,但更多的时候是将滤波电路或滤波电路模块装于天线放大器、频道处理器、调制器、混合器等前端设备与器件中。滤波器分为有源和无源两类,在 CATV 系统中使用的滤波器大都是无源的。

5. 传输与分配系统设备和器件

(1) 干线放大器。干线放大器简称干放,其作用主要是放大干线上的电视信号,以补偿信号在电缆中的衰减。所以,干放的增益和输出电平通常都不太高,标称增益通常为 28 dB 左右,标称输出电平一般为 98 dB 左右。很多干放也适用于接在光纤传输系统中光节点后面作信号的分配放大用。为使用方便,干放通常都有一个或两个分支输出端。

干放是有源设备,并因干线中传输的是系统中所有频道的信号,所以干放也是宽频带放大器。

（2）线路放大器。线路放大器又简称线放，通常用于 CATV 系统的支线，或作用户分配放大器，以提升信号的电平，使其满足分配、传输的要求。线放也有一个或两个分支输出端。线放是有源设备并且也是宽带放大器。

线放既可采用集中供电方式供电，也可采用交流市电分散供电。

（3）衰减器。在 CATV 系统中，信号经线缆传输后都要产生衰减，导致电平太低，所以要加放大器进行放大，但有时人们又会嫌信号电平太高，如放大器的输入电平太高，就容易产生非线性失真，那么这时，就需要加接衰减器对信号进行衰减。

衰减器有固定式和可调式两种。

（4）均衡器。电视信号在同轴电缆中传输时产生的衰减量与信号频率的平方根成正比。若在线路中串接一个与电缆衰减频率特性刚好相反的器件，则信号通过该器件后，输出的各频率信号会产生同样的衰减量。均衡器就是具有这种频率特性的器件。实质上，均衡器是一个衰减量随频率升高而降低的衰减器。它是无源器件。

在工程项目中，通常将均衡器和具有平坦幅频特性的放大器结合使用，将其接在放大器的前面，为了使用方便，均衡器一般做成插件形式，把它插在放大器的内部。

均衡器有均衡量固定式和可调式两种。

（5）分配器。分配器是 CATV 系统中大量使用的器件之一，它有一个输入端口和两个或多个输出端口，其功能是将输入端口的电视信号平均分配到各个输出端口。它是无源器件。

分配器有二分配器、三分配器、四分配器等。

（6）分支器。分支器是 CATV 系统用户分配网络中最常用的器件。它的作用是从电缆线路上取出一部分信号给分支输出端输出，而其余信号仍沿原线路传输。它是无源器件。

按分支输出端的多少，分支器分为一分支器、二分支器、四分支器等。目前使用最多的是由磁芯耦合变压器构成的定向耦合式分支器。一个一分支器和一个二分配器的基本电路就可以构成一个二分支器。

（7）用户终端盒。用户终端盒是人们最常接触的器件，它是 CATV 系统和电视机或其他用户终端设备之间的接口，系统从终端盒输出信号，通过用户电缆送给电视机的输入端口。用户终端盒分为单孔和双孔两种。单孔终端盒只有一个插孔（TV），只能输出电视信号；双孔终端盒有两个插孔（TV 和 FM），一个输出电视信号，另一个输出调频广播信号。盒内装有分频电路，使 TV 与 FM 从电缆中分开输出。

任务 4   视频安防监控系统

视频监控

13.4.1   视频安防监控系统及其组成

1.视频安防监控系统概述

视频安防监控系统是利用视频探测技术、监视设防区域并实时显示、记录现场图像的电子系统或网络，是安全防范体系中防范能力极强的一个综合系统，其作用和地位日益突出。该系统从早期作为一种报警复核手段，到目前充分发挥其实时监控的作用，已成为安全防范体系中不可或缺的重要部分。

视频安防监控系统可以通过遥控摄像机及其辅助设备(镜头、云台等)直接观看被监视场所的一切情况,可以把被监视场所的情况一目了然。在人们无法直接观察的场合,它却能实时、形象、真实地反映被监视控制对象的画面,它已成为人们在现代化管理中监控的一种极为有效的观察工具。由于它具有只需一人在控制中心操作就可观察许多区域,甚至远距离区域的独特功能,在城市交通管理、金融、教育等行业得到广泛的应用。

2.系统的组成形式

视频安防监控系统有多种组成形式,但其系统的基本构成均有三大部分,即对被摄体进行摄像并将其变换为电信号的摄像部分(一般为摄像机,称它为头)、把电信号送到其他地方的传送部分(一般为电缆或光缆)以及对该信号进行重放显示取样的接收部分(一般为监视器,称它为尾),如图13-5所示,三部分缺一不可。

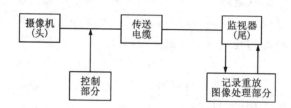

图13-5 视频安防监控系统组成

一些大型系统也只是各部分更复杂些,有时为了对整体进行控制,需要增加一个控制部分。此外,有些系统要求对图像进行记录和重放,或者要求使用信息处理设备,以便进行图像的分析加工。因此,在这样的电视监控系统中还包括视频信号的记录、重放,图像信息的处理分析、加工等。

13.4.2 视频安防监控系统主要设备

1.摄像部分

(1)摄像机

摄像机的作用是把光信号变为电信号,它的关键部分是摄像器件。摄像器件可分为电真空器件和固态器件两大类。固态器件又可分为CCD(电荷耦合器件)、MOS(金属氯化物)和CID(电荷注入器件)等种类。按摄像机所获得的图像不同,可分为彩色和黑白两大类;按其所采用的电视制式不同,又可分为PAL、NTSC、SECAM三大类(彩色)和CCIR,EIR等;因此,在选择摄像机时,应首先确认所需的摄像机属何种类,以便满足要求。

在视频监控系统中选择摄像机,一般要看几个主要的参数,即分辨率、最低照度、扫描尺寸和信噪比等,另外还要考虑摄像机的附带功能及价格和售后服务等因素。

(2)镜头

1)按镜头规格分:有25.4 mm(1 in)6.5 mm(1/4 in)等规格,镜头规格应与CCD靶面尺寸相对应,即摄像机靶面大小为8.5 mm(1/3 in)时,镜头应选8.5 mm(1/3 in)。

2)按镜头安装分:镜头的安装有两种工业标准,即C安装座和CS安装座。

3)按镜头光圈分:手动光圈和自动光圈。手动光圈一般适应于环境照度变化较小的场合,而自动光圈则适应于环境照度变化较大的场合。室内环境可选手动光圈,而室外环境可选自动光圈。

4）按镜头的视场大小分：

①标准镜头：视角 30°左右，在 13 mm（1/2 in）CCD 摄像机中，标准镜头焦距定为12 mm；在 8.5 mm（1/3 in）CCD 摄像机的标准镜头焦距为 8 mm。这种镜头使用范围较广。

②广角镜头：视角 90°以上，焦距可小于几毫米，观察范围较广，但近处图形有变形。

③远摄镜头：视角 20°以内，焦距可达几米、几十米，并可在远距离情况下拍摄。

④超广角镜头：视角 90°以上，观察范围更广。

5）按镜头焦距分：

①短焦距镜头：因入射角较宽，可提供较宽广的视野。

②中焦距镜头：标准镜头，焦距长度视 CCD 的尺寸而定。

③长焦距镜头：因入射角较窄，故仅能提供狭窄视景，适用于长距离监视。

④变焦距镜头：通常为电动式，可作广角、标准或远望监视。

（3）云台

云台是承载摄像机进行水平和垂直方向转动，以适应摄取不同方向和角度图像的装置，可分为以下五类。

1）按环境不同分：室内型云台和室外型云台。

2）按承载能力分：轻载型云台（能承载荷重为 1.5 ~ 7 kg）、中载型云台（能承载荷重为 7 ~ 25 kg）、重载型云台（能承载荷重为 25 kg 以上）。

3）按转动方向分：水平云台和全方位云台。

4）按旋转速度分：恒速云台、可变速度云台。

5）按控制方式分：手动云台和电动云台。目前电动云台得到广泛使用。

（4）防护罩

防护罩是防护摄像机的装置，一般分为两类。

1）室内防护罩。室内防护罩结构简单、价格便宜。其主要功能是防止摄像机落灰且起一定的安全防护作用，如防盗、防破坏等，主要有简易防尘型、防潮密封型、通风型等。

2）室外防护罩。室外防护罩具有降温、加温、防雨、防雷的功能。无论何种恶劣天气，均使摄像机在防护罩内正常工作，主要有强制风冷型、水冷型、防爆型、特殊射线防护型等。

（5）一体化摄像机

安防用一体化摄像机技术是从家用摄像机技术发展出来，摒弃了家用摄像机的便携装置、显示界面和存储设备等附加功能，只保留其适合视频安防监控的摄像功能。目前所说的一体化摄像机应专指镜头内建、可自动聚焦的一体化摄像机，一体化摄像机体积小巧美观，安装使用方便，监控范围广，性价比高，在安防监控系统中得到广泛应用。

（6）球型摄像机

"高速球型摄像机"有人把它叫做"快球"，还有人称它为"一体化球型摄像机"。目前，以转速来划分高速球、中速球、匀速球的标准在业内已是约定俗成的做法。

高速球型摄像机是一种智能化摄像机前端，全名叫智能高速球型摄像机，简称高速球。高速球是一种集成度相当高的摄像机，集成了云台系统、通信系统和摄像机系统，云台系统是指电机带动的旋转部分，通信系统是指对电机的控制以及对图像和信号的处理部分，摄像机系统是指采用的一体机机芯。

（7）高清摄像机

高清摄像机指的是基于数字化、网络化传输方式的监控系统摄像机，监看及录像分辨率至少要达到 1280×720（也就是常说的 720P）以上，低于此的均是假高清或不属于高清。传统模拟监控系统的监看和录像分辨率由于技术上的限制，目前最高只能达到 D1（704×576）分辨率的效果。因此，无论模拟摄像机是多少线，均不属于高清的范畴。随着人们对图像清晰度的要求的增加，1080i 和 720P 都是在国际上认可的数字高清晰度电视标准。其中字母 i 代表隔行扫描，字母 P 代表逐行扫描。而 1080、720 则代表垂直方向所能达到的分辨率。1080P 是目前最高规格的高清信号格式。

（8）网络摄像机

网络摄像机通常也被称为 IP 摄像机（简称 IPC），是一种高度集成化的产品，可以看作一台摄像机和一台微型服务器的结合体，是完全数字化的产品。网络摄像机一般由镜头、图像、声音传感器、A/D 转换器、控制器网络服务器、外部报警、控制接口等部分组成。

网络摄像机除了具备一般传统摄像机所有的图像捕捉功能外，机内还内置了数字化压缩控制器和基于 Web 的操作系统，使得视频数据经压缩加密后，通过局域网，Internet 或无线网络送至终端用户。网络摄像机可以直接接入到 TCP/IP 的数字化网络中，因此这种系统主要的功能就是在联网上面，通过互联网或者内部局域网进行视频和音频的传输。

2. 监视器

监视器作为视频安防监控系统的显示终端，是除了摄像头外监控系统中不可或缺的一环。

充当着监控人员的"眼睛"，同时也为事后调查起到关键性的作用。通常，监视器也被称为商用显示器、商用大屏幕、工业显示器等。早期监视器分彩色、黑白两种，且主要以 CRT 显像管的产品为主，尺寸有 14、15、17、19、21 in 等。随产品技术的升级及用户需求的变更，目前基本演变为液晶监视器为主，ViewSonic 全系列监视器从尺寸则有 17～27、32、43、48、55、65、70、84、98、110 in 等。监视器的发展经历了黑白到彩色，从闪烁到不闪烁，从 CRT（阴极射线管）到 LCD（液晶）再到 BSV 液晶技术的发展过程。监视器作为一种重要的应用产品，各种型号的监视器层出不穷，液晶（LCD）、等离子（PDP）、发光二极管（LED）等先进技术的监视器产品得到了广泛应用。作为监控系统的标准输出，有了监视器才能观看前端送过来的图像。

3. 录像机

（1）DVR

数字硬盘录像（Digital Video Recorder，简称 DVR）是集多画面显示预览、录像、存储、PTZ 控制、报警输入等多功能于一体的计算机系统。数字视频录像机，相对于传统的模拟视频录像机，采用硬盘录像，故常常被称为硬盘录像机，也被称为 DVR，它是一套进行图像存储处理的计算机系统，具有对图像/语音进行长时间录像/录音、远程监视和控制的功能。

DVR 采用的是数字记录技术，在图像处理、图像存储、检索、备份以及网络传递和远程控制等方面远远优于模拟监控设备。DVR 代表了电视监控系统的发展方向，是市面上电视监控系统的首选产品。DVR 集合了录像机、画面分割器、云台镜头控制、报警控制、网络传输等五种功能于一体，用一台设备就能取代模拟监控系统一大堆设备的功能，而且在价格上也逐渐占有优势。

（2）NVR

NVR 是一类视频录像设备，与网络摄像机或视频编码器配套使用，对通过网络传送过来的数字视频进行记录。其核心价值在于视频中间件，通过视频中间件的方式广泛兼容各厂家不同数字设备的编码格式，从而实现网络化带来的分布式架构、组件化接入的优势。

NVR 最主要的功能是通过网络接收网络摄像机设备传输的数字视频码流，并进行存储、管理，从而实现网络化带来的分布式架构优势。简单来说，通过 NVR，可以同时观看、浏览、回放、管理、存储多个网络摄像机。它摆脱了电脑硬件的牵绊，再也不用面临安装软件的烦琐。如果所有摄像机网络化，那么必由之路就是有一个集中管理核心出现。

NVR 产品的前端与 DVR 不同。DVR 产品前端就是模拟摄像机，可以把 DVR 当做是模拟视频的数字化编码存储设备，而 NVR 产品的前端可以是网络摄像机、视频服务器（视频编码器）、DVR（编码存储），设备类型更为丰富。它既可以接入原有模拟系统的 DVR 设备，也可以接入数字化系统的视频服务器、IP Camera 以及更高的高清摄像机。

4. 视频处理设备

（1）视频切换器

视频切换器的核心是时序产生电路和切换控制电路，实际上它是一个时序开关组合，它能按一定的顺序、一定的时间依次开启和关闭各开关。

在一个完整的安防电视监控系统中，一般由摄像机、监视器等设备组成，矩阵切换器能实现视频信息资源的共享分配、切换和显示，如顺序切换显示或分组切换显示。

（2）视频分配器

视频分配器可将一路视频信号转变成多路信号，输送到多个显示与控制设备。视频分配器的使用方法很简单，只要将预分配的视频信号接到输入端，就可以在多个输出端同时得到相同的视频输出信号。

（3）云台控制器

云台控制器按控制功能分，可分为水平云台控制器和全方位云台控制器两种；按控制路数分，可分为单路控制器和多路控制器；按控制电压分，还可分为交流 24 V 云台控制器和 220 V 云台控制器。

多功能控制器在此基础上，增加了对电动镜头等其他辅助受控装置的控制电路。因此，多功能控制器可用于对电动云台、电动镜头、全天候防护罩、红外照明灯等前端辅助装置的全面控制。

13.4.3　综合安防管理系统与智能视频监控简介

综合安防管理系统是一套具备集中管理、分散控制、优化运行及高效管理的综合平台，它具备安防系统的中央管理、监控及各子系统间的联动能力，并通过一个简单易操作的用户界面提供优质服务。综合安防管理系统可通过 Web 服务器和浏览器技术来实现整个应用对象网络上的信息交互、综合和共享，实现统一的人机界面和跨平台的数据库访问。综合安防管理系统的结构如图 13－6 所示。综合安防管理系统分为用户界面层、业务应用层、系统服务层、设备接入层。

智能视频监控技术起源于计算机视觉技术，它对视频进行一系列分析，从视频中提取运动目标信息，发现感兴趣事件，根据用户设置的报警规则，自动分析判断报警事件，产生报警信号，从而可以在许多场合替代或者协助人为监控。

目前，许多 PC 厂商已经直接把视频分析功能植入 PC 内，利用 IPC 的芯片实现视频分析算法，从而实现分布式的智能分析。

把视频分析技术嵌入到 IPC 中是未来 IPC 发展的一个趋势。

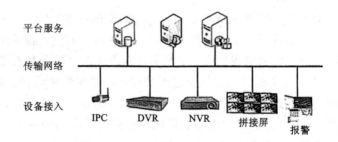

图 13 - 6   综合安防管理系统的结构

目前主要的视频分析功能模块包括入侵探测、人数统计、车辆逆行、丢包检测、人脸识别、行为分析等。

任务 5   门禁控制系统

门禁系统

13.5.1   门禁系统及其组成

门禁就是出入口控制，在人进出重要通道的时候，进行适当级别的权限鉴别，以区分是否能通过的一种管理手段。一般可以通过卡片、指纹、虹膜(眼睛)识别来人的身份，也代表来人的权限。

门禁系统不只是作为进出口管理使用，而且还有助于内部的有序化管理。它将时刻自动记录人员的出入情况、限制内部人员的出入区域、出入时间、礼貌地拒绝不速之客，同时也将有效地保护财产不受非法侵犯。

根据门禁系统的组成结构，系统的信号传输与控制流程如图 13 - 7 所示。其中，输入装置是门禁控制系统身份信息的输入口，是对出入凭证有效信息进行采集、转换、传输的专用设备，在系统配置上，应根据不同形态的"钥匙"配置相应的输入装置。

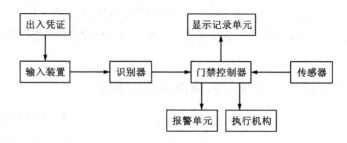

图 13 - 7   门禁系统的组成

13.5.2   门禁控制系统的设备

1. 输入装置和身份识别单元

输入装置是门禁控制系统的输入口，是对出入凭证进行信息采集的专用装置。

身份识别单元起到对通行人员的身份进行比对识别和确认的作用。实现身份识别的方式和种类很多，主要有密码类识别方式、卡证类身份识别方式、生物识别类身份识别方式以及复合类身份识别方式。

2. 门禁控制器

门禁控制器是门禁系统的中枢，是门禁系统的核心设备，相当于计算机的 CPU，里面存储有大量被授权人员的卡号、密码等信息。门禁控制器担负着整个系统的输入、输出信息的处理和控制任务，根据出入口的出入法则和管理规则对各种各样的出入请求做出判断和响应，并根据判断的结果，对执行机构与报警单元发出控制指令。其内部由运算单元、存储单元、输入单元、输出单元、通信单元等组成。门禁控制器性能的好坏将直接影响系统的稳定，而系统的稳定性直接影响着客户的生命和财产安全。所以，一个安全和可靠的门禁系统，首先必须选择更安全、更可靠的门禁控制器。

3. 执行机构

在门禁系统中，锁是门禁的执行部件。用户应根据门的材料、出门要求等需求选取不同的锁具。主要有以下几种类型。

（1）电磁锁

电磁锁断电后是开门的，符合消防要求。并配备多种安装架以供顾客使用。这种锁具适于单向的木门、玻璃门、防火门、对开的电动门。

（2）阳极锁

阳极锁是断电开门型，符合消防要求。它安装在门框的上部。与电磁锁不同的是阳极锁适用于双向的木门、玻璃门、防火门，而且它本身带有门磁检测器，可随时检测门的安全状态。

（3）阴极锁

一般的阴极锁为通电开门型，适用单向木门。安装阴极锁一定要配备 UPS 电源。因为停电时阴极锁是锁门的。

3. 门禁控制系统应用结构模式

（1）基本门禁系统

不联网门禁就是一台机器管理一道门，不能用电脑软件进行控制，也不能看到记录，直接通过控制器进行控制。不联网门禁系统的特点是价格便宜，安装维护简单，不能查看记录，不适合人数多于 50 或者人员经常流动（指经常有人入职和离职）的地方，也不适合门数量多于 5 的工程。不联网门禁系统是最基本的应用，使用 485 控制器、读卡器、转换器、锁、电源等。这种结构通常应用在对门禁要求不高，需要有基本的卡片管理，记录刷卡事件的项目，安装数量只有一台的情况。

（2）RS485 联网门禁系统

RS485 联网门禁系统是可以和计算机进行通讯的门禁类型，直接使用软件进行管理，包括卡和事件控制。所以有管理方便、控制集中、可以查看记录、对记录进行分析处理以用于其他目的。RS485 联网门禁系统的特点是价格比较高、安装维护难度大，但培训简单，可以进行考勤等增值服务。它适合人多、流动性大、门多的工程。这类产品是最常见的，适用于小系统或安装位置集中的单位。

（3）TCP/IP 联网门禁系统

TCP/IP 门禁也叫以太网联网门禁，是可以联网的门禁系统，它是通过网络线把计算机和控制器进行联网。除具有 RS485 门禁系统的全部优点以外，还具有速度更快，安装更简单，联网数量更大，可以跨地域或者跨城联网。但它存在设备价格高，需要有计算机网络知识。这种门禁适合安装在大项目、人数量多、对速度有要求、跨地域的工程中。它的通讯方式采用网络常用的 TCP/IP 协议。

TCP/IP 联网门禁系统的优点是控制器与管理中心是通过局域网传递数据的，管理中心位置可以随时变更，不需重新布线，很容易实现网络控制或异地控制。TCP/IP 联网门禁系统适用于大系统或安装位置分散的单位使用。这类系统的缺点是，系统通讯部分的稳定依赖于局域网的稳定。

道闸切割

小结

本项目从智能建筑定义开始，阐述弱电系统的组成和作用；综合布线能将所有语音、数据、图像及多媒体业务设备的布线网络组合成一套标准的配线系统，包括本项目中的其他内容；讲解了有线电视和安防监控、门禁控制的一些基本内容。

思考与练习题

一、分析题

1. 根据我国最新的《智能建筑设计标准》，智能建筑的定义是什么？

2. 简述弱电与强电的区别。

3. 综合布线由哪几部分组成？

4. 根据你的实际情况，判断你家利用何种技术来收看电视节目的？

5. 简述门禁控制系统身份识别的几种方式。

6. 视频监控系统中，云台有什么作用？

二、单选题

1.（　　）在一个主输出信号顺利通过的情况下，能分出一部分低于主输出信号电平的一个或几个相等信号。

A. 分支器　　　　　　B. 分配器　　　　　　C. 分配器　　　　　　D. 混合器

2. 非屏蔽双绞线的符号表示为（　　）。

A. STB　　　　　　　B. FTP　　　　　　　C. STP　　　　　　　D. UTP

3. 双绞线一般以箱为单位订购，每箱双绞线长度为（　　）米

A. 285　　　　　　　B. 1000　　　　　　　C. 600　　　　　　　D. 305

4. 在一个综合布线系统中使用的接线标准可以（　　）。

A. 一种　　　　　　　B. 两种　　　　　　　C. 多种　　　　　　　D. 任意组合

5. 目前我国最新的《智能建筑设计标准》是 GB 50314—（　　）。

A. 2006　　　　　　　B. 2015　　　　　　　C. 2018　　　　　　　D. 2000

6. 网络视频录像机的英文缩写为(　　　)。

A. DVR　　　　　　　B. NVR　　　　　　　C. DVS　　　　　　　D. IPC

7. 100 网络水晶头型号是(　　　)。

A. RJ45　　　　　　　B. RJ11　　　　　　　C. RS232　　　　　　D. RS485

三、多选题

1. 综合布线系统的技术是在不断发展的,新的技术正不断涌现,在选择综合布线系统技术的时候应该注意的是(　　　)。

A. 根据本单位网络发展阶段的实际需要来确定布线技术

B. 选择成熟的先进的技术

C. 选择当前最先进的技术

D. 以上答案都正确

2. "3A" 智能建筑是指智能大厦具有(　　　)功能。

A. 办公自动化、通信自动化和火灾报警自动化

B. 办公自动化、楼宇自动化和火灾报警自动化

C. 办公自动化、通信自动化和楼宇自动化

D. 安全防范自动化、通信自动化和楼宇自动化

3. 以下(　　　)系统属于智能建筑工程。

A. 建筑设备监控系统　　　　　　　B. 安全防范系统

C. 通信网络系统　　　　　　　　　D. 综合布线系统

E. 通风空调系统

4. 安全防范系统的范围应包括(　　　)。

A. 视频安防监控系统　　　　　　　B. 电视电话会议系统

C. 出入口控制(门禁)系统　　　　　D. 巡更管理系统

E. 防雷接地系统

5. 图像传感器常见的两种类型是(　　　)。

A. GRB　　　　　　　B. CMOS　　　　　　C. CCD　　　　　　　D. BIM　　　　　　E. DVR

参考文献

[1] 刘昌明等.建筑设备工程(第3版)[M].武汉:武汉理工大学出版社,2018.

[2] 吕东风等.建筑设备工程(第2版)[M].长沙:中南大学出版社,2015.

[3] 王维明,卜城,屠峥嵘,等.建筑设备(第2版)[M].北京:中国建筑工业出版社,2007.

[4] 汤万龙,刘玲.建筑设备安装识图与施工工艺(2版)[M].北京:中国建筑工业出社,2010.

[5] 蔡秀丽,鲍东杰.建筑设备工程(第2版)[M].北京:科学出版社,2005.

[6] 谌永红.给水排水工程[M].北京:中国环境科学出版社,2008.

[7] 刘占孟,王敏.建筑给水排水工程[M].北京:中国电力出版社,2016.

[8] 张勤,刘鸿霞.高层建筑给水排水工程(第3版)[M].重庆:重庆大学出版社,2019.

[9] 中华人民共和国住房和城乡建设部.通风与空调工程施工规范(GB 50738—2011)[S].北京:中国建筑工业出版社,2011.

[10] 中华人民共和国住房和城乡建设部.通风与空调工程施工质量验收规范(GB/T 50243—2016)[S].北京:中国建筑工业出版社,2016.

[11] 全国勘察设计注册工程师公用设备专业管理委员会秘书处.全国勘察设计注册设备工程师暖通空调专业考试复习教材(第3版)[M].北京:中国建筑工业出版社,2019.

[12] 孙一坚,沈恒根.工业通风(第4版)[M].北京:中国建筑工业出版社,2010.

[13] 赵荣义,范存养,薛殿华,钱以明.空气调节(第4版)[M].北京:中国建筑工业出版社,2011.

[14] 杨婉.通风与空调工程(第2版)[M].北京:中国建筑工业出版社,2016.

[15] 石文星,田长青,王宝龙.空调用制冷技术(第5版).北京:中国建筑工业出版社,2016.

[16] 贺俊杰.制冷技术(第2版)[M].北京:机械工业出版社,2018.

[17] 中国机械工业企业联合会.制冷设备、空气分离设备安装工程施工及验收规范(GB 50274—2010)[S].北京:中国建筑工业出版社,2010.

[18] 贾永康.供热通风与空调工程施工技术(第2版)[M].北京:机械工业出版社,2019.

[19] 中华人民共和国住房和城乡建设部.暖通空调制图标准(GB/T 50114—2010)[S].北京:中国建筑工业出版社.

[20] 李峥嵘,肖寰,曹叔维,刘东编著.安徽空调通风工程识图与施工[M].合肥:安徽科学技术出版社,1999.

[21] 中华人民共和国住房和城乡建设部,中华人民共和国国家质量监督检验检疫总局.建筑电气工程施工质量验收规范(GB/T 50303—2015)[S].北京:中国计划出版社,2015.

[22] 中华人民共和国住房和城乡建设部.供配电系统设计规范(GB 50052—2009)[S].北京:中国建筑工业出版社,2010.

[23] 中华人民共和国建设部.民用建筑电气设计规范(JGJ 16—2008)[S].北京:中国建筑工业出版社,2008.

[24] 中国航空规划设计研究总院有限公司.工业与民用供配电设计手册(第4版)[M].北京:中国电力出版社,2016.

[25] 李云.建筑电气[M].北京:北京大学出版社,2014.

[26] 丁文华,苏娟.建筑供配电与照明[M].武汉:武汉理工大学出版社,2011.

[27] 刘庆山,刘翌杰,刘屹立.管道安装工程[M].北京:中国建筑工业出版社,2006.

[28] 金亚凡,宋梅.管道工程施工[M].北京:高等教育出版社,2007.

图书在版编目（CIP）数据

建筑设备工程／李云，林爱晖，邓雪峰主编. —
长沙：中南大学出版社，2020.9
高职高专土建类"十三五"规划"互联网＋"系列教
材
ISBN 978 - 7 - 5487 - 4172 - 5

Ⅰ.①建… Ⅱ.①李… ②林… ③邓… Ⅲ.①房屋建
筑设备-高等职业教育-教材 Ⅳ.①TU8

中国版本图书馆 CIP 数据核字（2020）第 175868 号

建筑设备工程
JIANZHU SHEBEI GONGCHENG

主编 李 云 林爱晖 邓雪峰

□责任编辑	周兴武	
□责任印制	周 颖	
□出版发行	中南大学出版社	
	社址：长沙市麓山南路	邮编：410083
	发行科电话：0731 - 88876770	传真：0731 - 88710482
□印　　装	长沙德三印刷有限公司	

□开　　本	787 mm×1092 mm 1/16	□印张 20.25	□字数 514 千字
□版　　次	2020 年 9 月第 1 版	□2020 年 9 月第 1 次印刷
□书　　号	ISBN 978 - 7 - 5487 - 4172 - 5	
□定　　价	56.00 元	